智能制造应用型人才培养系列教程

ROBOT
机 器 人 技 术

工业机器人
及应用

◎ 龚仲华 夏怡 编著

人民邮电出版社
北京

图书在版编目（C I P）数据

工业机器人及应用 / 龚仲华，夏怡编著. -- 北京：
人民邮电出版社，2020.9
智能制造应用型人才培养系列教程．工业机器人技术
ISBN 978-7-115-53022-6

Ⅰ．①工… Ⅱ．①龚… ②夏… Ⅲ．①工业机器人－
应用－教材 Ⅳ．①TP242.2

中国版本图书馆CIP数据核字(2020)第001480号

内 容 提 要

本书按"3+3"现代职教体系、机电大类多专业通用公共专业教材的要求编写。全书从应用型
人才培养的实际要求出发，紧跟当代科技发展前沿，对工业机器人及其应用技术进行了较为全面
的介绍，具体包括机器人的发展与应用，工业机器人的组成与性能等一般概念，机器人本体、谐
波减速器、RV 减速器的机械结构与原理，RAPID 应用程序格式、指令与函数说明、作业程序编
制方法等。

本书知识先进，技能实用，案例丰富；编写体例新颖，循序渐进，层次分明。它既可作为高
等职业院校数控技术、机电一体化技术、工业机器人技术、机电设备维修与管理等机电类专业的
通用教材，也可供从事工业机器人设计、制造、维修的工程技术人员参考。

◆ 编　　著　龚仲华　夏　怡
　　责任编辑　王丽美
　　责任印制　马振武
◆ 人民邮电出版社出版发行　　北京市丰台区成寿寺路 11 号
　　邮编　100164　电子邮件　315@ptpress.com.cn
　　网址　https://www.ptpress.com.cn
　　北京虎彩文化传播有限公司印刷
◆ 开本：787×1092　1/16
　　印张：14.75　　　　　　　　　2020 年 9 月第 1 版
　　字数：350 千字　　　　　　　2024 年 8 月北京第 2 次印刷
　　　　　　　　定价：48.00 元

读者服务热线：(010)81055256　印装质量热线：(010)81055316
反盗版热线：(010)81055315
广告经营许可证：京东市监广登字 20170147 号

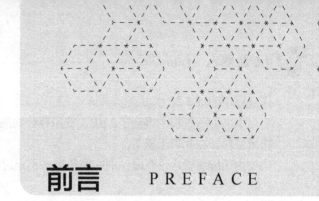

前言 PREFACE

　　工业机器人是集机械、电子、控制、计算机、传感器、人工智能等多学科先进技术于一体的机电一体化设备，被称为工业自动化的三大技术支柱之一。随着社会的进步和劳动力成本的增加，工业机器人在我国的应用越来越广泛，工业机器人技术课程在高等职业院校机电类人才培养中的重要性正在日益显现。

　　本书按"3+3"现代职教体系机电大类多专业通用公共专业教材的要求编写。本书从应用型人才培养的实际要求出发，根据高等职业院校的高层次技术技能的教学要求，介绍了机器人的一般常识，并对工业机器人性能参数、本体结构、核心部件等内容进行了较为全面的阐述。在此基础上，以ABB工业机器人为载体，对RAPID程序结构，常用指令与函数命令的编程格式与要求，应用程序编程方法，设计案例等进行了具体介绍。

　　高等职业教育倡导的是能力培养，项目式教学已成为当前高等职业教育的趋势。本书采用了与之相适应的编写体例，每一项目的每个任务均设置了基础学习、实践指导、拓展提高和技能训练四个学习环节，构建了从部件到整机、从简单到复杂、从知识到能力、从理论到实践循序渐进的知识与能力学习体系，使得教材更加易教、易学。

　　项目一介绍了机器人的产生、发展、分类，以及工业机器人的主要产品及应用情况；对工业机器人的组成与特点、结构形态、技术性能、主要技术参数进行了详细说明。通过学习项目一，读者可了解机器人的一般概念，熟悉工业机器人性能和主要技术参数，具备工业机器人选型、性能分析比较等基本能力。

　　项目二对工业机器人的本体及谐波减速器、RV减速器等核心部件的结构、原理及性能参数进行了全面分析。通过学习项目二，读者可熟悉工业机器人本体及谐波减速器、RV减速器的原理与结构，具备工业机器人安装、使用、维护等应用能力。

　　项目三介绍了ABB工业机器人RAPID编程的基础知识，对RAPID应用程序格式、程序数据定义方法及机器人坐标系与姿态定义指令、程序数据定义指令进行了具体说明。通过学习项目三，读者可熟悉RAPID应用程序的结构与设计要求，具备分析、识读、设计RAPID应用程序的基本能力。

　　项目四介绍了ABB工业机器人作业程序的编制方法，对运动控制、输入/输出、程序控制等常用指令及中断、错误处理的编程方法进行了详细说明，并提供了完整的RAPID应用程序设计实例。通过学习项目四，读者可熟悉常用指令的编程格式与要求，具备编制工业机器人实际

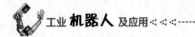

作业程序的基本能力。

本书编写过程中得到了ABB、安川等公司的大力支持，并参阅了以上公司的产品说明书与技术资料，在此表示感谢。

由于编著者水平有限，书中难免存在不足之处，敬请广大读者批评指正。

编著者

2020年1月

目录 CONTENTS

••• **任务 1   了解机器人分类及应用** •••

知识目标

1. 了解机器人的概念提出、产生过程及定义。
2. 了解第一、第二、第三代机器人的主要区别。
3. 了解机器人的一般分类方法。
4. 熟悉工业机器人的分类、产品及应用情况。
5. 了解服务机器人的分类及一般应用领域。

能力目标

1. 能正确判定机器人的技术水平，区分工业机器人、服务机器人。
2. 能正确区分加工类、装配类、搬运类、包装类工业机器人。
3. 能说出服务机器人的一般应用领域及类别。

基础学习

一、机器人的产生及定义

1. 概念的提出

机器人（Robot）一词源自于捷克著名剧作家 Karel Čapek（卡雷尔·恰佩克）1921 年创作的剧本 *Rossumovi Univerzální Roboti*（《罗萨姆的万能机器人》，简称 *R.U.R.*），由于 *R.U.R.* 剧中的人造机器被取名为 Robota（捷克语，意为奴隶、苦力），因此，对应的英文 Robot 一词开始代表机器人。

机器人概念的出现，首先引起了科幻作家的广泛关注。自 20 世纪 20 年代起，机器人成为很多科幻小说、电影的主人公，如《星球大战》中的 C-3PO 等。科幻作家的想象力是无限的。为了预防机器人可能引发的人类灾难，1942 年，美国科幻作家 Isaac Asimov（艾萨克·阿西莫夫）在 *I, Robot* 的第 4 个短篇 *Runaround* 中，首次提出了"机器人学三原则"，它被称为"现代机器人学的基石"，这也是"机器人学（Robotics）"这个名词在人类历史上的首度亮相。

机器人学三原则的主要内容如下。

原则 1：机器人不能伤害人类，或因其不作为而使人类受到伤害。

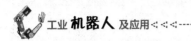

原则 2：机器人必须执行人类的命令，除非这些命令与原则 1 相抵触。

原则 3：在不违背原则 1、原则 2 的前提下，机器人应保护自身不受伤害。

到了 1985 年，Isaac Asimov 在机器人系列的最后作品 *Robots and Empire* 中，又补充了高于"机器人学三原则"的"原则 0"。

原则 0：机器人必须保护人类的整体利益不受伤害，其他 3 条原则都必须在这一前提下才能成立。

继 Isaac Asimov 之后，其他科幻作家还不断提出了对"机器人学三原则"的补充、修正意见，但是，这些大都是科幻作家对想象中机器人所施加的限制。实际上，"人类整体利益"等概念本身就是模糊的，甚至连人类自己都搞不明白，更不要说机器人了。因此，目前人类的认识和科学技术，实际上还远未达到科幻片中的机器人的水平；制造出具有类似人类智慧、感情、思维的机器人，仍属于科学家的梦想和追求。

2. 工业机器人的产生

现代机器人的研究起源于 20 世纪中叶的美国，它从工业机器人的研究开始。

第二次世界大战期间，由于军事、核工业的发展需要，在原子能实验室的恶劣环境下，需要有操作机械来代替人类进行放射性物质的处理。为此，美国的阿尔贡国家实验室（Argonne National Laboratory）开发了一种遥控机械手（Teleoperator）；接着，在 1947 年，又开发出了一种伺服控制的主-从机械手（Master-Slave Manipulator），这些都是工业机器人的雏形。

工业机器人的概念由美国发明家 George Devol（乔治·德沃尔）最早提出，他在 1954 年申请了专利，并在 1961 年获得授权。1958 年，美国著名的机器人专家 Joseph F. Engelberger（约瑟夫·恩格尔柏格）建立了 Unimation 公司，并利用 George Devol 的专利，于 1959 年研制出了世界上第一台真正意义上的工业机器人 Unimate（见图 1.1-1），开创了机器人发展的新纪元。

Joseph F. Engelberger 对世界机器人工业的发展作出了杰出的贡献，被人们称为"机器人之父"。1983 年，就在工业机器人销售日渐增长的情况下，他又毅然将 Unimation 公司出让给了美国西屋电气公司（Westinghouse Electric Corporation，又译威斯汀豪斯电气公司），并创建了 TRC 公司，有前瞻性地开始了服务机器人的研发工作。

从 1968 年起，Unimation 公司先后将工业机器人的制造技术转让给了日本 KAWASAKI（川崎）公司和英国 GKN 公司等企业，机器人开始在日本和欧洲得到快速发展。据有关方面的统计，目前世界上至少有 48 个国家在发展机器人，其中有 25 个国家已在进行智能机器人开发，美国、日本、德国、法国等都是机器人的研发和制造大国，无论在基础研究还是产品研发、制造方面都居世界领先水平。

图1.1-1　Unimate工业机器人

3. 机器人的定义

由于机器人的应用领域众多、发展速度快，加上它又涉及人类的有关概念，因此，对于机器人，世界各国标准化机构，甚至同一国家的不同标准化机构，至今尚未形成一个统一、准确、世界公认的严格定义。

例如，欧美国家一般认为，机器人是一种"由计算机控制、可通过编程改变动作的多功能、自动化机械"。而日本作为机器人生产的大国，则将机器人分为"能够执行人体上肢（手和臂）

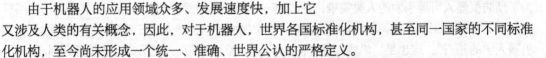

类似动作"的工业机器人和"具有感觉和识别能力，并能够控制自身行为"的智能机器人两大类。

客观地说，欧美国家的机器人定义侧重其控制方式和功能，其定义和现行的工业机器人较接近；而日本的机器人定义，关注的是机器人的结构和行为特性，且已经考虑到了现代智能机器人的发展需要，其定义更为准确。

作为参考，目前在相关资料中使用较多的机器人定义主要有以下几种。

国际标准化组织（International Organization for Standardization，ISO）定义：机器人是一种"自动的、位置可控的、具有编程能力的多功能机械手，这种机械手具有几个轴，能够借助可编程序操作来处理各种材料、零件、工具和专用装置，执行各种任务"。

日本机器人协会（Japan Robot Association，JRA）将机器人分为工业机器人和智能机器人两大类，工业机器人是一种"能够执行人体上肢（手和臂）类似动作的多功能机器"；智能机器人是一种"具有感觉和识别能力，并能够控制自身行为的机器"。

美国国家标准局（NBS）定义：机器人是一种"能够进行编程，并在自动控制下执行某些操作和移动作业任务的机械装置"。

美国机器人工业协会（Robotics Industries Association，RIA）定义：机器人是一种"用于移动各种材料、零件、工具或专用装置，通过可编程的动作来执行各种任务，并具有编程能力的多功能机械手"。

我国国家标准《机器人与机器人装备　词汇》（GB/T 12643—2013）定义：工业机器人是一种能够"自动控制的，可重复编程、多用途的操作机，可对3个或3个以上轴进行编程"。工业机器人能搬运材料、零件或操持工具，用于完成各种作业。

以上标准化机构及专门组织对机器人的定义，都是在特定时间所得出的结论，多偏重于工业机器人。但科学技术对未来是无限开放的，当代智能机器人无论在外观，还是在功能、智能化程度等方面，都已超出了传统工业机器人的范畴。机器人正在源源不断地向人类活动的各个领域渗透，它所涵盖的内容越来越丰富，其应用领域和发展空间正在不断延伸和扩大，这也是机器人与其他自动化设备的重要区别。

可以想象，未来的机器人不但可接受人类指挥、运行预先编制的程序，而且可根据人工智能技术所制定的原则纲领，选择自身的行动；甚至可能像科幻片所描述的那样，脱离人们的意志而自行其是。

二、机器人的发展

机器人最早用于工业领域，它主要用来协助人类完成重复、频繁、单调、长时间的工作，或进行高温、粉尘、有毒、辐射、易燃、易爆等恶劣、危险环境下的作业。但是，随着社会进步、科学技术发展和智能化技术研究的深入，各式各样具有感知、决策、行动和交互能力，可适应不同领域特殊要求的智能机器人相继被研发出来，机器人已开始进入人们生产、生活的各个领域，并在某些领域逐步取代人类独立从事相关作业。

根据机器人现有的技术水平，人们一般将机器人产品分为如下3代。

1. 第一代机器人

第一代机器人一般是指能通过离线编程或示教操作生成程序，并再现动作的机器人。第一代机器人所使用的技术和数控机床十分相似，它既可通过离线编制的程序控制机器人的运动，也可通过手动示教操作（数控机床称为"Teach in"操作），记录运动过程并生成程序，然后进行再现运行。

第一代机器人的全部行为完全由人控制，它们没有
分析和推理能力，不能改变程序动作，无智能性，其控
制以示教、再现为主，故又称示教再现机器人。第一代
机器人现已实用和普及，大多数工业机器人都属于第一
代，如图 1.1-2 所示。

2. 第二代机器人

第二代机器人装备有一定数量的传感器，它能获取
作业环境、操作对象等的简单信息，并通过计算机的分
析与处理，进行简单的推理，还可适当调整自身的动作
和行为。

图1.1-2 第一代机器人

例如，在图 1.1-3（a）所示的探测机器人上，可通过所安装的摄像头及视觉传感系统，识
别图像、判断和规划探测车的运动轨迹，它对外部环境具有了一定的适应能力。在图 1.1-3（b）
所示的人机协同作业机器人上，安装有触觉传感系统，以防止人体碰撞，它可取消第一代机器
人作业区间的安全栅栏，实现安全的人机协同作业。

（a）探测机器人　　　　　　　　　　　　　（b）人机协同作业机器人

图1.1-3 第二代机器人

第二代机器人已具备一定的感知和简单推理等能力，有一定程度的智能性，故又称感知
机器人或低级智能机器人，当前使用的大多数服务机器人或多或少都已经具备第二代机器人
的特征。

3. 第三代机器人

第三代机器人应具有高度的自适应能力，它有多种感知机能，可通过复杂的推理，作出判
断和决策，自主决定机器人的行为，具有相当程度的智能性，故称为智能机器人。第三代机器
人目前主要用于家庭、个人服务及军事、航天等领域，总体尚处于实验和研究阶段，目前只有
美国、日本、德国等少数国家能掌握和应用。

例如，日本本田（HONDA）公司最新研发的图 1.1-4（a）所示的 ASIMO 机器人，不仅能
实现跑步、爬楼梯、跳舞等动作，还能进行踢球、倒饮料、打手语等简单智能动作。日本理化
学研究所（Riken Institute）最新研发的图 1.1-4（b）所示的 ROBEAR 护理机器人，其肩部、关
节等部位都安装有测力感应系统，可模拟人的怀抱感，它能够像人一样，柔和地将卧床者从床
上扶起，或将坐着的人抱起，其样子亲切可爱，充满活力。

（a）ASIMO机器人　　　　　　　（b）ROBEAR机器人

图1.1-4　第三代机器人

三、机器人的分类

机器人的分类方法很多，但由于人们观察问题的角度有所不同，直到今天，还没有一种方法能够满意地对机器人进行世界公认的分类。总体而言，通常的机器人分类方法主要有专业分类法和应用分类法两种。

1. **专业分类法**

专业分类法一般是机器人设计、制造和使用厂家技术人员所使用的分类方法，其专业性较强，业外较少使用。目前，专业分类法又可按机器人控制系统的技术水平、机械结构形态和运动控制方式3种方式进行分类。

① 按控制系统技术水平分类。根据机器人目前的控制系统技术水平，一般可分为前述的示教再现机器人（第一代）、感知机器人（第二代）和智能机器人（第三代）3类。第一代机器人已实用和普及，绝大多数工业机器人都属于第一代机器人；第二代机器人的技术已部分实用化；第三代机器人尚处于实验和研究阶段。

② 按机械结构形态分类。根据机器人现有的机械结构形态，有人将其分为圆柱坐标（Cylindrical Coordinate）机器人、极坐标（Polar Coordinate）机器人、直角坐标（Cartesian Coordinate）机器人及关节型（Articulated）机器人、并联型（Parallel）机器人等，关节型机器人为常用类型。不同形态的机器人在外观、机械结构、控制要求、工作空间等方面均有较大的区别。例如，关节型机器人的动作类似人类手臂，而直角坐标机器人及并联型机器人的外形和结构，则与数控机床十分类似。工业机器人的结构形态，将在项目二进行详细阐述。

③ 按运动控制方式分类。根据机器人的运动控制方式，有人将其分为顺序控制型、轨迹控制型、远程控制型、智能控制型等。顺序控制型又称点位控制型，这种机器人只需要按照规定的次序和移动速度，运动到指定点进行定位，而不需要控制移动过程中的轨迹，它可用于物品搬运等；轨迹控制型机器人需要同时控制移动轨迹、移动速度和运动终点，它可用于焊接、喷漆等连续移动作业；远程控制型机器人可实现无线遥控，故多用于特定的行业，如军事机器人、空间机器人、水下机器人等；智能控制型机器人就是前述的第三代机器人，多用于军事、医疗等领域，智能型工业机器人目前尚未有实用化的产品。

2. **应用分类法**

应用分类法是根据机器人应用环境（用途）进行分类的大众分类方法，其定义通俗，易为公众所接受。例如，日本将机器人分为工业机器人和智能机器人两类，而我国则分为工业机器人和特种机器人两类。然而，由于对机器人的智能性判别尚缺乏严格、科学的标准，工业机器人和特种机器人也较难划分。因此，本书参照国际机器人联合会（IFR）的相关定义，根据机器人的应用环境，将机器人分为工业机器人和服务机器人两类：前者用于环境已知的工业领域；后者用于环境未知的服务领域。若进一步细分，目前常用的机器人基本上可分为图 1.1-5 所示的几类。

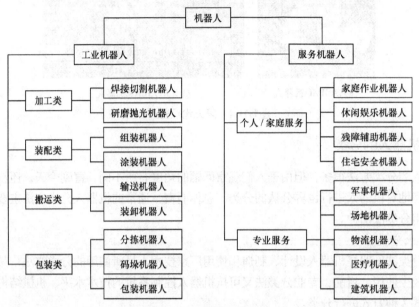

图1.1-5　机器人的分类

① 工业机器人。工业机器人（Industrial Robot，IR）是指在工业环境下应用的机器人，它是一种可编程的多用途自动化设备。当前实用化的工业机器人以第一代示教再现机器人居多，但部分工业机器人（如焊接机器人、装配机器人等）已能通过图像的识别、判断，来规划或探测路径，对外部环境具有了一定的适应能力，初步具备了第二代感知机器人的一些功能。

工业机器人可根据其用途和功能，分为加工类、装配类、搬运类、包装类四大类。在此基础上，还可对每种分类进行细分。

② 服务机器人。服务机器人（Personal Robot，PR）是服务于人类非生产性活动的机器人总称，它在机器人中的比例高达 95%以上。根据国际机器人联合会（IFR）的定义，服务机器人是一种半自主或全自主工作的机械设备，它能完成有益于人类的服务工作，但不直接从事工业产品的生产。

服务机器人的涵盖范围非常广，简言之，除工业生产用的机器人外，其他所有的机器人均属于服务机器人的范畴。因此，人们根据其用途，将服务机器人分为个人/家庭服务机器人（Personal/Domestic Robots）和专业服务机器人（Professional Service Robots）两类，在此基础上还可对其进行细分。

实践指导

一、工业机器人的分类及应用

工业机器人是用于工业生产活动的机器人总称。用工业机器人替代人工操作，不仅可保障人身安全、改善劳动环境、减轻劳动强度、提高劳动生产率,而且能够起到提高产品质量、节约原材料消耗及降低生产成本等多方面作用。因此,它在工业生产各领域的应用也越来越广泛。

1. 工业机器人的分类

工业机器人自 1959 年问世以来,经过 60 多年的发展,在性能和用途等方面都有了很大的变化,其结构越来越合理,控制越来越先进,功能越来越强大。根据工业机器人的功能与用途,其主要产品大致可分为图 1.1-6 所示的加工类机器人、装配类机器人、搬运类机器人、包装类机器人 4 类。

（a）加工类机器人

（b）装配类机器人

（c）搬运类机器人

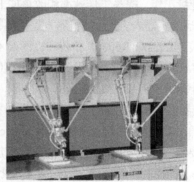
（d）包装类机器人

图1.1-6 工业机器人的分类

① 加工类机器人。加工类机器人是直接用于工业产品加工作业的工业机器人,常用于金属材料的焊接、切割、折弯、冲压、研磨、抛光等。此外,也有部分用于木材、石材、玻璃等非金属材料的切割、研磨、雕刻、抛光等加工作业。

焊接、切割、研磨、雕刻、抛光加工的环境通常较恶劣,加工时所产生的强弧光、高温、烟尘、飞溅物、电磁干扰等都有害于人体健康。这些场合采用机器人自动作业,不仅可改善工作环境,避免人体伤害,还可自动连续工作,提高工作效率和改善加工质量。

焊接机器人（Welding Robot）是目前工业机器人中产量较大、应用较广的产品,被广泛用于汽车、铁路、航空航天、军工、冶金、电气等行业。自 1969 年美国通用汽车（GM）公司在美国洛兹敦（Lordstown）汽车组装生产线上装备首台汽车点焊机器人以来,机器人焊接技术已日臻成熟,通过机器人的自动化焊接作业,可提高生产率、确保焊接质量、改善劳动环境,它是当前工业机器人应用的主要方向之一。

材料切割是工业生产中不可缺少的加工方式，从传统的金属材料火焰切割、等离子切割，到可用于多种材料的激光切割加工都可通过机器人完成。目前，薄板类材料的切割大多采用数控火焰切割机、数控等离子切割机和数控激光切割机等数控机床加工；但异形、大型材料或船舶、车辆等大型废旧设备的切割已开始逐步使用工业机器人。

研磨、雕刻、抛光机器人主要用于汽车、摩托车、工程机械、家具建材、电子电气、陶瓷卫浴等行业的表面处理。使用研磨、雕刻、抛光机器人不仅能使操作者远离高温、粉尘、有毒、易燃、易爆的工作环境，而且能够提高加工质量和生产效率。

② 装配类机器人。装配类机器人（Assembly Robot）是将不同的零件或材料组合成组件或成品的工业机器人，常用的有组装机器人和涂装机器人两大类。

计算机（Computer）、通信（Communication）和消费性电子（Consumer Electronic）行业（简称 3C 行业）是目前组装机器人最大的应用市场。3C 行业是典型的劳动密集型产业，采用人工装配，不仅需要使用大量的员工，而且操作工人的工作高度重复、频繁，劳动强度极大，致使人工难以承受。此外，随着电子产品不断向轻薄化、精细化方向发展，产品对零部件装配的精细程度也在日益提高，部分作业人工已无法完成。

涂装机器人用于部件或成品的油漆喷涂等表面处理，这类处理通常含有影响人体健康的有害、有毒气体，采用机器人自动作业后，不仅可改善工作环境，避免有害、有毒气体的危害，还可自动连续工作，提高工作效率和改善加工质量。

③ 搬运类机器人。搬运类机器人是从事物体移动作业的工业机器人的总称，常用的主要有输送机器人（Transfer Robot）和装卸机器人（Handling Robot）两大类。

工业生产中的输送机器人以无人搬运车（Automated Guided Vehicle，AGV）为主。AGV 具有自身的计算机控制系统和路径识别传感器，能够自动行走和定位停止，可广泛应用于机械、电子、纺织、卷烟、医疗、食品、造纸等行业的物品搬运和输送。在机械加工行业，AGV 大多用于无人化工厂、柔性制造系统（Flexible Manufacturing System，FMS）的工件、刀具的搬运、输送，它通常需要与自动化仓库、刀具中心及数控加工设备、柔性加工单元（Flexible Manufacturing Cell，FMC）的控制系统互连，以构成无人化工厂、柔性制造系统的自动化物流系统。

装卸机器人多用于机械加工设备的工件装卸（上下料），它通常和数控机床等自动化加工设备组合，构成柔性加工单元，成为无人化工厂、柔性制造系统的一部分。装卸机器人还经常用于冲剪、锻压、铸造等设备的上下料，以替代人工完成高风险、高温等恶劣环境下的危险作业或繁重作业。

④ 包装类机器人。包装类机器人（Packaging Robot）是用于物品分类、成品包装、码垛的工业机器人，常用的主要有分拣机器人、包装机器人和码垛机器人 3 类。

3C 行业和化工、食品、饮料、药品工业是包装类机器人的主要应用领域。3C 行业的产品产量大、周转速度快，成品包装任务繁重；化工、食品、饮料、药品包装由于行业特殊性，人工作业涉及安全、卫生、清洁、防水、防菌等方面问题。因此，都需要利用包装类机器人来完成物品的分拣、包装和码垛作业。

2. 工业机器人应用

根据国际机器人联合会（IFR）等部门的最新统计，当前工业机器人的应用行业分布情况大致如图 1.1-7 所示。

汽车制造业、电子电气工业、金属制品及加工业是目前工业机器人的主要应用领域。汽车及汽车零部件制造业历来是工业机器人用量最大的行业，其使用量长期保持在工业机器人总量的 40%以上，使用的产品以加工类机器人、装配类机器人为主，是焊接机器人、研磨机器人、抛光机器人及装配机器人、涂装机器人的主要应用领域。电子电气（包括计算机、通信、家电、仪器仪表等）是工业机器人应用的另一主要行业，其使用量也保持在工业机器人总量的 20%以上，使用的主要产品为

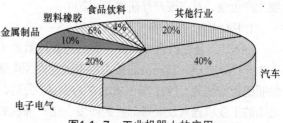

图1.1-7　工业机器人的应用

装配类机器人、包装类机器人。金属制品及加工业的机器人用量大致在工业机器人总量的 10%左右，使用的产品主要为搬运类的输送机器人和装卸机器人。建筑、化工、橡胶、塑料以及食品、饮料、药品等其他行业的机器人用量都在工业机器人总量的 10%以下，橡胶、塑料、化工、建筑行业使用的机器人种类较多；食品、饮料、药品行业通常以加工类机器人、包装类机器人为主。

中国是目前全世界工业机器人最大的消费国家，可以说近年来全球工业机器人的增长很大一部分来自于中国市场。据中国机器人产业联盟、美国《华尔街日报》等的统计，2013 年，中国的工业机器人销量为 3.7 万台，约占全球销量（17.7 万台）的五分之一；2014 年、2015 年，中国工业机器人的年销量分别为 5.7 万台、6.6 万台，达到全球销量（22.5 万台、24.7 万台）的四分之一以上；2016 年、2017 年，中国工业机器人的年销量更是达到了 8.7 万台、14.1 万台，约占全球销量（29.4 万台、38 万台）的三分之一。但是，我们应当清醒地认识到，中国工业机器人市场的壮大，在很大程度上得益于国家政策，而并不代表我国的工业自动化程度已真正超过了发达国家。

二、工业机器人典型产品

目前，全球工业机器人的主要生产厂家有日本的 FANUC（发那科）、YASKAWA（安川）、KAWASAKI（川崎）、NACHI（不二越）、DAIHEN（OTC 或欧希地）、Panasonic（松下），瑞士和瑞典的 ABB，德国的 KUKA（库卡）、REIS（徕斯，现为 KUKA 成员），意大利的 COMAU（柯马），奥地利的 IGM（艾捷默），韩国的 HYUDAI（现代），等等。其中，FANUC、YASKAWA、ABB、KUKA 是当前工业机器人研发、生产的代表性企业；KAWASAKI、NACHI 公司是全球较早从事工业机器人研发生产的企业；DAIHEN 的焊接机器人是国际名牌，以上企业的产品在我国的应用较为广泛。

以上企业从事工业机器人研发的时间，可基本分为图 1.1-8 所示的 20 世纪 60 年代末、70 年代中、70 年代末 3 个时期。

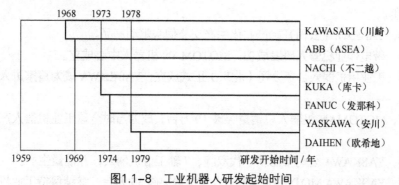

图1.1-8　工业机器人研发起始时间

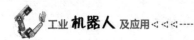
日本的 FANUC、YASKAWA、KAWASAKI，欧洲的 ABB、KUKA 是目前工业机器人的主要生产企业，其主要产品研发情况如下。

1. FANUC（发那科）

FANUC 是目前全球最大、著名的数控系统（CNC）生产厂家和全球产量最大的工业机器人生产厂家之一，其产品的技术水平居世界领先地位。FANUC 从 1956 年起就开始从事数控和伺服的民间研究，1972 年正式成立 FANUC 公司；1974 年开始研发、生产工业机器人。FANUC 公司的工业机器人及关键部件的研发、生产简况如下。

1972 年，FANUC 公司正式成立。

1974 年，FANUC 公司开始进入工业机器人的研发、生产领域，并从美国埃尔伍德（GETTYS）公司引进了直流伺服电机的制造技术，进行商品化与产业化生产。

1977 年，FANUC 公司开始批量生产、销售 ROBOT-MODEL1 工业机器人。

1982 年，FANUC 公司和 GM 公司合资，在美国成立了 GM FANUC 机器人公司（GM FANUC Robotics Corporation），专门从事工业机器人的研发、生产。同年，还成功研发了交流伺服电机产品。

1992 年，GE FANUC 机器人公司不再是合资公司，成为了 FANUC 公司在美国的全资子公司。同年，FANUC 公司和我国机械电子工业部北京机床研究所合资，成立了北京发那科机电有限公司，成为最早进入中国市场的国外工业机器人企业之一。

1997 年，FANUC 公司和上海电气集团合资，成立了上海发那科机器人有限公司。

2008 年，FANUC 公司工业机器人总产量位居全世界第一，成为全球首家产量突破 20 万台的工业机器人生产企业。

2011 年，FANUC 公司成为全球首家突破产量 25 万台的工业机器人生产企业，工业机器人总产量继续位居全世界第一。

2. YASKAWA（安川）

YASKAWA 公司成立于 1915 年，是全球著名的伺服电机、伺服驱动器、变频器和工业机器人生产厂家，其工业机器人的总产量目前名列全球前二，它也是首家进入中国的工业机器人企业。YASKAWA 公司的工业机器人及关键部件的研发、生产简况如下。

1915 年，YASKAWA 公司正式成立。

1954 年，YASKAWA 公司与瑞士的布朗·勃法瑞公司（Brown Boveri & Co., Ltd，简称 BBC）德国分公司合作，开始研发直流电机产品。

1977 年，垂直多关节工业机器人 MOTOMAN-L10 研发成功，公司创立了 MOTOMAN 工业机器人品牌。

1983 年，YASKAWA 公司开始产业化生产交流伺服驱动产品。

1990 年，带电作业机器人研发成功，MOTOMAN 机器人中心成立。

1996 年，工业用机器人合资公司（北京）正式成立，YASKAWA 成为首家进入中国的工业机器人企业。

2003 年，MOTOMAN 机器人总销量突破 10 万台，成为当时全球工业机器人产量最大的企业之一。

2005 年，YASKAWA 公司推出新一代双腕、7 轴工业机器人，并批量生产。

2006 年，YASKAWA MOTOMAN 机器人总销量突破 15 万台，继续保持工业机器人产量全球领先地位。

2008 年，YASKAWA MOTOMAN 机器人总销量突破 20 万台，与 FANUC 公司同时成为全球工业机器人总产量超 20 万台的企业。

2014 年，YASKAWA MOTOMAN 机器人总销量突破 30 万台。

3. KAWASAKI（川崎）

KAWASAKI 公司成立于 1878 年，是具有悠久历史的日本著名大型企业集团，集团公司以川崎重工业株式会社为核心，下辖有车辆、航空宇宙、燃气轮机、机械、通用机、船舶等公司和部门及上百家分公司和企业。KAWASAKI 公司的业务范围涵盖航空、航天、军事、电力、铁路、造船、工程机械、钢结构、发动机、摩托车、机器人等众多领域，其产品代表了日本科技的先进水平。

KAWASAKI 公司的主营业务实际上以大型装备为主，其产品包括飞机、直升机、坦克、桥梁、电气机车及火力发电设备、金属冶炼设备等。日本第一台蒸汽机车、新干线的电气机车等大都由 KAWASAKI 公司制造，显示了该公司在装备制造业的强劲实力。KAWASAKI 也是日本仅次于三菱重工的著名军工企业。

KAWASAKI 公司的工业机器人研发始于 1968 年，是日本较早研发、生产工业机器人的著名企业，曾研制出日本首台工业机器人"川崎-Unimation2000"和全球首台用于摩托车车身焊接的弧焊机器人等标志性产品，在焊接机器人技术方面居世界领先水平。

4. ABB

ABB（Asea Brown Boveri）集团公司是由原总部位于瑞典的阿西亚（ASEA）和总部位于瑞士的 BBC 两个具有百年历史的著名电气公司于 1988 年合并而成的。ABB 集团总部位于瑞士苏黎世，低压交流传动研发中心位于芬兰赫尔辛基；中压传动研发中心位于瑞士；直流传动及传统低压电器等产品的研发中心位于德国法兰克福。在组建 ABB 集团公司前，ASEA 公司和 BBC 公司都是全球著名的电力和自动化技术设备大型生产企业。

ABB 公司的工业机器人研发始于 1969 年的瑞典 ASEA 公司，它是全球最早从事工业机器人研发制造的企业之一，其累计销量已超过 20 万台，产品规格全、产量大，是世界著名的工业机器人制造商，也是我国工业机器人的主要供应商之一。ABB 公司的工业机器人及关键部件的研发、生产简况如下。

1969 年，ASEA 公司研制出全球首台喷涂机器人，并在挪威投入使用。

1974 年，ASEA 公司研制出了世界首台微机控制、全电气驱动的 5 轴涂装机器人 IRB 6。

1998 年，ABB 公司研制出了 Flex Picker 柔性手指、Robot Studio 离线编程和仿真软件。

2005 年，ABB 公司在上海成立机器人研发中心，并建成了机器人生产线。

2009 年，ABB 公司研制出当时全球精度最高、速度最快、质量为 25kg 的 6 轴小型工业机器人 IRB 120。

2010 年，ABB 公司最大的工业机器人生产基地和唯一的喷涂机器人生产基地——中国机器人整车喷涂实验中心建成。

2011 年，ABB 公司研制出全球最快码垛机器人 IRB 460。

2014 年，ABB 公司研制出全球首台真正意义上可实现人机协作的机器人 YuMi。

5. KUKA（库卡）

KUKA 股份公司的创始人为 Johann Joseph Keller 和 Jakob Knappich，公司于 1898 年在德国

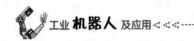

巴伐利亚州的奥格斯堡（Augsburg）正式成立，取名为 Keller und Knappich Augsburg（KUKA）。KUKA 公司最初的主要业务为室内及城市照明，后开始从事焊接设备、大型容器、市政车辆的研发生产；1966 年，成为欧洲市政车辆的主要生产商。

KUKA 公司的工业机器人研发始于 1973 年；1995 年，其机器人事业部与焊接设备事业部分离，成立 KUKA 机器人有限公司。KUKA 公司是世界著名的工业机器人制造商之一，其产品规格全、产量大，是我国目前工业机器人的主要供应商之一。KUKA 公司的工业机器人及关键部件的研发、生产简况如下。

1973 年，KUKA 公司研发出世界首台 6 轴工业机器人 FAMULUS。

1985 年，KUKA 公司研制出世界首台具有 3 个平移自由度和 3 个转动自由度的 Z 型 6 自由度机器人。

1989 年，KUKA 公司研发出交流伺服驱动的工业机器人产品。

2007 年，"KUKA titan" 6 轴工业机器人研发成功，产品被收入吉尼斯纪录。

2012 年，KUKA 公司研发出小型工业机器人产品系列 KR Agilus。

2013 年，KUKA 公司研发出概念机器车 moiros，并获 2013 年汉诺威工业展机器人应用方案冠军和机器人大奖（Robotics Award）。

2014 年，德国 REIS（徕斯）公司并入 KUKA 公司。

2016 年，中国美的集团收购 KUKA 公司 85%的股权。

拓展提高

一、服务机器人简介

1. 产品及应用

服务机器人是服务于人类非生产性活动的机器人总称。从控制要求、功能、特点等方面看，服务机器人与工业机器人的本质区别在于：工业机器人所处的工作环境在大多数情况下是已知的，因此，利用第一代机器人技术即可满足其要求；然而，服务机器人的工作环境在绝大多数场合是未知的，故都需要使用第二代、第三代机器人技术。从行为方式上看，服务机器人一般没有固定的活动范围和规定的动作行为，它需要有良好的自主感知、自主规划、自主行动和自主协同等方面的能力，因此，服务机器人较多地采用仿人或生物、车辆等结构形态。

早在 1967 年，在日本举办的第一届机器人学术会议上，人们就提出了两种描述服务机器人特点的代表性意见。一种意见认为服务机器人是一种"具有自动性、个体性、智能性、通用性、半机械半人性、移动性、作业性、信息性、柔性、有限性等特征的自动化机器"；另一种意见认为具备如下 3 个条件的机器，可称为服务机器人：

① 具有类似人类的脑、手、脚等功能要素；

② 具有非接触传感器和接触传感器；

③ 具有平衡觉和固有觉的传感器。

当然，鉴于当时的情况，以上定义都强调了服务机器人的"类人"含义，突出了由"脑"统一指挥、靠"手"进行作业、靠"脚"实现移动；通过非接触传感器和接触传感器，机器人可识别外界环境；利用平衡觉和固有觉等传感器可感知本身状态等基本属性，对服务机器人的研发提供了参考。

服务机器人的出现虽然晚于工业机器人，但由于它与人类进步、社会发展、公共安全等诸多重大问题息息相关，应用领域众多，市场广阔，因此，其发展非常迅速、潜力巨大。有国外专家预测，在不久的将来，服务机器人产业可能成为继汽车、计算机后的另一新兴产业。据国际机器人联合会 2013 年世界服务机器人统计报告等有关统计资料显示，目前已有 20 多个国家在进行服务机器人的研发，有 40 余种服务机器人已进入商业化应用或试用阶段。2012 年，全球服务机器人的总销量约为 301.6 万台，约为工业机器人（15.9 万台）的 19 倍；其中，个人/家用服务机器人的销量约为 300 万台，销售额约为 12 亿美元；专业服务机器人的销量为 1.6 万台，销售额为 34.2 亿美元。

在服务机器人中，个人/家用服务机器人为大众化、低价位产品，其市场最大；在专业服务机器人中，则以涉及公共安全的军事机器人（Military Robot）、场地机器人（Field Robots）、医疗机器人的应用较广。

在服务机器人的研发领域，美国不但在军事、场地、医疗等高科技专业服务机器人的研发上遥遥领先于其他国家；而且，在个人/家用服务机器人的研发上，同样占有显著的优势，其服务机器人总量约占全球服务机器人市场的 60%。此外，日本的个人/家用服务机器人产量约占全球同类机器人市场的 50%；欧洲的德国、法国也是服务机器人的研发和使用大国。我国在服务机器人领域的研发起步较晚，直到 2005 年才开始初具市场规模，总体水平与发达国家相比存在很大的差距。目前，我国的个人/家用服务机器人主要用于吸尘、教育娱乐、保安、智能玩具等；专业服务机器人主要有医疗机器人及部分军事机器人、场地机器人等。

2. 个人/家用机器人

个人/家用服务机器人泛指为人们日常生活（包括家庭作业、娱乐休闲、残障辅助、住宅安全等）服务的机器人。个人/家用服务机器人是被人们普遍看好的未来最具发展潜力的新兴产业之一。

在个人/家用服务机器人中，以家庭作业机器人和娱乐休闲机器人的产量为最大，两者占个人/家用服务机器人总量的 90%以上；残障辅助机器人、住宅安全机器人的普及率目前还较低，但市场前景被人们普遍看好。

家用清洁机器人是家庭作业机器人中最早被实用化和最成熟的产品之一。早在 20 世纪 80 年代，美国已经开始进行吸尘机器人的研究，iRobot 等公司是目前个人/家用服务机器人行业公认的领先企业，其产品技术先进，市场占有率较大；德国的 Karcher（凯驰）公司也是著名的家庭作业机器人生产商，它在 2006 年研发的 RC3000 家用清洁机器人是世界上第一台能够自行完成所有家庭地面清洁工作的家用清洁机器人。此外，美国的 Neato、Mint，日本的 Shink、Panasonic（松下），韩国的 LG、三星等公司也都是全球较著名的家用清洁机器人研发、制造企业。

在我国，由于家庭经济条件和发达国家相比有一定差距，加上传统文化的影响，绝大多数家庭的作业服务目前还是由家庭成员或家政服务人员承担，所使用的设备以传统工具和普通吸尘器、洗碗机等简单设备为主，家庭作业服务机器人的使用率较低。

3. 专业服务机器人

专业服务机器人（Professional Service Robots）的涵盖范围非常广，简言之，除工业生产用的工业机器人和为人们日常生活服务的个人/家用服务机器人外，其他所有的机器人均属于专业服务机器人。在专业服务机器人中，军事机器人、场地机器人和医疗机器人是应用较广的产品，3 类产品的概况如下。

① 军事机器人。军事机器人是为了军事目的而研制的自主、半自主式或遥控的智能化装备，它可用来帮助或替代军人完成特定的战术或战略任务。军事机器人具备全方位、全天候的作战能力和极强的战场生存能力，可在超过人类承受能力的恶劣环境，或在遭到毒气、冲击波、热辐射等袭击时，继续进行工作；由于军事机器人不存在人类的恐惧心理，可严格地服从命令、听从指挥，有利于指挥者对战局的掌控；在未来战争中，机器人战士完全可能成为军事行动中的主力军。

军事机器人的研发早在 20 世纪 60 年代就已经开始，产品已从第一代的遥控操作器，发展到了现在的第三代智能机器人。目前，世界各国的军用机器人已达上百个品种，其应用涵盖侦察、排雷、防化、进攻、防御及后勤保障等各个方面。用于监视、勘察、获取危险领域信息的无人驾驶飞行器（UAV）和地面车（UGV），具有强大运输功能和精密侦察设备的机器人武装战车（ARV），在战斗中担任补充作战物资的多功能后勤保障机器人（MULE）是当前军事机器人的主要产品。

② 场地机器人。场地机器人是除军事机器人外，其他可进行大范围作业的服务机器人的总称。场地机器人多用于科学研究和公共事业服务，如太空探测、水下作业、危险作业、消防救援、园林作业等。

美国的场地机器人研究始于 20 世纪 60 年代，其产品已遍及空间、陆地和水下，从 1967 年的"海盗"号火星探测器，到 2003 年的"勇气"号（Spirit，MER-A）和"机遇"号（Opportunity，MER-B）火星探测器、2011 年的"好奇"号（Curiosity）核动力驱动的火星探测器，都无一例外地代表了全球空间机器人研究的最高水平。此外，俄罗斯和欧盟在太空探测机器人等方面的研究和应用也居世界领先水平，如早期的空间站飞行器对接、燃料加注机器人等；德国于 1993 年研制、由"哥伦比亚"号航天飞机携带升空的 ROTEX 远距离遥控机器人等，也都代表了当时空间机器人技术的较高水平；我国在探月机器人、水下机器人方面的研究也取得了较大的进展。

③ 医疗机器人。医疗机器人是今后专业服务机器人的重点发展领域之一。医疗机器人主要用于伤病员的手术、救援、转运和康复，它包括诊断机器人、外科手术机器人或手术辅助机器人、康复机器人等。例如，通过外科手术机器人，医生可利用其精准性和微创性，大面积减小手术伤口，使伤病员迅速恢复正常生活等。据统计，目前全世界已有 30 个国家近千家医院成功开展了数十万例机器人手术，手术种类涵盖泌尿外科、妇产科、心脏外科、胸外科、肝胆外科、胃肠外科、耳鼻喉科等。

当前，医疗机器人的研发与应用大部分都集中于美国、欧洲、日本等发达国家和地区，发展中国家的普及率还很低。美国的直觉外科（Intuitive Surgical）公司是全球领先的医疗机器人研发、制造企业，该公司研发的达芬奇机器人是目前世界上较先进的手术机器人系统，它可模仿外科医生的手部动作进行微创手术，目前已经成功用于普通外科、胸外科、泌尿外科、妇产科、头颈外科及心脏等手术。

二、机器人生产国及其机器人发展水平

机器人问世以来，得到了世界各国的广泛重视，美国、日本和德国为机器人研究、制造和应用大国，英国、法国、意大利、瑞士等国的机器人研发水平也居世界前列。目前，世界主要机器人生产制造国的研发、应用情况如下。

1. 美国

美国是机器人的发源地，其机器人研究领域广泛、产品技术先进，机器人的研究实力和产品水平均领先于世界，Adept Technology、American Robot、Emerson Industrial Automation、S-T

Robotics、iRobot、Remotec 等都是美国著名的机器人生产企业。

美国的机器人研究从最初的工业机器人开始，但目前已更多地转向军用、医疗、家用服务及军事、场地等高层次智能机器人的研发。据统计，美国的智能机器人占据了全球约 60%的市场，iRobot、Remotec 等都是全球著名的服务机器人生产企业。

美国现有的军事机器人产品包括无人驾驶飞行器、无人地面车、机器人武装战车及图 1.1-9 所示的多功能后勤保障机器人、机器人战士等多种产品。

图 1.1-9（a）为波士顿动力公司研制的多功能后勤保障机器人。其中，"大狗"（BigDog）系列机器人的军用产品 LS3（Legged Squad Support Systems，又名阿尔法狗），重约 570kg，它可在搭载约 181kg 重物的情况下，连续行走约 32km，并能穿过复杂地形、应答士官指令；图 1.1-9（b）为"野猫"（WildCat）机器人，它能在各种地形上，以超过 25km/h 的速度奔跑和跳跃。

此外，为了避免战争中的牺牲，波士顿动力公司还研制出了类似科幻片中的"机器人战士"。如"哨兵"机器人已经能够自动识别声音、烟雾、风速、火等环境数据，还可说出 300 多个单词，向可疑目标发出口令，一旦目标不能正确回答，便可迅速、准确地瞄准和加以射击。该公司最新研发的图 1.1-9（c）所示的阿特拉斯（Atlas）机器人，高 1.88m、重 150kg，其四肢共拥有 28 个自由度，能够直立行走、攀爬、自动调整重心，其灵活性已接近人类，堪称当今世界上最先进的机器人战士。

（a）BigDog-LS3

（b）WildCat

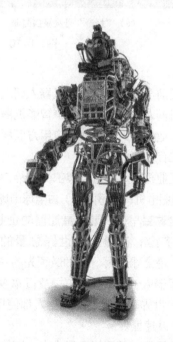

（c）Atlas

图1.1-9 波士顿动力公司研发的军事机器人

美国的场地机器人研究水平同样令其他各国望尘莫及，其研究遍及空间、陆地、水下，并已用于月球、火星等天体的探测。

早在 1967 年，美国国家航空航天局（National Aeronautics and Space Administration，NASA）

所发射的"海盗"号火星探测器已着落火星，并对土壤等进行了采集和分析，以寻找生命迹象；同年，还发射了"观察者"3 号月球探测器，对月球土壤进行了分析和处理。到了 2003 年，NASA 又接连发射了"勇气"号和"机遇"号两个火星探测器，并于 2004 年 1 月先后着落火星表面。它们可在地球研究人员的遥控下，在火星上自由行走，通过它们对火星岩石和土壤的分析，人们收集到了能够证明火星上曾经有水流动的强有力证据，发现了形成于酸性湖泊的岩石、陨石等。2011 年 11 月，NASA 又成功发射了图 1.1-10（a）所示的"好奇"号核动力驱动的火星探测器，并于 2012 年 8 月 6 日安全着落火星，开启了人类探寻火星生命元素的历程；图 1.1-10（b）所示的机器人是谷歌（Google）公司最新研发的"安迪"号（Andy）月球车。

（a）"好奇"号火星探测器　　　　　（b）"安迪"号月球车

图1.1-10　美国的场地机器人

2. 日本

日本是目前全球产量最大的机器人研发、生产和使用国之一，在工业机器人及家用服务机器人、护理机器人、医疗机器人等智能机器人的研发上具有世界领先水平。

日本在工业机器人的生产和应用方面居世界领先地位。20 世纪 90 年代，日本就开始普及第一代和第二代工业机器人。

日本在工业机器人的主要零部件供给、研究等方面同样居世界领先地位，其主要零部件（精密减速机、伺服电机、传感器等）占全球市场的 90%以上。日本的哈默纳科公司（Harmonic Drive System）是全球最早生产谐波减速器的企业和目前全球最大、著名的谐波减速器生产企业，其产品规格齐全，产量占全世界总量的 15%左右。日本的纳博特斯克公司（Nabtesco Corporation）是全球最大、技术最领先的 RV 减速器生产企业之一，其产品占据了全球 60%以上的工业机器人 RV 减速器市场及日本 80%以上的数控机床自动换刀（ATC）装置 RV 减速器市场。很多世界著名的工业机器人都使用哈默纳科公司生产的谐波减速器和纳博特斯克公司生产的 RV 减速器。

日本在发展第三代智能机器人上，同样取得了举世瞩目的成就。为了攻克智能机器人的关键技术，自 2006 年起，政府每年都投入巨资用于服务机器人的研发，如前述的日本本田（HONDA）公司的 ASIMO 机器人、日本理化学研究所的 ROBEAR 护理机器人等家用服务机器人的技术水平均居世界前列。

3. 德国

德国的机器人研发稍晚于日本，但其发展十分迅速。20 世纪 70 年代中后期，德国政府在

"改善劳动条件计划"中，强制规定了部分有危险、有毒、有害的工作岗位必须用机器人来代替人工的要求，它为机器人的应用开辟了广大的市场。据德国机械设备制造业联合会（VDMA）统计，目前德国的工业机器人密度已是法国的 2 倍和英国的 4 倍以上，是欧洲最大的工业机器人生产和使用国之一。

德国的工业机器人以及军事机器人中的地面无人作战平台、水下无人航行体的研究和应用水平，居世界领先地位。德国的 KUKA（库卡）、REIS（徕斯，现为 KUKA 成员）、Carl-Cloos（卡尔-克鲁斯）等都是全球著名的工业机器人生产企业；德国宇航中心、德国机器人技术商业集团、凯驰（Karcher）集团、弗劳恩霍夫制造技术和自动化研究所（Fraunhofer Institute for Manufacturing Engineering and Automatic）及 STN 公司、HDW 公司等都是有名的服务机器人及军事机器人研发企业。

德国在智能服务机器人的研究和应用上，同样具有世界公认的领先水平。例如，弗劳恩霍夫制造技术和自动化研究所最新研发的服务机器人 Care-O-Bot4，不但能够识别日常的生活用品，还能听懂语音命令和看懂手势命令，按声控或手势的要求进行自我学习。

4. 中国

由于国家政策导向等多方面的原因，近年来，中国已成为全世界工业机器人增长最快、销量最大的市场，总销量已经连续多年位居全球第一。2013 年，工业机器人销量近 3.7 万台，占全球总销量（17.7 万台）的 20.9%；2014 年的销量为 5.7 万台，占全球总销量（22.5 万台）的 25.3%；2015 年的销量为 6.6 万台，占全球总销量（24.7 万台）的 26.7%；2016 年的销量为 8.7 万台，占全球总销量（29.4 万台）的 29.6%；2017 年的销量为 14.1 万台，占全球总销量（38 万台）的 37.1%。

我国的机器人研发起始于 20 世纪 70 年代初期，到了 20 世纪 90 年代，先后研制出了用于点焊、弧焊、装配、喷漆、切割、搬运、包装码垛等的工业机器人，在工业机器人及零部件研发等方面取得了一定的成绩。上海交通大学、哈尔滨工业大学、天津大学、南开大学、北京航空航天大学等高校都设立了机器人研究所或实验室，进行工业机器人和服务机器人的基础研究；广州数控设备有限公司、南京埃斯顿自动化股份有限公司、沈阳新松医疗科技股份有限公司等企业也开发了部分机器人产品。但是，总体而言，我国的机器人研发目前还处于初级阶段，和先进国家的差距依旧十分明显，产品以低档工业机器人为主，核心技术尚未掌握，关键部件几乎完全依赖进口，国产机器人的市场占有率十分有限，目前还没有真正意义上的完全自主机器人生产商。

高端装备制造产业是国家重点支持的战略新兴产业，工业机器人作为高端装备制造业的重要组成部分，有望在今后一段时期得到快速发展。

技能训练

结合本任务的内容，完成以下练习。

一、不定项选择题

1. 机器人（Robot）一词源自于（   ）。
   A. 英语　　　　B. 德语　　　　　C. 法语　　　　D. 捷克语

2. 提出"机器人学三原则"的是（　　　）。

    A. 物理学家　　　　B. 哲学家　　　　　　　　C. 科幻作家　　　　D. 社会学家

3. "机器人学三原则"的原则 1 是（　　　）。

    A. 能保护自身　　　B. 执行人类命令　　　　　C. 不得伤害人类　　D. 能保护人类

4. 世界上第一台真正意义上的工业机器人诞生于（　　　）。

    A. 1952 年，美国　　　　　　　　　　　　　　B. 1959 年，美国

    C. 1959 年，日本　　　　　　　　　　　　　　D. 1952 年，德国

5. 工业机器人的基本定义包括（　　　）。

    A. 用于工业领域　　　　　　　　　　　　　　B. 自动化设备

    C. 可编程　　　　　　　　　　　　　　　　　D. 智能设备

6. 以下对第一代机器人理解正确的是（　　　）。

    A. 有分析推理能力　　　　　　　　　　　　　B. 以示教再现为主

    C. 已实用并普及　　　　　　　　　　　　　　D. 能自主决定行为

7. 以下对第三代机器人理解正确的是（　　　）。

    A. 有分析推理能力　　　　　　　　　　　　　B. 以示教再现为主

    C. 已实用并普及　　　　　　　　　　　　　　D. 能自主决定行为

8. 目前，大多数工业机器人使用的是（　　　）机器人技术。

    A. 第一代　　　　　B. 第二代　　　　　　　　C. 第三代　　　　　D. 第四代

9. 根据机器人的应用环境，机器人一般分为（　　　）两类。

    A. 关节型机器人和并联型机器人　　　　　　　B. 工业机器人和服务机器人

    C. 示教再现机器人和智能机器人　　　　　　　D. 顺序控制机器人和轨迹控制机器人

10. 根据工业机器人的功能与用途，目前主要有（　　　）几类。

    A. 加工类　　　　　B. 装配类　　　　　　　　C. 搬运类　　　　　D. 包装类

11. 以下属于加工类工业机器人的是（　　　）。

    A. 焊接机器人　　　B. 装卸机器人　　　　　　C. 涂装机器人　　　D. 码垛机器人

12. 以下属于装配类工业机器人的是（　　　）。

    A. 焊接机器人　　　B. 涂装机器人　　　　　　C. 分拣机器人　　　D. 包装机器人

13. 以下属于服务机器人的是（　　　）。

    A. 家庭清洁机器人　　　　　　　　　　　　　B. 军事机器人

    C 医疗机器人　　　　　　　　　　　　　　　D. 场地机器人

14. "玉兔"号月球探测器、"好奇"号（Curiosity）火星探测器属于（　　　）。

    A. 工业机器人　　　B. 军事机器人　　　　　　C. 医疗机器人　　　D. 场地机器人

15. 美国的 E-2D"鹰眼"预警机属于（　　　）。

    A. 工业机器人　　　B. 军事机器人　　　　　　C. 医疗机器人　　　D. 场地机器人

16. 目前全球工业机器人产销量最大的生产企业是（　　　）。

    A. ABB　　　　　　B. YASKAWA　　　　　　C. FANUC　　　　　D. KUKA

17. 日本最早生产工业机器人的企业是（　　　）。

    A. KAWASAKI　　　B. YASKAWA　　　　　　C. FANUC　　　　　D. DAIHEN

18. 目前，工业机器人年销量最大的国家是（　　　）。

A. 美国　　　　　B. 德国　　　　　C. 日本　　　　　D. 中国

19. 目前工业机器人使用量最大的行业是（　　　）。

A. 电子电气工业　　　　　　　　　B. 汽车制造业

C. 金属制品及加工业　　　　　　　D. 食品和饮料业

20. 目前工业机器人最大的消费国是（　　　）。

A. 中国　　　　　B. 美国　　　　　C. 日本　　　　　D. 德国

二、简答题

1. 简述第一、第二、第三代机器人在组成、性能等方面的区别。

2. 简述工业机器人和服务机器人在用途、性能等方面的区别。

3. 根据工业机器人的功能与用途，其主要产品大致可分为哪几类？各有什么特点？

••• 任务 2　熟悉工业机器人性能 •••

知识目标

1. 熟悉工业机器人的组成与特点。

2. 了解工业机器人的结构形态。

3. 掌握工业机器人的主要技术参数。

4. 熟悉常见类别工业机器人的技术性能。

5. 了解工业机器人与数控机床、机械手的区别。

能力目标

1. 能识别垂直串联机器人、SCARA 机器人、Delta 结构机器人。

2. 能看懂产品样本，并通过技术参数了解产品性能。

3. 能正确区分工业机器人、数控机床、机械手。

基础学习

一、工业机器人的组成与特点

1. 工业机器人系统

工业机器人是一种功能完整、可独立运行的典型机电一体化设备，它有自身的控制器、驱动系统和操作界面，可对其进行手动、自动操作及编程，它能依靠自身的控制能力来实现所需要的功能。

广义上的工业机器人是由图 1.2-1 所示的机器人及相关附加设备组成的完整系统，它总体可分为机械部件和电气控制系统两大部分。

工业机器人（简称机器人）系统的机械部件包括机器人本体、末端执行器、变位器等；电气控制系统主要包括控制器、驱动器、操作单元、上级控制器等。其中，机器人本体、末端执行器以及控制器、驱动器、操作单元是机器人必需的基本组成部件。

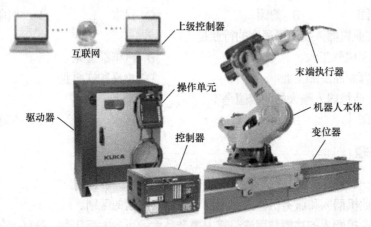

图1.2-1　工业机器人系统的组成

2. 机器人本体

机器人本体又称操作机,它是用来完成各种作业的执行机构,包括机械部件及安装在机械部件上的驱动电机、传感器等。

机器人本体的形态各异,但绝大多数都是由若干关节(Joint)和连杆(Link)连接而成的。以常用的 6 轴垂直串联型(Vertical Articulated)工业机器人为例,其运动主要包括整体回转(腰关节)、下臂摆动(肩关节)、上臂摆动(肘关节)、腕回转和弯曲(腕关节)等,机器人本体的典型结构如图 1.2-2 所示,其主要组成部件包括手部、腕部、上臂、下臂、腰部、基座等。

机器人的手部用来安装末端执行器,它既可以安装类似人手的手爪,也可以安装吸盘或其他各种作业工具;腕部用来连接手部和手臂,起到支撑手部的作用;上臂用来连接腕部和下臂,可绕下臂摆动,以实现手腕大范围的上下(俯仰)运动;下臂用来连接上臂和腰部,并可绕腰部摆动,以实现手腕大范围的前后运动;腰部用来连接下臂和基座,它可以在基座上回转,以改变整个机器人的作业方向;基座是整个机器人的支持部分。机器人的基座、腰部、下臂、上臂通称机身;机器人的腕部和手部通称手腕。

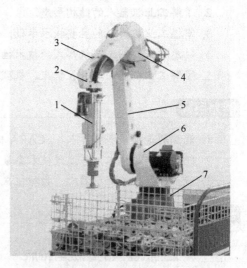

1—末端执行器;2—手部;3—腕部;4—上臂;

5—下臂;6—腰部;7—基座

图1.2-2　机器人本体的典型结构

机器人的末端执行器又称工具,它是安装在机器人手腕上的作业机构。末端执行器与机器人的作业要求、作业对象密切相关,一般需要由机器人制造厂和用户共同设计与制造。例如,用于装配、搬运、包装的机器人则需要配置吸盘、手爪等用来抓取零件、物品的夹持器;而加工类机器人需要配置用于焊接、切割、打磨等加工的焊枪、割枪、铣头、磨头等各种工具或刀具。

3. 变位器

变位器是用于机器人或工件整体移动,进行协同作业的附加装置,它既可选配机器人生产厂家的标准部件,也可由用户根据需要设计、制作。变位器的作用和功能如图 1.2-3 所示,通过选配变位器,可增加机器人的自由度和作业空间;此外,还可实现作业对象和其他机器人的协同运动,增强机器人的功能和作业能力。简单机器人系统的变位器一般由机器人控制器直接控制,多机器人复杂系统的变位器需要由上级控制器进行集中控制。

机器人变位器多为 1～3 轴,分为图 1.2-4 所示的回转变位器和直线变位器两类,回转变位器可用于机器人或作业对象的大范围回转;直线变位器多用于机器人大范围直线运动。

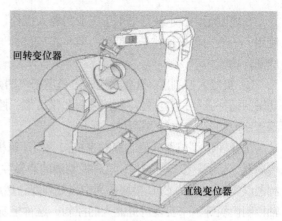

图1.2-3 变位器的作用和功能

（a）回转变位器

（b）直线变位器

图1.2-4 变位器

4. 电气控制系统

在机器人电气控制系统中,上级控制器仅用于复杂系统各种机电一体化设备的协同控制、运行管理和调试编程,它通常以网络通信的形式与机器人控制器进行信息交换,因此,它实际上属于机器人电气控制系统的外部设备;而机器人控制器、操作单元、伺服驱动器及辅助控制电路,则是机器人控制必不可少的系统部件。由于不同机器人的电气控制系统组成部件和功能类似,因此,机器人生产厂家一般将电气控制系统统一设计成图 1.2-5 所示的箱式或柜式结构。

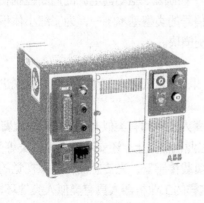

（a）箱式

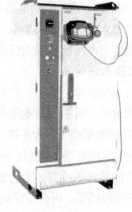

（b）柜式

图1.2-5 电气控制系统结构

在控制柜中，示教器是用于工业机器人操作、编程及数据输入/显示的人机界面，为了方便使用，一般为可移动式悬挂部件，其他控制部件通常统一安装在控制柜内。电气控制系统的组成部件功能如下。

① 机器人控制器。机器人控制器是用于机器人坐标轴位置和运动轨迹控制的装置，输出运动轴的插补脉冲，其功能与数控装置非常类似，控制器的常用结构有工业计算机（PC）型和可编程序控制器（PLC）型两种。

工业 PC 型机器人控制器的主机和通用计算机并无本质的区别，但机器人控制器需要增加传感器、驱动器接口等硬件，这种控制器的兼容性好，软件安装方便，网络通信容易。PLC 型控制器以类似 PLC 的 CPU 模块作为中央处理器，然后通过选配各种 PLC 功能模块，如测量模块、轴控制模块等，来实现对机器人的控制，这种控制器的配置灵活，模块通用性好、可靠性高。

② 操作单元。工业机器人的现场编程一般通过示教操作实现，它对操作单元的移动性能和手动性能的要求较高，但其显示功能一般不及数控系统。因此，机器人的操作单元以手持式为主，习惯上称之为示教器。

传统的示教器由显示器和按键组成，操作者可通过按键直接输入命令和进行所需的操作。目前常用的示教器为菜单式，它由显示器和操作菜单键组成，操作者可通过操作菜单选择需要的操作。先进的示教器使用了与目前智能手机同样的触摸屏和图标界面，这种示教器的最大优点是可直接通过 WiFi 连接控制器和网络，从而省略了示教器和控制器间的连接电缆；智能手机型操作单元的使用灵活、方便，是适合网络环境下使用的新型操作单元。

③ 驱动器。驱动器实际上是用于控制器的插补脉冲功率放大的装置，实现驱动电机位置、速度、转矩控制，驱动器通常安装在控制柜内。驱动器的形式取决于驱动电机的类型，伺服电机需要配套伺服驱动器，步进电机则需要使用步进驱动器。机器人目前常用的驱动器以交流伺服驱动器为主，它有集成式、模块式和独立型 3 种基本结构形式。

集成式驱动器的全部驱动模块集成一体，电源模块可以独立或集成，这种驱动器的结构紧凑、生产成本低，是目前使用较为广泛的结构形式；模块式驱动器的电源模块为公用，驱动模块独立，驱动器需要统一安装。集成式驱动器、模块式驱动器不同控制轴间的关联性强，调试、维修和更换相对比较麻烦。独立型驱动器的电源和驱动电路集成一体，每一轴的驱动器可独立安装和使用，因此，其安装使用灵活、通用性好，调试、维修和更换也较方便。

④ 辅助控制电路。辅助控制电路主要用于控制器、驱动器电源的通断控制和接口信号的转换。由于工业机器人的控制要求类似，接口信号的类型基本统一，为了缩小体积、降低成本、方便安装，辅助控制电路常被制成标准的控制模块。

5. 工业机器人的特点

工业机器人是集机械、电子、控制、检测、计算机、人工智能等多学科先进技术于一体的典型机电一体化设备，其主要技术特点如下。

① 拟人。在结构形态上，大多数工业机器人的本体有类似人类的腰部、大臂、小臂、手腕、手等部件，并接受其控制器的控制。在智能工业机器人上，还安装有模拟人类等生物的传感器，例如，模拟感官的接触传感器、力传感器、负载传感器、光传感器，模拟视觉的图像识别传感器，模拟听觉的声传感器、语音传感器等，这样的工业机器人具有类似人类的环境自适应能力。

② 柔性。工业机器人有完整、独立的控制系统，它可通过编程来改变其动作和行为，此外，还可通过安装不同的末端执行器，来满足不同的应用要求。因此，它具有适应对象变化的柔性。

③ 通用。除了部分专用工业机器人外，大多数工业机器人都可通过更换工业机器人手部的末端执行器，如更换手爪、夹具、工具等，来完成不同的作业。因此，它具有一定的、执行不同作业任务的通用性。

二、工业机器人结构形态

从运动学原理上说，绝大多数机器人的本体都是由若干关节（Joint）和连杆（Link）组成的运动链。根据关节间的连接形式，多关节工业机器人的典型结构主要有垂直串联、水平串联（或称 SCARA）和并联三大类。

1. 垂直串联机器人

垂直串联（Vertical Articulated）是工业机器人常见的结构形式，机器人的本体部分一般由 5~7 个关节在垂直方向依次串联而成，它可以模拟人类从腰部到手腕的运动，用于加工、搬运、装配、包装等各种场合。

① 6 轴垂直串联结构。如图 1.2-6 所示的 6 轴垂直串联结构是垂直串联机器人的典型结构。机器人的 6 个运动轴分别为腰部回转轴 S（Swing）、下臂摆动轴 L（Lower Arm Wiggle）、上臂摆动轴 U（Upper Arm Wiggle）、腕回转轴 R（Wrist Rotation）、腕摆动轴 B（Wrist Bending）、手回转轴 T（Turning）；其中，图 1.2-6 中用实线表示的腰部回转轴 S、腕回转轴 R、手回转轴 T 可在 4 个象限进行 360° 或接近 360° 回转，称为回转轴（Roll）；用虚线表示的下臂摆动轴 L、上臂摆动轴 U、腕摆动轴 B 一般只能在 3 个象限内进行小于 270° 回转，称为摆动轴（Bend）。

机器人关节轴代号在不同产品上有所不同，S/L/U/R/B/T 轴也常用 J1/J2/J3/J4/J5/J6 轴、j1/j2/j3/j4/j5/j6 轴表示，本书后述内容中，将针对不同的产品，在不同场合使用不同的代号。

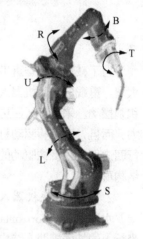

图1.2-6 6轴垂直串联结构

6 轴垂直串联结构机器人的末端执行器作业点的运动，由手臂、手腕和手的运动合成。其中，腰部、下臂、上臂 3 个关节，可用来改变手腕基准点的位置，称为定位机构；手腕部分的腕回转、腕摆动和手回转 3 个关节，可用来改变末端执行器的姿态，称为定向机构。

② 7 轴垂直串联结构。6 轴垂直串联结构机器人较好地实现了三维空间内的任意位置和姿态控制，它对于各种作业都有良好的适应性，故可用于加工、搬运、装配、包装等各种场合。但是，由于结构所限，6 轴垂直串联结构机器人存在运动干涉区域，在上部或正面运动受限时，进行下部、反向作业非常困难，为此，先进的工业机器人有时也采用图 1.2-7 所示的 7 轴垂直串联结构。

7 轴垂直串联结构机器人在 6 轴垂直串联结构机器人的基础上，增加了下臂回转轴 LR（Lower Arm Rotation），使定位机构扩大到腰部回转、下臂摆动、下臂回转、上臂摆动 4 个关节，手腕基准点（参考点）的定位更加灵活。当机器人运动受到限制时，它仍能通过下臂的回转，避让干涉区，完成图 1.2-8 所示的下部作业与反向作业。

图1.2-7 7轴垂直串联结构

③ 其他。机器人末端执行器的姿态与作业要求有关，在部分作业场合，有时可省略 1~2个运动轴，简化为 4~5 轴垂直串联结构的机器人。例如，对于以水平面作业为主的搬运机器人、包装机器人，可省略腕回转轴 R，以简化结构、增加刚性等。

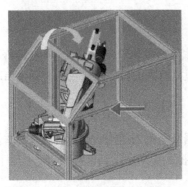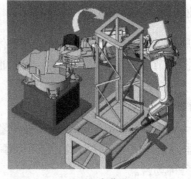

（a）下部作业   （b）反向作业

图1.2-8　7轴垂直串联机器人的应用

为了减轻 6 轴垂直串联机器人的上部质量，降低机器人重心，提高运动稳定性和承载能力，大型、重载的搬运机器人、码垛机器人也经常采用平行四边形连杆驱动机构，来实现上臂摆动和腕摆动。采用平行四边形连杆机构驱动，不仅可加长力臂，增大电机驱动力矩，提高负载能力，而且，还可将驱动机构的安装位置移至腰部，以降低机器人的重心，增加运动稳定性。平行四边形连杆机构驱动的机器人结构刚性高、负载能力强，它是大型、重载搬运机器人的常用结构形式。

2. 水平串联机器人

水平串联（Horizontal Articulated）结构是日本山梨大学在 1978 年发明的、一种建立在圆柱坐标上的特殊机器人结构形式，又称 SCARA（Selective Compliance Assembly Robot Arm，选择顺应性装配机器人手臂）结构。

① 基本结构。SCARA 机器人的基本结构如图1.2-9 所示。这种机器人的手臂由 2~3 个轴线相互平行的水平旋转关节 C1、C2、C3 串联而成，以实现平面定位；整个手臂可通过垂直方向的直线移动轴 Z，进行升降运动。

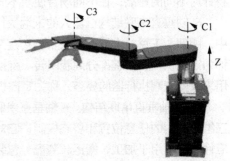

SCARA 机器人的结构简单、外形轻巧、定位精度高、运动速度快，特别适合于平面定位、垂直方向装卸的搬运和装配作业，故首先被用于 3C 行业印制电路板的器件装配和搬运作业；随后在光伏行业的

图1.2-9　SCARA机器人的基本结构

LED、太阳能电池安装，以及塑料、汽车、药品、食品等行业的平面装配和搬运领域得到了较为广泛的应用。SCARA 结构机器人的工作半径通常为 100~1000mm，承载能力一般在 1~200kg。

② 执行器升降结构。采用 SCARA 基本结构的机器人结构紧凑、动作灵巧，但水平旋转关节 C1、C2、C3 的驱动电机均需要安装在基座侧，其传动链长、传动系统结构较为复杂；此外，垂直轴 Z 需要控制 3 个手臂的整体升降，其运动部件质量较大、升降行程通常较小，因此，实

际使用时经常采用图 1.2-10 所示的执行器升降结构。

采用执行器升降结构的 SCARA 机器人不但可扩大 Z 轴升降行程、减轻升降部件的重量、提高手臂刚性和负载能力，同时，还可将 C2、C3 轴的驱动电机安装位置前移，以缩短传动链、简化传动系统结构。但是，这种结构的机器人回转臂的体积大，结构不及基本型紧凑，因此，多用于垂直方向运动不受限制的平面搬运和部件装配作业。

3. 并联机器人

并联机器人（Parallel Robot）的结构设计源于 1965 年英国科学家

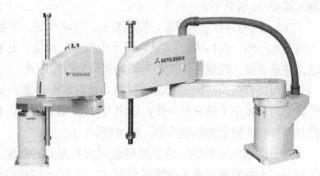

图1.2-10　执行器升降结构的SCARA机器人

Stewart 在 *A Platform with Six Degrees of Freedom* 文中提出的 6 自由度飞行模拟器，即 Stewart 平台机构，其标准结构如图 1.2-11 所示。

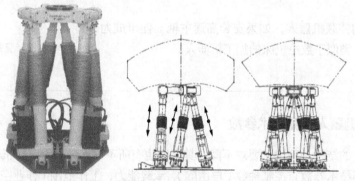

图1.2-11　Stewart平台

Stewart 平台通过空间均布的 6 根并联连杆支撑，控制 6 根连杆伸缩运动，便可实现平台在三维空间的前后、左右、升降及倾斜、回转、偏摆等运动。Stewart 平台具有 6 个自由度，可满足机器人的控制要求。1978 年，它被澳大利亚学者 Hunt 首次引入到机器人的运动控制。

Stewart 平台的运动需要通过 6 根连杆轴的同步控制实现，其结构较为复杂、控制难度很大。1985 年，瑞士洛桑联邦理工学院（Swiss Federal Institute of Technology in Lausanne，法文简称 EPFL）的 Clavel 博士，发明了一种图 1.2-12 所示的简化结构，它采用悬挂式布置，可通过 3 根并联连杆轴的摆动，实现三维空间的平移运动，这一结构称之为 Delta 结构。

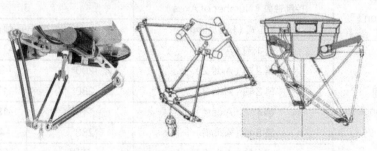

图1.2-12　Delta结构

Delta 结构可通过运动平台上安装回转轴，增加回转自由度，方便地实现 4 自由度、5 自由度、6 自由度的控制，以满足不同机器人的控制要求，采用了 Delta 结构的机器人称为 Delta 机器人或 Delta 机械手。

Delta 结构具有结构简单、控制容易、运动快捷、安装方便等优点，因而成为目前并联机器人的基本结构，Delta 机器人被广泛用于食品、药品、电子、电工等行业的物品分拣、装配、搬运，它是高速、轻载并联机器人较为常用的结构形式。

采用连杆摆动结构的 Delta 机器人具有结构紧凑、安装简单、运动速度快等优点，但其承载能力通常较小（通常在 10kg 以内），故多用于电子、食品、药品等行业的轻量物品的分拣、搬运等。

为了增强结构刚性，使之能够适应大型物品的搬运、分拣等要求，大型并联机器人经常采用图 1.2-13 所示的直线驱动结构，这种机器人以伺服电机和滚珠丝杠驱动的连杆拉伸直线运动代替了摆动，不但提高了机器人的结构刚性和承载能力，而且可以提高定位精度、简化结构设计，其最大承载能力可达 1000kg 以上。

直线驱动的并联机器人，如果安装高速主轴，便可成为一台可进行切削、类似于数控机床的加工机器人。

图1.2–13 直线驱动并联机器人

实践指导

一、工业机器人主要技术参数

由于机器人的结构、用途和要求不同，其性能也有所不同。一般而言，机器人样本和说明书中所给的主要技术参数有控制轴数（自由度）、承载能力、工作范围（作业空间）、运动速度、位置精度等；此外，还有安装方式、防护等级、环境要求、供电电源要求、机器人外形尺寸与质量等与使用、安装、运输相关的其他参数。

以 ABB 公司 IRB 140T 和安川公司 MH6 两种 6 轴通用型机器人为例，产品样本和说明书所提供的主要技术参数见表 1.2-1。

表 1.2–1　6 轴通用型机器人主要技术参数

机器人型号		IRB 140T	MH6
规　格（Specification）	承载能力（Payload）	6 kg	6 kg
	控制轴数（Number of Axes）	6	
	安装方式（Mounting）	地面/壁挂/框架/倾斜/倒置	
工作范围（Working Range）	第 1 轴（Axis 1）	360°	−170°～+170°
	第 2 轴（Axis 2）	200°	−90°～+155°
	第 3 轴（Axis 3）	280°	−175°～+250°
	第 4 轴（Axis 4）	不限	−180°～+180°
	第 5 轴（Axis 5）	230°	−45°～+225°
	第 6 轴（Axis 6）	不限	−360°～+360°

续表

机器人型号		IRB 140T	MH6
最大速度（Maximum Speed）	第1轴（Axis 1）	250°/s	220°/s
	第2轴（Axis 2）	250°/s	200°/s
	第3轴（Axis 3）	260°/s	220°/s
	第4轴（Axis 4）	360°/s	410°/s
	第5轴（Axis 5）	360°/s	410°/s
	第6轴（Axis 6）	450°/s	610°/s
重复定位精度（Repeat Position Accuracy，RP）		0.03mm/ ISO 9238—1998	±0.08/ JIS B 8432—1999
工作环境（Ambience）	工作温度（Operation Temperature）	+5~+45℃	0~+45℃
	储运温度（Transportation Temperature）	−25~+55℃	−25~+55℃
	相对湿度（Relative Humidity）	≤95%RH	20%~80%RH
电源（Power Supply）	电压（Supply Voltage）/ 频率（Frequency）	200~600V/ 50~60Hz	200~400V/ 50~60Hz
	容量（Power Consumption）	4.5kV·A	1.5kV·A
外形（Dimensions）	长×宽×高（Length×Width×Height）	800mm×620mm× 950mm	640mm×387mm× 1219mm
	质量（Weight）	98 kg	130 kg

由于垂直串联等结构的机器人工作范围是三维空间的不规则球体，为了便于说明，产品样本中一般需要提供图 1.2-14 所示的详细作业空间图。

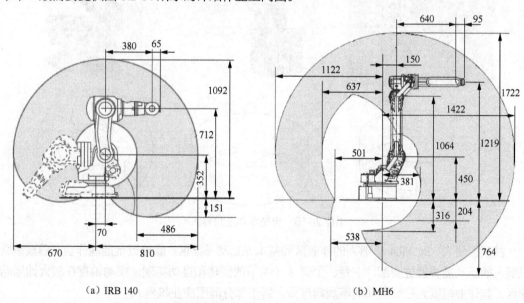

（a）IRB 140　　　　　　　　　　　　（b）MH6

图1.2-14　IRB 140及MH6的作业空间

机器人的安装方式与规格、结构形态等有关。一般而言，大中型机器人通常需要采用地面（Floor）安装；并联机器人则多数为倒置安装；水平串联（SCARA）和小型垂直串联机器人则可采用地面（Floor）、壁挂（Wall）、倒置（Inverted）、框架（Shelf）、倾斜（Tilted）等多种方式安装。

1. 工作范围

工作范围又称作业空间，它是指机器人在未安装末端执行器时，其手腕参考点所能到达的空间。工作范围是衡量机器人作业能力的重要指标，工作范围越大，机器人的作业区域也就越大。

机器人的工作范围取决于各关节运动的极限范围，它与机器人结构有关。工作范围应剔除机器人在运动过程中可能产生自身碰撞的干涉区；在实际使用时，还需要考虑安装末端执行器后可能产生的碰撞。因此，实际工作范围还应剔除末端执行器碰撞的干涉区。

机器人的工作范围内还可能存在奇异点（Singular Point）。所谓奇异点是由于结构的约束，导致关节失去某些特定方向自由度的点，奇异点通常存在于作业空间的边缘。若奇异点连成一片，则称为"空穴"。机器人运动到奇异点附近时，由于自由度的逐步丧失，关节的姿态需要急剧变化，这将导致驱动系统承受很大的负荷而产生过载。因此，对于存在奇异点的机器人来说，其工作范围还需要剔除奇异点和空穴。

机器人的工作范围与机器人的结构形态有关，对于常见的典型结构机器人，其作业空间如图1.2-15所示。

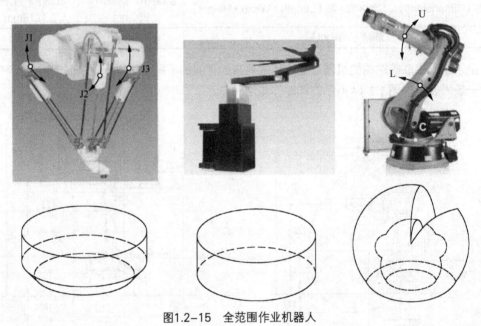

图1.2-15　全范围作业机器人

并联机器人、SCARA机器人的作业区间基本无运动干涉区，能接近全范围作业。垂直串联机器人的运动需要通过腰部、下臂、上臂3个关节的回转和摆动实现，摆动轴存在较大的运动死区，其作业范围为三维空间的不规则球体，属于部分范围作业机器人。

2. 承载能力

承载能力是指机器人在作业空间内所能承受的最大负载，它一般用质量、力、转矩等技术参数表示。

搬运类机器人、装配类机器人、包装类机器人的承载能力是指机器人能抓取的物品质量，产品样本所提供的承载能力是指不考虑末端执行器、假设负载重心位于手腕参考点时，机器人高速运动可抓取的物品质量。

焊接机器人、切割机器人等加工类机器人无须抓取物品，因此，所谓承载能力是指机器人所能安装的末端执行器质量。切削加工类机器人需要承担切削力，其承载能力通常是指切削加工时所能够承受的最大切削进给力对应的质量。

为了能够准确反映负载重心的变化情况，机器人承载能力有时也可用允许转矩（Allowable Moment）的形式表示，或者通过机器人承载能力随负载重心位置的变化图，来详细表示承载能力参数。

图 1.2-16 所示是承载能力为 6kg 的安川公司 MH6 和 ABB 公司 IBR140 垂直串联机器人的承载能力图，其他同类结构机器人的情况与此类似。

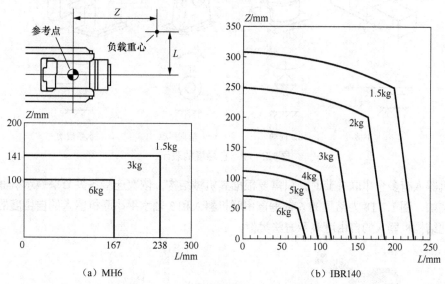

（a）MH6　　　　　　　　　　　（b）IBR140

图1.2–16　重心位置变化时的承载能力

3. 自由度

自由度是衡量机器人动作灵活性的重要指标。所谓自由度，就是整个机器人运动链所能够产生的独立运动数，包括直线、回转、摆动运动，但不包括执行器本身的运动（如刀具旋转等）。机器人的每一个自由度原则上都需要有一个伺服轴进行驱动，因此，在产品样本和说明书中，通常以控制轴数来表示。

一般而言，机器人进行直线运动或回转运动所需要的自由度为 1；进行平面运动（水平面或垂直面）所需要的自由度为 2；进行空间运动所需要的自由度为 3。因此，如果机器人能进行 x、y、z 方向的直线运动和回绕 x、y、z 轴的回转运动，即具有 6 个自由度，执行器就可在三维空间上任意改变姿态，实现完全控制。如果机器人的自由度超过 6 个，多余的自由度称为冗余自由度（Redundant Degree of Freedom），冗余自由度一般用来回避障碍物。

在三维空间作业的多自由度机器人上，由第 1~第 3 轴驱动的 3 个自由度，通常用于手腕基准点的空间定位；第 4~第 6 轴则用来改变末端执行器姿态。但是，当机器人实际工作时，定位和定向动作往往是同时进行的，因此，需要多轴同时运动。

机器人的自由度与作业要求有关。自由度越多，执行器的动作就越灵活，适应性也就越强，但其结构和控制也就越复杂。因此，对于作业要求不变的批量作业机器人来说，运行速度、可靠性是其最重要的技术指标，自由度则可在满足作业要求的前提下适当减少；而对于多品种、小批量作业的机器人来说，通用性、灵活性指标显得更加重要，这样的机器人就需要有较多的自由度。

通常而言，机器人的每一个关节都可驱动执行器产生 1 个主动运动，这一自由度称为主动自由度。主动自由度一般有平移、回转、绕水平轴线的垂直摆动、绕垂直轴线的水平摆动 4 种，在结构示意图中，它们分别用图 1.2-17 所示的符号表示。

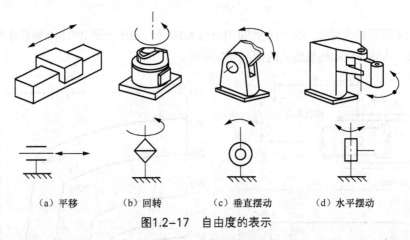

（a）平移　　　　（b）回转　　　　（c）垂直摆动　　　　（d）水平摆动

图1.2-17　自由度的表示

当机器人有多个串联关节时，只需要根据其机械结构，依次连接各关节来表示机器人的自由度。例如，图 1.2-18 为常见的 6 轴垂直串联机器人和 3 轴水平串联机器人的自由度的表示方法，其他结构机器人的自由度表示方法类似。

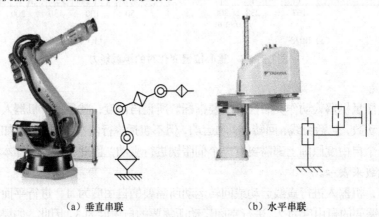

（a）垂直串联　　　　　　　　　　（b）水平串联

图1.2-18　多关节串联的自由度表示

4. 运动速度

运动速度决定了机器人的工作效率，它是反映机器人性能水平的重要参数。样本和说明书中所提供的运动速度，一般是指机器人在空载、稳态运动时所能够达到的最大运动速度。

机器人运动速度用参考点在单位时间内能够移动的距离（mm/s）、转过的角度或弧度 [（°）/s 或 rad/s] 表示，它按运动轴分别进行标注。当机器人进行多轴同时运动时，其空间运动速度应是所有参与运动轴速度的合成。

机器人的实际运动速度与机器人的结构刚性、运动部件的质量和惯量、驱动电机的功率、实际负载的大小等因素有关。对于多关节串联结构的机器人，越靠近末端执行器的运动轴，运动部件的质量、惯量就越小，因此，能够达到的运动速度和加速度也越大；而越靠近安装基座的运动轴，对结构部件的刚性要求就越高，运动部件的质量、惯量就越大，能够达到的运动速度和加速度也越小。

5. 定位精度

机器人的定位精度是指机器人定位时，末端执行器实际到达的位置和目标位置间的误差值，它是衡量机器人作业性能的重要技术指标。机器人样本和说明书中所提供的定位精度一般是各坐标轴的重复定位精度（RP），在部分产品上，有时还提供了轨迹重复精度（Repeatability of Track，RT）。

由于绝大多数机器人的定位需要通过关节的旋转和摆动实现，其空间位置的控制和检测，远比以直线运动为主的数控机床困难得多。因此，机器人的位置测量方法和精度计算标准都与数控机床不同。目前，工业机器人的位置精度检测和计算标准一般采用 ISO 9283—1998 *Manipulating industrial robots—performance criteria and related test methods*（《操纵型工业机器人：性能标准和相关试验方法》）或 JIS B8432—1999（日本）等；而数控机床则普遍使用 ISO 230-2—2006、VDI/DGQ 3441（德国）、JIS B6336（日本）、NMTBA（美国）或 GB/T 17421.2—2016（我国国标）等，两者的测量要求和精度计算方法都不相同，数控机床的标准要求高于机器人。

机器人的定位需要通过运动学模型来确定末端执行器的位置，其理论位置和实际位置之间本身就存在误差；加上结构刚性、传动部件间隙、位置控制和检测等多方面的原因，其定位精度与数控机床、三坐标测量机等精密加工、检测设备相比，还存在较大的差距。因此，它一般只能用作零件搬运、装卸、码垛、装配的生产辅助设备，或是用于位置精度要求不高的焊接、切割、打磨、抛光等粗加工。

二、常见类别工业机器人技术性能

工业机器人的性能与机器人的用途、作业要求、结构形态等有关。大致而言，对于不同用途的机器人，其常见的结构形态以及对控制轴数（自由度）、承载能力、重复定位精度等主要技术指标的要求见表 1.2-2。

表 1.2-2 各类机器人的主要技术指标要求

类别		常见结构形态	控制轴数	承载能力/kg	重复定位精度/mm
加工类	弧焊、切割	垂直串联	6~7	3~20	0.05~0.1
	点焊	垂直串联	6~7	50~350	0.2~0.3
装配类	通用装配	垂直串联	4~6	2~20	0.05~0.1
	电子装配	SCARA	4~5	1~5	0.05~0.1
	涂装	垂直串联	6~7	5~30	0.2~0.5
搬运类	装卸	垂直串联	4~6	5~200	0.1~0.3
	输送	AGV	—	5~6500	0.2~0.5
包装类	分拣、包装	垂直串联、并联	4~6	2~20	0.05~0.1
	码垛	垂直串联	4~6	50~1500	0.5~1

一、工业机器人与数控机床

世界首台数控机床出现于 1952 年，它由美国麻省理工学院率先研发，其诞生比工业机器人早 7 年，因此，工业机器人的很多技术都来自于数控机床。

George Devol（乔治·德沃尔）最初设想的机器人实际就是工业机器人，他所申请的专利就是利用数控机床的伺服轴驱动连杆机构，然后通过控制器对伺服轴进行控制，来实现机器人的功能。按照相关标准的定义，工业机器人是"具有自动定位控制、可重复编程的多功能、多自由度的操作机"，这点也与数控机床十分类似。

因此，工业机器人和数控机床的控制系统类似，它们都有控制面板、控制器、伺服驱动等基本部件，操作者可利用控制面板对它们进行手动操作或进行程序自动运行、程序输入与编辑等操作控制。但是，由于工业机器人和数控机床的研发目的有着本质的区别，因此，其地位、用途、结构、性能等各方面均存在较大的差异。

图 1.2-19 是数控机床和工业机器人的比较图，总体而言，两者的区别主要有以下几点。

1. 作用和地位

数控机床是机床的一种。机床是用来加工机器零件的设备，是制造机器的机器，故称为工作母机。没有机床就几乎不能制造机器，没有机器就不能生产工业产品。因此，机床被称为国民经济基础的基础，在现有的制造模式中，它仍处于制造业的核心地位。

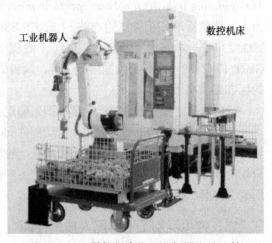

图1.2-19 数控机床和工业机器人的比较

工业机器人尽管发展速度很快，但目前绝大多数还只是用于零件搬运、装卸、包装、装配的生产辅助设备，或是进行焊接、切割、打磨、抛光等简单粗加工的生产设备，它在机械加工自动生产线上（焊接、涂装生产线除外）所占的价值只有 15%左右。因此，除非现有的制造模式发生颠覆性变革，否则，工业机器人的体量很难超越机床。所以，那些认为"随着自动化大趋势的发展，机器人将取代机床成为新一代工业生产的基础"的观点，至少在目前看来是不现实的。

2. 目的和用途

研发数控机床的根本目的是解决轮廓加工的刀具运动轨迹控制问题，而研发工业机器人的根本目的是用来协助或代替人类完成那些单调、重复、频繁或长时间、繁重的工作或进行高温、粉尘、有毒、易燃、易爆等危险环境下的作业。

由于两者研发目的不同，因此，其用途也有根本的区别。简言之，数控机床是直接用来加工零件的生产设备，而大部分工业机器人则是用来替代或部分替代操作者进行零件搬运、装卸、装配、包装等作业的生产辅助设备，两者目前尚无法完全相互替代。

3. 结构形态

工业机器人需要模拟人的动作和行为，在结构上以回转摆动轴为主、直线轴为辅（可能无

32

直线轴），多关节串联、并联轴是其常见的形态；部分机器人（如无人搬运车等）的作业空间也是开放的。

数控机床的结构以直线轴为主、回转摆动轴为辅（可能无回转摆动轴），绝大多数都采用直角坐标结构，其作业空间（加工范围）局限于设备本身。但是，随着技术的发展，两者的结构形态也在逐步融合，如机器人有时也采用直角坐标结构；采用并联虚拟轴结构的数控机床也已有实用化的产品等。

4. 技术性能

数控机床是用来加工零件的精密加工设备，其轮廓加工能力、定位精度和加工精度等是衡量数控机床性能重要的技术指标。高精度数控机床的定位精度和加工精度通常需要达到 0.01mm 或 0.001mm 的数量级，甚至更高，且其精度检测和计算标准的要求高于机器人。数控机床的轮廓加工能力取决于工件要求和机床结构，通常而言，能同时控制 5 轴（5 轴联动）的机床，就可满足几乎所有零件的轮廓加工要求。

工业机器人多用于生产辅助设备，或粗加工设备，强调的是动作灵活性、作业空间、承载能力和感知能力。因此，除少数用于精密加工或装配的机器人外，其余大多数工业机器人对定位精度和轨迹精度的要求并不高，通常只需要达到 0.1～1mm 的数量级便可满足要求，且精度检测和计算标准的要求低于数控机床。但是，工业机器人的控制轴数将直接决定自由度、动作灵活性等关键指标，其要求很高；理论上说，工业机器人需要有 6 个自由度（6 轴控制），才能完全描述一个物体在三维空间的位姿，如需要避障，还需要有更多的自由度。此外，智能工业机器人还需要有一定的感知能力，故需要配备位置、触觉、视觉、听觉等多种传感器；而数控机床一般只需要检测速度与位置。因此，工业机器人对检测技术的要求高于数控机床。

二、工业机器人与机械手

用于零件搬运、装卸、码垛、装配的工业机器人的功能和自动化生产设备中的辅助机械手类似。例如，国际标准化组织（ISO）将工业机器人定义为"自动的、位置可控的、具有编程能力的多功能机械手"；日本机器人协会（JRA）将工业机器人定义为"能够执行人体上肢（手和臂）类似动作的多功能机器"，这表明两者的功能存在很大的相似之处。但是，工业机器人与生产设备中的辅助机械手的控制系统、操作编程、驱动系统均有明显的不同。

图 1.2-20 是工业机器人和机械手的比较图，两者的主要区别如下。

（a）工业机器人　　　　　　（b）机械手

图1.2-20　工业机器人与机械手的比较

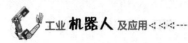

1. 控制系统

工业机器人需要有独立的控制器、驱动系统、操作界面等，可对其进行手动、自动操作和编程，因此，它是一种可独立运行的完整设备，能依靠自身独立的控制系统来实现所需要的功能。

机械手只是用来实现换刀或工件装卸等操作的辅助装置，其控制一般需要通过设备的控制器（如 CNC、PLC 等）实现，它没有自身独立的控制系统和操作界面，故一般不能独立运行与使用。

2. 操作编程

工业机器人具有适应动作和对象变化的柔性，其动作是随时可变的。如需要，最终用户可随时通过手动操作或编程来改变其动作。现代工业机器人还可根据人工智能技术所制定的原则纲领自主行动。

辅助机械手的动作和对象是固定的，其控制程序通常由设备整机生产厂家编制；即使在调整和维修时，用户通常也只能按照设备生产厂的规定进行操作，而不能改变其动作的位置与次序。

3. 驱动系统

工业机器人需要灵活改变位姿，绝大多数运动轴都需要有任意位置定位功能，需要使用伺服驱动系统；在无人搬运车等输送机器人上，还需要配备相应的行走机构及相应的驱动系统。

辅助机械手的安装位置、定位点和动作次序样板大都是固定不变的，大多数运动部件只需要控制起点和终点，故较多地采用气动、液压驱动系统。

技能训练

结合本任务的内容，完成以下练习。

一、不定项选择题

1. 工业机器人系统的机械组成部件包括（　　　　）。
   　A. 本体　　　　　B. 末端执行器　　　　C. 变位器　　　　D. 电气控制系统
2. 以下属于工业机器人本体的是（　　　　）。
   　A. 变位器　　　　B. 作业工具　　　　　C. 机身　　　　　D. 手臂
3. 以下属于工业机器人电气控制系统的是（　　　　）。
   　A. 示教器　　　　B. 驱动器　　　　　　C. 机器人控制器　D. 辅助电路
4. 以下属于工业机器人末端执行器的是（　　　　）。
   　A. 示教器　　　　B. 弧焊焊枪　　　　　C. 点焊焊钳　　　D. 物品夹持装置
5. 以下对工业机器人变位器功能理解正确的是（　　　　）。
   　A. 控制机器人机身运动　　　　　　　　B. 控制机器人手腕运动
   　C. 控制机器人整体运动　　　　　　　　D. 控制工件整体运动
6. 工业机器人的主要技术特点是（　　　　）。
   　A. 拟人　　　　　B. 柔性　　　　　　　C. 通用　　　　　D. 高精度
7. 多关节工业机器人的主要结构有（　　　　）。
   　A. 直角坐标　　　B. 垂直串联　　　　　C. 水平串联　　　D. 并联
8. 文献中经常提到的 SCARA 机器人属于（　　　　）结构。
   　A. 直角坐标　　　B. 垂直串联　　　　　C. 水平串联　　　D. 并联

9. 文献中经常提到的 Delta 机器人属于（　　　　）结构。

　　A. 直角坐标　　　　B. 垂直串联　　　　　C. 水平串联　　　　D. 并联

10. 以下属于接近全范围作业工业机器人的是（　　　　）机器人。

　　A. 直角坐标　　　B. 垂直串联　　　　　C. 水平串联　　　　D. 并联

11. 以下属于部分范围作业工业机器人的是（　　　　）机器人。

　　A. SCARA　　　　　B. 垂直串联　　　　　C. Delta　　　　　　D. 球坐标

12. 可表示工业机器人承载能力的参数是（　　　　）。

　　A. 物品质量　　　B. 工具质量　　　　　C. 切削力　　　　　D. 转矩

13. 工业机器人的自由度指的是（　　　　）。

　　A. 直线轴数　　　B. 回转轴数　　　　　C. 摆动轴数　　　　D. 独立运动数

14. 三维完全控制机器人需要的自由度数是（　　　　）。

　　A. 3 个　　　　　　B. 4 个　　　　　　　C. 5 个　　　　　　D. 6 个

15. 以下对工业机器人运动速度理解正确的是（　　　　）。

　　A. 空载、稳态运动速度　　　　　　　　B. 最大运动速度

　　C. 用多轴合成速度表示　　　　　　　　D. 各轴独立表示

16. 以下对工业机器人定位精度理解正确的是（　　　　）。

　　A. 以定位误差衡量　　　　　　　　　　B. 精度远高于数控机床

　　C. 多以重复定位精度表示　　　　　　　D. 测量标准与数控机床一致

17. 工业机器人与伺服驱动系统有关的技术参数是（　　　　）。

　　A. 承载能力　　　B. 运动速度　　　　　C. 作业范围　　　　D. 定位精度

18. 工业机器人与数控机床的主要区别是（　　　　）。

　　A. 用途不同　　　B. 地位不同　　　　　C. 形态不同　　　　D. 性能不同

19. 与数控机床比较，工业机器人结构、控制的主要特点是（　　　　）。

　　A. 定位精度高　　　　　　　　　　　　B. 控制轴数多

　　C. 以回转摆动为主　　　　　　　　　　D. 运动速度快

20. 工业机器人与机械手的主要区别是（　　　　）。

　　A. 控制系统不同　　　　　　　　　　　B. 操作控制不同

　　C. 驱动系统不同　　　　　　　　　　　D. 用途不同

二、简答题

1. 简述工业机器人的主要技术特点。

2. 简述 6 轴垂直串联机器人的结构与组成。

3. 简述 SCARA 机器人的结构与特点。

4. 简述 Delta 机器人的结构与特点。

5. 简述工业机器人和数控机床、机械手的区别。

三、填空题

根据常用工业机器人的用途、作业要求和结构形态，完成表 1.2-3 的填写。

表 1.2-3　常用工业机器人的主要技术性能

类别		常见结构形态	控制轴数	承载能力	重复定位精度
加工类	弧焊、切割				
	点焊				
装配类	通用装配				
	电子装配				
	涂装				
搬运类	装卸				
	输送				
包装类	分拣、包装				
	码垛				

工业机器人机械结构

•••• **任务 1　熟悉机器人本体结构** ••••

知识目标

1. 熟悉垂直串联机器人机身、手腕机械结构。
2. 掌握典型工业机器人的机械传动系统结构。
3. 了解 SCARA 机器人、Delta 机器人的一般结构。

能力目标

1. 能正确区分不同结构形式的工业机器人本体。
2. 能正确区分不同结构形式的工业机器人手腕。
3. 能分析典型工业机器人的机械传动系统。

基础学习

一、机器人机身典型结构

工业机器人的机械结构形式决定了产品成本与结构刚度，它将直接影响产品价格及承载能力、运动稳定性、运动速度、定位精度等技术指标。因此，垂直串联机器人的本体结构与规格（承载能力）有关，常见结构有以下几种。

1. 小规格、轻量机器人

常用的小规格、轻量 6 轴垂直串联机器人的外观和参考结构如图 2.1-1 所示。这种机器人的所有伺服驱动电机、减速器及相关传动部件均安装于机器人内部，机器人外形简洁、防护性能好，传动系统结构简单、传动链短、传动精度高、刚性好，是中小型机器人使用较广泛的基本结构。

6 轴垂直串联机器人的运动主要包括腰回转（S 轴）、下臂摆动（L 轴）、上臂摆动（U 轴）、腕回转（R 轴）、腕摆动（B 轴）及手回转（T 轴）。在图 2.1-1 所示的基本结构中，腕摆动（B 轴）及手回转（T 轴）的驱动电机均位于手臂前端，故称为前驱结构。

图 2.1-1 中的手回转轴 T 的驱动电机 13 直接安装在手腕摆动体上，其传动直接、结构简单，但它会增加手部的体积和质量，影响手运动的灵活性。因此，在实际产品中，通常将其安装在上臂内腔，然后，通过同步带、锥齿轮等传动部件将动力传送至手部的减速器输入轴上，以减

小手部的体积和质量。

（a）外观

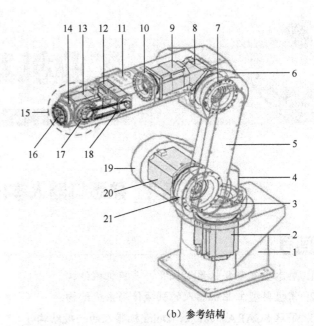

（b）参考结构

1—基座；2、8、9、12、13、20—驱动电机；3、7、10、14、17、21—减速器；

4—腰关节；5—下臂；6—肘关节；11—上臂；15—腕关节；16—连接法兰；

18—同步带；19—肩关节

图2.1-1　小规格、轻量6轴垂直串联机器人基本结构

机器人的每一次运动都需要有相应的电机驱动，交流伺服电机是目前常用的驱动电机。交流伺服电机是一种用于机电一体化设备控制的通用电机，它具有恒转矩输出特性，其最高转速一般为 3000～6000r/min，额定输出转矩通常在 30N·m 以下。但是，机器人的关节回转和摆动的负载惯量大、回转速度低（通常为 25～100r/min），加减速时的最大驱动转矩（动载荷）需要达到数百甚至数万牛·米。因此，机器人的所有运动轴原则上都必须配套结构紧凑、传动效率高、减速比大、承载能力强、传动精度高的减速器，以降低转速、提高输出转矩。RV 减速器（由渐开线齿轮行星传动机构与摆线针轮传动机构组成的二级减速器）、谐波减速器是机器人常用的两种减速器，它是工业机器人最为关键的机械核心部件之一，有关内容将在本项目的任务 2 和任务 3 详细阐述。

2. 大中型机器人

大中型工业机器人的承载能力强、结构刚度高、构件体积和质量均较大，为了减轻机器人的上部质量，降低机器人重心，提高运动稳定性，垂直串联工业机器人经常采用图 2.1-2 所示的驱动电机后置（后驱）或平行四边形连杆驱动结构。

① 后驱结构。图 2.1-2（a）所示的后驱结构机器人，其腕回转轴 R、腕摆动轴 B、手回转轴 T 的驱动电机 8、9、10 均布置在上臂后端，以增加电机安装和散热空间，减小上臂前端的体积和质量，并平衡重力、降低重心、提高运动稳定性。

在多数情况下，后驱垂直串联结构机器人机身的腰回转轴 S、下臂摆动轴 L、上臂摆动轴 U，仍采用与前驱垂直串联机器人相同的结构。但是，出于增加驱动转矩、方便内部管线布置等需要，部分机器人的腰回转轴 S 的驱动电机 11，有时也采用侧置结构，驱动电机和减速器间采用

同步带连接。后驱机器人 B 轴、T 轴结构与前驱结构有所不同，它通过上臂内部的传动轴将驱动力传递到前端手腕上，取消了连接 B 轴、T 轴驱动电机和减速器的同步带。但是，腕摆动轴 B、手回转轴 T 的减速器仍布置在手腕上。

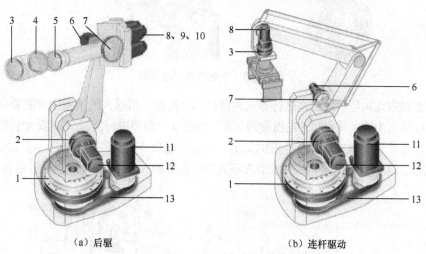

（a）后驱　　　　　　　　　　（b）连杆驱动

1、2、3、4、5、7—减速器；6、8、9、10、11、12—驱动电机；13—同步带

图2.1-2　大中型垂直串联机器人结构

后驱垂直串联机器人的详细结构可参见本任务"实践指导"，机器人的基座、手臂均为普通结构件，减速器、同步带等是此类工业机器人的机械核心部件。

② 连杆驱动结构。图 2.1-2（b）为大型平行四边形连杆驱动垂直串联机器人的结构示意图。采用平行四边形连杆驱动机构，不仅可加长上臂摆动轴 U 的驱动力臂、放大驱动电机转矩、提高负载能力，而且可将 U 轴的驱动部件安装位置下移至腰部，从而降低机器人的重心，增加运动稳定性。

作为连杆驱动垂直串联机器人的常见结构，其腰部回转轴 S 的驱动电机以侧置的居多，驱动电机和减速器间同样采用同步带连接；下臂摆动轴 L 的驱动形式通常与中小型垂直串联机器人相同，但其上臂摆动轴 U 的驱动电机、减速器均安装在腰上。

大型连杆驱动垂直串联机器人多用于大宗物品的搬运、码垛等平面作业，其手腕的结构通常比较简单，它一般只有手回转轴 T，其驱动电机和减速器直接连接，手腕的摆动可利用上臂摆动轴 U 的驱动电机，进行同步驱动。

二、机器人手腕典型结构

1. 手腕基本形式

工业机器人的手腕主要用来改变末端执行器的姿态（Working Pose），进行工具作业点的定位，它是决定机器人作业灵活性的关键部件。

垂直串联机器人的手腕一般由腕部和手部组成。腕部用来连接上臂和手部，手部用来安装末端执行器（作业工具）。手腕回转部件通常如图 2.1-3 所示，与上臂同轴安装，因此，也可视为上臂的延伸部件。

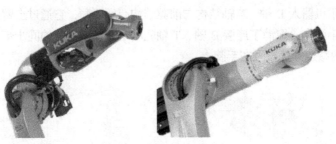

图2.1-3　手腕的外观与安装

　　为了能对末端执行器的姿态进行 6 自由度的完全控制，机器人的手腕通常需要有 3 个回转自由度或摆动自由度。具有回转自由度的关节，能在 4 个象限进行接近 360°或大于等于 360°的回转，称为 R 型轴；具有摆动自由度的关节，一般只能在 3 个象限以下进行小于 270°的回转，称为 B 型轴。这 3 个自由度可根据机器人不同的作业要求，如图 2.1-4 所示进行组合。

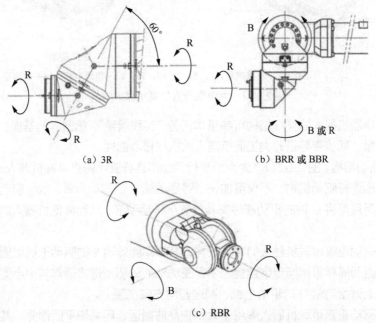

（a）3R　　　　　　　　　　　　（b）BRR 或 BBR

（c）RBR

图2.1-4　手腕的结构形式

　　图 2.1-4（a）是由 3 个回转关节组成的手腕结构示意图，称为 3R（RRR）结构。3R 结构的手腕一般采用锥齿轮传动，3 个回转轴的回转范围通常不受限制，这种手腕的结构紧凑、动作灵活、密封性好，但由于手腕上 3 个回转轴的中心线相互不垂直，其控制难度较大。因此，其多用于涂装类机器人，在通用型工业机器人上较少使用。

　　图 2.1-4（b）为"摆动+回转+回转"关节或"摆动+摆动+回转"关节组成的手腕结构示意图，称为 BRR 或 BBR 结构。BRR 和 BBR 结构的手腕回转中心线相互垂直，并和三维空间的坐标轴一一对应，其操作简单、控制容易。但是，这种手腕的外形通常较大，结构相对松散，因此，多用于大型、重载的工业机器人。在机器人作业要求固定时，这种手腕也经常被简化为 BR 结构的 2 自由度手腕。

　　图 2.1-4（c）为"回转+摆动+回转"关节组成的手腕结构示意图，称为 RBR 结构。RBR

结构的手腕回转中心线同样相互垂直，并和三维空间的坐标轴一一对应，其操作简单、控制容易，且结构紧凑、动作灵活，它是目前工业机器人最为常用的手腕结构。

RBR 结构的手腕回转驱动电机均可安装在上臂后侧，但腕摆动和手回转的电机有前述的前置于上臂内腔（前驱）和后置于上臂摆动关节部位（后驱）两种常见结构，前者多用于中小规格机器人，后者多用于中大规格机器人。

2. 前驱 RBR 手腕

小型垂直串联机器人的手腕承载要求低，驱动电机的体积小、重量轻，为了缩短传动链、简化结构、便于控制，它通常采用图 2.1-5 所示的前驱 RBR 结构。

前驱 RBR 结构手腕有腕回转轴 R、腕摆动轴 B 和手回转轴 T 3 个运动轴。其中，R 轴通常利用上臂延伸段的回转实现，其驱动电机和主要传动部件均安装在上臂后端摆动关节处；B 轴、T 轴驱动电机直接布置于上臂前端内腔，驱动电机和手腕间通过同步带连接，3 轴传动系统都有大比例的减速器进行减速。

3. 后驱 RBR 手腕

大中型工业机器人需要有较大的输出转矩和承载能力，B 轴、T 轴驱动电机的体积大、重量重，为保证电机有足够的安装空间和良好的散热，同时，能减小上臂的体积和质量、平衡重力、提高运动稳定性，机器人通常采用图 2.1-6 所示的后驱 RBR 结构，将 R 轴、B 轴、T 轴的驱动电机均布置在上臂后端，然后，通过上臂内腔的传动轴，将动力传递到前端的手腕单元上，通过手腕单元实现 R 轴、B 轴、T 轴回转与摆动。

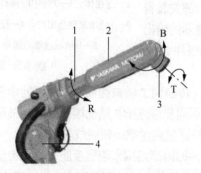

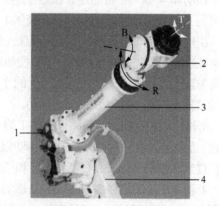

1—上臂；2—B/T轴电机安装位置；3—摆动体；4—下臂　　　　1—R/B/T轴电机；2—手腕单元；3—上臂；4—下臂

图2.1-5　前驱RBR结构　　　　　　　　　　图2.1-6　后驱RBR结构

后驱 RBR 结构不仅可解决前驱 RBR 结构存在的 B 轴、T 轴驱动电机安装空间小、散热差、检测、维修困难等问题，而且可使上臂结构紧凑、重心后移，提高机器人的作业灵活性和重力平衡性。由于后驱结构 R 轴的回转关节后已无其他电气线缆，因此理论上 R 轴可无限回转。

后驱 RBR 机器人的手腕驱动轴 R/B/T 轴电机均安装在上臂后部，因此，其需要通过上臂内腔的传动轴，将动力传递至手腕单元；手腕单元则需要将传动轴的输出转为 B 轴、T 轴回转驱动力。其机械传动系统结构较复杂、传动链较长，B 轴、T 轴传动精度不及前驱 RBR 手腕。

后驱 RBR 机器人的上臂结构通常如图 2.1-7 所示，臂内腔需要安装 R 传动轴、B 传动轴、T 传动轴，故需要采用中空结构。

上臂的后端为 R 轴、B 轴、T 轴同步带轮 1 输入组件，前端安装手腕回转的 R 轴减速器 4，上臂体 3 可通过安装法兰 2 与上臂摆动体连接。R 轴减速器应为中空结构，减速器壳体固定在上臂体 3 上，输出轴用来连接手腕单元，B 轴 5 和 T 轴 6 布置在减速器的中空孔内。

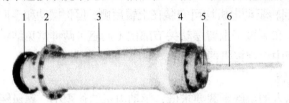

1—同步带轮；2—安装法兰；3—上臂体；4—R轴减速器；5—B轴；6—T轴

图2.1-7　上臂组成

后驱 RBR 机器人的手腕单元结构一般如图 2.1-8 所示，它通常由 B/T 传动轴、B 轴减速摆动、T 轴中间传动、T 轴减速输出 4 个组件及连接体、摆动体等部件组成，其内部传动系统结构较复杂。

连接体 1 是手腕单元的安装部件，它与上臂前端的 R 轴减速器输出轴连接后，可带动整个手腕单元实现 R 轴回转运动。连接体 1 为中空结构，B/T 传动轴组件安装在连接体内部；B/T 传动轴组件的后端可用来连接上臂的 B/T 轴输入，前端安装有驱动 B/T 轴运动和进行转向变换的锥齿轮。

摆动体 4 是一个带固定臂和螺钉连接辅助臂的 U 形箱体，它可在 B 轴减速器的驱动下，在连接体 1 上摆动。

B 轴减速摆动组件 5 是实现手腕摆动的部件，其内部安装有 B 轴减速器及锥齿轮等传动件。手腕摆动时，B 轴减速器的输出轴可带动摆动体 4 及安装在摆动体上的 T 轴中间传动组件 2、T 轴减速输出组件 3 进行 B 轴摆动运动。

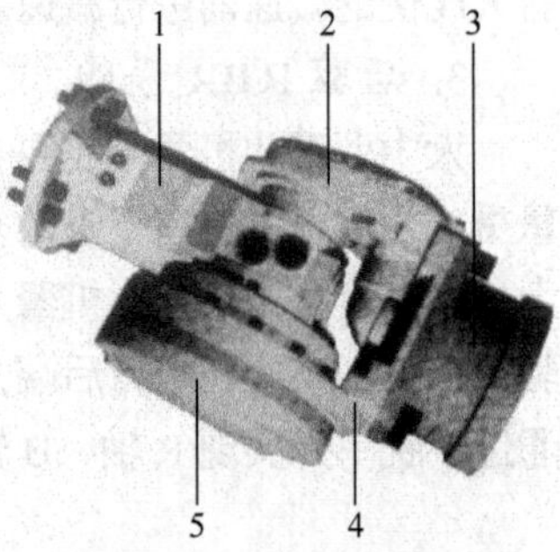

1—连接体；2—T轴中间传动组件；

3—T轴减速输出组件；4—摆动体；

5—B轴减速摆动组件

图2.1-8　手腕单元组成

T 轴中间传动组件 2 是将连接体 1 的 T 轴驱动力，传递到 T 轴减速输出部件 3 的中间传动装置，它可随 B 轴摆动。T 轴中间传动组件由两组采用同步带连接、结构相同的过渡轴部件组成；过渡轴部件分别安装在连接体 1 和摆动体 4 上，并通过两对锥齿轮完成转向变换。

T 轴减速输出组件 3 直接安装在摆动体 4 上，组件的内部结构和前驱手腕类似，传动系统主要有 T 轴谐波减速器、工具安装法兰等部件。工具安装法兰上设计有标准中心孔、定位法兰、定位孔和固定螺孔，是可直接安装机器人的作业工具。

实践指导

一、机器人机身结构实例

6 轴垂直串联是工业机器人使用较广、较典型的结构形式，典型机器人的机身结构剖析如下。

1. 基座及腰

基座用于机器人的安装、固定，也是机器人的线缆、管路的输入部位。垂直串联机器人基座的典型结构如图 2.1-9 所示。

基座的底部为机器人安装固定板，内侧上方的凸台用来固定腰回转轴 S 的 RV 减速器壳体（针轮），减速器输出轴连接腰体。基座后侧为机器人线缆、管路连接用的管线盒，管线盒正面布置有电线电缆插座、气管油管接头。

腰回转轴 S 的 RV 减速器采用的是针轮（壳体）固定、输出轴回转的安装方式，由于驱动电机安装在输出轴上，因此电机将随同腰体回转。

腰是机器人的关键部件，其结构刚性、回转范围、定位精度等都直接决定了机器人的技术性能。

典型机器人的腰部结构如图 2.1-10 所示。腰回转驱动电机 1 的输出轴与 RV 减速器的芯轴 2（输入）连接。电机座 4 和腰体 6 安装在 RV 减速器的输出轴上，当驱动电机旋转时，减速器输出轴将带动腰体、电机在基座上回转。腰体 6 的上部有一个凸耳 5，其左右两侧用来安装下臂及其驱动电机。

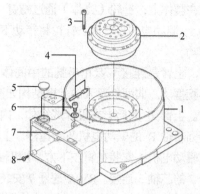

1—基座体；2—RV减速器；3、6、8—螺钉；
4—润滑管；5—盖；7—管线盒

图2.1-9　基座结构

2. 上臂和下臂

垂直串联机器人的下臂是连接腰部和上臂的中间体，它可连同上臂及手腕在腰上摆动。典型机器人下臂的结构如图 2.1-11 所示。下臂体 5 和驱动电机 1 分别安装在腰体上部凸耳的两侧；RV 减速器安装在腰体上，驱动电机 1 可通过 RV 减速器，驱动下臂摆动。

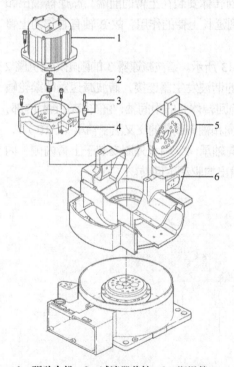

1—驱动电机；2—减速器芯轴；3—润滑管；
4—电机座；5—凸耳；6—腰体

图2.1-10　腰部结构

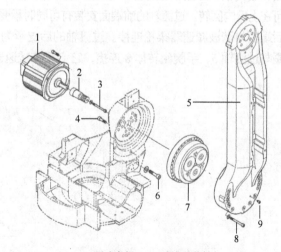

1—驱动电机；2—减速器芯轴；
3、4、6、8、9—螺钉；5—下臂体；7—RV减速器

图2.1-11　下臂结构

下臂摆动的 RV 减速器采用的是输出轴固定、针轮（壳体）回转的安装方式。驱动电机 1 安装在腰体凸耳的左侧，电机轴与 RV 减速器 7 的芯轴 2 连接；RV 减速器输出轴通过螺钉 4 固

定在腰体上，针轮（壳体）通过螺钉 8 连接下臂体 5；驱动电机旋转时，针轮将带动下臂在腰体上摆动。

上臂是连接下臂和手腕的中间体，它可连同手腕摆动。典型机器人的上臂结构如图 2.1-12 所示。上臂 6 的后上方设计成箱体，内腔用来安装腕回转轴 R 的驱动电机及减速器。上臂回转轴 U 的驱动电机 1 安装在臂左下方，电机轴与 RV 减速器 7 的芯轴 3 连接。RV 减速器 7 安装在上臂右下侧，减速器针轮（壳体）利用连接螺钉 5（或 8）连接上臂；输出轴通过螺钉 10 连接下臂 9；驱动电机旋转时，上臂将连同驱动电机绕下臂摆动。

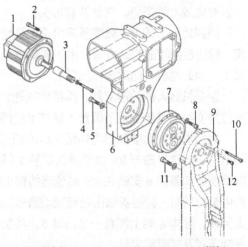

1—驱动电机；2、4、5、8、10、11、12—螺钉；
3—RV减速器芯轴；6—上臂；7—RV减速器；9—下臂

图2.1-12　上臂结构

二、机器人手腕结构实例

1. R 轴

垂直串联机器人的腕回转轴 R 一般采用结构紧凑的部件型谐波减速器。R 轴驱动电机、减速器、过渡轴等传动部件均安装在上臂的内腔；手腕回转体安装在上臂的前端；减速器输出和手腕回转体之间，通过过渡轴连接。手腕回转体可起到延长上臂的作用，故 R 轴有时称为上臂回转轴。

采用前驱结构的机器人 R 轴典型传动系统如图 2.1-13 所示。谐波减速器 3 的刚轮和电机座 2 固定在上臂内壁，R 轴驱动电机 1 的输出轴和减速器的谐波发生器连接，谐波减速器的柔轮输出和过渡轴 5 连接。过渡轴 5 是连接谐波减速器和手腕回转体 8 的中间轴，它安装在上臂内部，可在上臂内回转。过渡轴的前端面安装有可同时承受径向和轴向载荷的交叉滚子轴承（CRB）7，后端面与谐波减速器柔轮连接。过渡轴的后支承为径向轴承 4，轴承外圈安装于上臂内侧，内圈与过渡轴 5、手腕回转体 8 连接，它们可在减速器输出的驱动下回转。

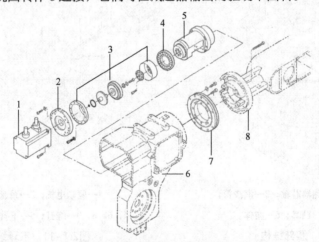

1—驱动电机；2—电机座；3—谐波减速器；4—轴承；5—过渡轴；6—上臂；
7—交叉滚子轴承（CRB）；8—手腕回转体

图2.1-13　R轴传动系统结构

2. B 轴

采用前驱结构的机器人 B 轴典型传动系统如图 2.1-14 所示。它同样采用部件型谐波减速器，以减小体积。前驱机器人的 B 轴驱动电机 2 安装在手腕体 17 的后部，电机通过同步带 5 与手腕前端的谐波减速器 8 输入轴连接，减速器柔轮连接摆动体 12，减速器刚轮和安装在手腕体 17 左前侧的支承座 14 是摆动体 12 摆动回转的支承。摆动体的回转驱动力来自谐波减速器的柔轮输出，当驱动电机 2 旋转时，可通过同步带 5 带动减速器谐波发生器旋转，柔轮输出将带动摆动体 12 摆动。

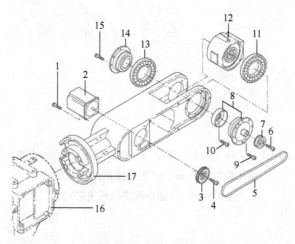

1、4、6、9、10、15—螺钉；2—驱动电机；3、7—同步带轮；5—同步带；8—谐波减速器；

11、13—轴承；12—摆动体；14—支承座；16—上臂；17—手腕体

图2.1-14　B轴传动系统结构

3. T 轴

采用前驱结构的机器人 T 轴机械传动系统由中间传动系统和回转减速系统组成，其传动系统的典型结构分别如下。

① T 轴中间传动系统。T 轴中间传动系统典型结构如图 2.1-15 所示。T 轴驱动电机 1 安装在手腕体 3 的中部，驱动电机通过同步带将动力传递至手腕回转体左前侧。安装在手腕体左前侧的支承座 13 为中空结构，其外圈作为腕摆动轴 B 的辅助支承，内部安装有手回转轴 T 的中间传动轴。中间传动轴外侧安装有与驱动电机连接的同步带轮 8，内侧安装有 45°锥齿轮 14。锥齿轮 14 和摆动体上的 45°锥齿轮啮合，实现传动方向变换，将动力传递到手腕摆动体。

② T 轴回转减速系统。T 轴回转减速传动系统典型结构如图 2.1-16 所示，T 轴同样采用部件型谐波减速器，主要传动部件安装在壳体 7、密封端盖 15 组成的封闭空间内。壳体 7 安装在摆动体 1 上；T 轴谐波减速器 9 的谐波发生器通过锥齿轮 3 与中间传动轴上的锥齿轮啮合；柔轮通过轴套 11，连接 CRB 轴承 12 内圈及工具安装法兰 13；刚轮、CRB 轴承外圈固定在壳体 7 上。谐波减速器、轴套、CRB 轴承、工具安装法兰的外部通过密封端盖 15 封闭，并和摆动体 1 连为一体。

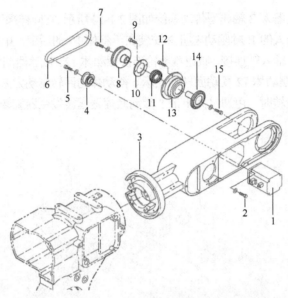

1—驱动电机；2、5、7、9、12、15—螺钉；3—手腕体；4、8—同步带轮；6—同步带；

10—端盖；11—轴承；13—支承座；14—锥齿轮

图2.1-15　T轴中间传动系统结构

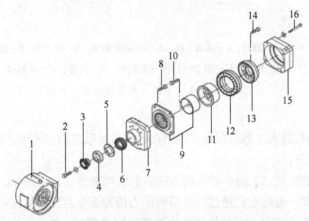

1—摆动体；2、8、10、14、16—螺钉；3—锥齿轮；4—锁紧螺母；5—垫；6、12—轴承；

7—壳体；9—谐波减速器；11—轴套；13—安装法兰；15—密封端盖

图2.1-16　T轴回转减速传动系统结构

拓展提高

SCARA 机器人、Delta 机器人

1. SCARA 机器人

水平串联结构的 SCARA 机器人，其手臂平面回转的驱动电机有前置于回转关节（前驱）部位和统一后置于支承座上（后驱）两种基本结构，前驱 SCARA 机器人的典型结构如图 2.1-17 所示。

前驱 SCARA 机器人手臂平面回转轴 C1、C2 的驱动电机 8、7 及减速器 1、2，均安装在对应的关节回转部位；执行器升降通过减速器 3 和滚珠丝杠 4 实现，升降轴驱动电机 6 安装在 C2 轴手臂上，驱动电机与减速器间利用同步带 5 连接。

　　后驱 SCARA 机器人的全部驱动电机均安装在基座内腔，其摆臂结构非常紧凑，为了缩小摆臂体积，传动系统一般采用同步带，并使用超薄型谐波减速器减速。

　　2. Delta 机器人

　　并联 Delta 机器人的典型结构如图 2.1-18 所示，3 个摆动臂结构完全相同，摆动臂由驱动电机 1、3、5 经减速器 2、4、6 减速后驱动，驱动电机和减速器安装在摆动关节部位。

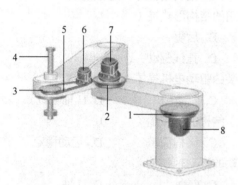

1、2、3—C1、C2、C3轴减速器；4—滚珠丝杠；

5—同步带；6、7、8—C3、C2、C1轴驱动电机

图2.1-17　前驱SCARA机器人结构

1、3、5—J1、J2、J3轴驱动电机；

2、4、6—J1、J2、J3轴减速器

图2.1-18　Delta机器人结构

　　Delta 机器人的传动系统结构简单，驱动电机和减速器一般为直接连接，但小规格机器人由于安装空间限制，有时也采用同步带连接的形式。

　　Delta 结构也可用于数控机床，但是，为了保证结构刚度、传动精度，数控机床的 3 连杆一般需要采用图 2.1-19 所示的直线轴驱动，并安装 2 轴回转高速电主轴头。

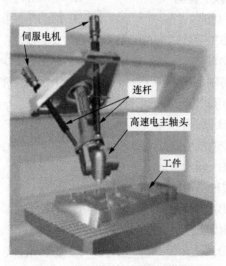

伺服电机

连杆

高速电主轴头

工件

图2.1-19　Delta结构数控机床

技能训练

结合本任务的内容，完成以下练习。

一、不定项选择题

1. 以下属于工业机器人机械核心部件的是（　　　）。
   A. 轴承　　　　　　B. 连杆　　　　　　C. 谐波减速器　　　D. RV 减速器

2. 以下属于小规格、轻量垂直串联机器人结构特点的是（　　　）。
   A. 电机、减速器内置　　　　　　B. 传动链短，传动精度高
   C. 运动速度快　　　　　　　　　D. 结构刚性好，定位精度高

3. 小规格、轻量垂直串联机器人手腕驱动常用的结构形式是（　　　）。
   A. 前驱　　　　　　　　　　　　B. 后驱
   C. 平行四边形连杆驱动　　　　　D. 直线驱动

4. 后驱垂直串联机器人需要移至上臂后端安装的驱动电机是（　　　）。
   A. R 轴电机　　　B. B 轴电机　　　C. T 轴电机　　　　D. U 轴电机

5. 垂直串联机器人手腕驱动电机后置（后驱）结构的优点是（　　　）。
   A. 上臂轻　　　　B. 重心低　　　　C. 结构简单　　　　D. 运动稳定

6. 垂直串联机器人可采用平行四边形连杆驱动的运动轴是（　　　）。
   A. R 轴　　　　　B. B 轴　　　　　C. T 轴　　　　　　D. U 轴

7. 垂直串联机器人采用平行四边形连杆驱动的优点是（　　　）。
   A. 结构简单　　　B. 运动稳定　　　C. 传动精度高　　　D. 承载能力强

8. 以下对工业机器人回转自由度理解正确的是（　　　）。
   A. 可以进行 3 象限运动　　　　B. 可以进行 4 象限运动
   C. 回转角度可以超过 360°　　　D. 回转角度在 360° 以内

9. 以下对工业机器人摆动自由度理解正确的是（　　　）。
   A. 可以进行 3 象限以下运动　　B. 可以进行 4 象限运动
   C. 摆动角度不超过 180°　　　　D. 摆动角度在 270° 以内

10. 垂直串联机器人 RBR 手腕结构指的是（　　　）。
    A. 手腕有 3 个摆动轴　　　　　B. 手腕有 2 个摆动轴、1 个回转轴
    C. 手腕有 3 个回转轴　　　　　D. 手腕有 2 个回转轴、1 个摆动轴

11. RBR 结构手腕可采用的传动系统结构是（　　　）。
    A. 前驱　　　　　B. 后驱　　　　　C. SCARA　　　　D. Delta

12. SCARA 机器人回转轴常用的传动部件是（　　　）。
    A. 滚珠丝杠　　　B. 同步带　　　　C. 蜗轮蜗杆　　　D. 齿轮齿条

13. SCARA 机器人直线轴常用的传动部件是（　　　）。
    A. 滚珠丝杠　　　B. 同步带　　　　C. 蜗轮蜗杆　　　D. 齿轮齿条

14. Delta 机器人常用的传动部件是（　　　）。
    A. 滚珠丝杠　　　B. 同步带　　　　C. 蜗轮蜗杆　　　D. 齿轮齿条

15. 以下机器人结构中，可用于数控机床的结构是（　　　）。

A. 垂直串联   B. SCARA

C. 回转驱动 Delta   D. 直线驱动 Delta

二、简答题

1. 简述垂直串联工业机器人机身的结构特点。

2. 简述垂直串联工业机器人手腕的结构形式及 RBR 手腕的结构特点。

3. 简述 SCARA 机器人的结构特点。

4. 简述 Delta 机器人的结构特点。

三、结构分析题

图 2.1-20 是两种采用新颖结构的数控机床，它们各自借鉴了哪种机器人结构？与传统数控机床相比，它们有何特点？

（a）立式6轴   （b）卧式3轴

图2.1-20　数控机床新结构

••• 任务2 熟悉谐波减速器 •••

知识目标

1. 掌握谐波减速器变速原理与特点。

2. 熟悉谐波减速器的结构。

3. 掌握谐波减速器安装、维护的基本方法。

能力目标

1. 能说出谐波减速器变速原理及特点。

2. 能区分不同结构形式的谐波减速器。

3. 能进行谐波减速器的安装、维护。

一、谐波减速器的原理与特点

1. 基本结构

谐波减速器是谐波齿轮传动装置（Harmonic Gear Drive）的俗称。谐波齿轮传动装置实际上既可用于减速，也可用于升速，但由于其传动比很大（通常为 30～320），因此，在工业机器人、数控机床等机电产品上应用时，多用于减速，故习惯上称谐波减速器。

谐波齿轮传动装置是美国发明家 C. W. Musser（马瑟，1909—1998）在 1955 年发明的一种特殊齿轮传动装置，最初称变形波发生器（Strain Wave Gearing）；1960 年，美国 USM（United Shoe Machinery）公司率先研制出样机；1964 年，日本长谷川齿轮株式会社（Hasegawa Gear Works, Ltd.）和美国 USM 公司合作成立了哈默纳科（Harmonic Drive，现名 Harmonic Drive System）公司，开始对其进行产业化研究和生产，并将产品定名为谐波齿轮传动装置（Harmonic gear drive）。因此，哈默纳科（Harmonic Drive System）既是全球最早研发生产谐波减速器的企业之一，也是目前全球最大、著名的谐波减速器生产企业之一，世界著名的工业机器人几乎都使用哈默纳科谐波减速器。

谐波减速器的基本结构如图 2.2-1 所示，它主要由刚轮（Circular Spline）、柔轮（Flex Spline）、
谐波发生器（Wave Generator）3 个基本
部件构成。刚轮、柔轮、谐波发生器可
任意固定其中 1 个，其余 2 个部件一个
连接输入（主动），另一个作为输出（从
动），以实现减速或增速。

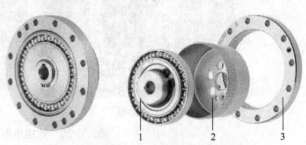

1—谐波发生器；2—柔轮；3—刚轮
图2.2-1　谐波减速器的基本结构

① 刚轮。刚轮是一个加工有连接孔
的刚性内齿圈，其齿数比柔轮略多（一
般多 2 齿或 4 齿）。刚轮通常用于减速器
安装和固定，在超薄型或微型减速器上，
刚轮一般与交叉滚子轴承（Cross Roller Bearing，CRB）设计成一体，构成减速器单元。

② 柔轮。柔轮是一个可产生较大变形的薄壁金属弹性体，弹性体与刚轮啮合的部位为薄壁外齿圈，它通常用来连接输出轴。柔轮有水杯、礼帽、薄饼等形状。

③ 谐波发生器。谐波发生器又称波发生器，其内侧是一个椭圆形的凸轮，凸轮外圆套有一个能弹性变形的柔性滚动轴承（Flexible Rolling Bearing），轴承外圈与柔轮外齿圈的内侧接触。凸轮装入轴承内圈后，轴承、柔轮均将变成椭圆形，并使椭圆长轴附近的柔轮齿与刚轮齿完全啮合，短轴附近的柔轮齿与刚轮齿完全脱开。凸轮通常与输入轴连接，它旋转时可使柔轮齿与刚轮齿的啮合位置不断改变。

2. 变速原理

谐波减速器的变速原理如图 2.2-2 所示。

如减速器刚轮固定，由于柔轮的齿形和刚轮相同，但齿数少于刚轮（如 2 齿），因此，当椭圆长轴到达刚轮-90°位置时，柔轮所转过的角度将大于 90°；如齿差为 2，柔轮的基准齿将逆时针偏离刚轮 0°位置 0.5 个齿，进而，当椭圆长轴到达刚轮-180°位置时，柔轮基准齿将逆时

针偏离刚轮 0°位置 1 个齿；如椭圆长轴绕柔轮回转一周，柔轮的基准齿将逆时针偏离刚轮 0°位置一个齿差（2 个齿）。

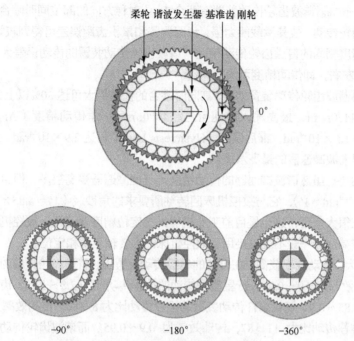

柔轮 谐波发生器 基准齿 刚轮

0°

−90°　　　　　−180°　　　　　−360°

图2.2−2　谐波减速器变速原理

因此，当刚轮固定、谐波发生器凸轮连接输入轴、柔轮连接输出轴时，输入轴顺时针旋转 1 转（−360°），输出轴将相对于固定的刚轮逆时针转过一个齿差（2 个齿）。假设柔轮齿数为 Z_f、刚轮齿数为 Z_c，输出/输入速比为

$$i_1 = \frac{Z_c - Z_f}{Z_f}$$

同样，如谐波减速器柔轮固定、刚轮旋转，当输入轴顺时针旋转 1 转（−360°）时，将使刚轮的基准齿顺时针偏离柔轮一个齿差，其偏移的角度为

$$\theta = \frac{Z_c - Z_f}{Z_c} \times 360°$$

其输出/输入速比为

$$i_2 = \frac{Z_c - Z_f}{Z_c}$$

这就是谐波齿轮传动装置的减速原理。

反之，如谐波减速器的刚轮固定，柔轮连接输入轴，谐波发生器凸轮连接输出轴，则柔轮旋转时，将迫使谐波发生器快速回转，起到增速的作用；减速器柔轮固定、刚轮连接输入轴、谐波发生器凸轮连接输出轴的情况类似。这就是谐波齿轮传动装置的增速原理。

3. 技术特点

由谐波齿轮传动装置的结构和原理可见，它与其他传动装置相比，主要有以下特点。

① 承载能力强，传动精度高。齿轮传动装置的承载能力、传动精度与其同时啮合的齿数（称重叠系数）密切相关，多齿同时啮合可起到减小单位面积载荷、均化误差的作用，故在同等条

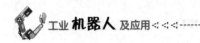

件下，同时啮合的齿数越多，传动装置的承载能力就越强、传动精度就越高。

一般而言，普通直齿圆柱渐开线齿轮的同时啮合齿数只有 1～2 对，同时啮合的齿数通常只占总齿数的 2%～7%。谐波齿轮传动装置有两个 180° 对称方向的部位同时啮合，其同时啮合齿数远多于普通齿轮传动，故其承载能力强，齿距误差和累积齿距误差可得到较好的均化。因此，它与部件制造精度相同的普通齿轮传动相比，谐波齿轮传动装置的传动误差大致只有普通齿轮传动装置的 1/4 左右，即传动精度可提高 4 倍。

以哈默纳科谐波齿轮传动装置为例，其同时啮合的齿数最大可达 30%以上；最大转矩（Peak Torque）可达 4470N·m，最高输入转速可达 14000r/min；角传动精度（Angle Transmission Accuracy）可达 1.5×10^{-4}rad，滞后误差（Hysteresis Loss）可达 2.9×10^{-4}rad。这些指标基本上代表了当今世界谐波减速器的最高水准。

需要说明的是：虽然谐波减速器的传动精度比其他减速器要高很多，但目前它还只能达到角分级（2.9×10^{-4}rad ≈ 1'），它与数控机床回转轴所要求的角秒级（$1'' \approx 4.85 \times 10^{-6}$rad）定位精度比较，仍存在很大差距，这也是目前工业机器人的定位精度普遍低于数控机床的主要原因之一。因此，谐波减速器一般不能直接用于数控机床的回转轴驱动和定位。

② 传动比大，传动效率较高。在传统的单级传动装置上，普通齿轮传动的推荐传动比一般为 8～10，传动效率为 0.9～0.98；行星齿轮传动的推荐传动比为 2.8～12.5，齿差为 1 的行星齿轮传动效率为 0.85～0.9；蜗轮蜗杆传动装置的推荐传动比为 8～80，传动效率为 0.4～0.95；摆线针轮传动的推荐传动比为 11～87，传动效率为 0.9～0.95。而谐波齿轮传动的推荐传动比为 50～160，可选择 30～320，正常传动效率为 0.65～0.96（与减速比、负载、温度等有关）。

③ 结构简单，体积小，重量轻，使用寿命长。谐波齿轮传动装置只有 3 个基本部件，它与传动比相同的普通齿轮传动比较，其零件数可减少 50%左右，体积、重量只有 1/3 左右。此外，在传动过程中，由于谐波齿轮传动装置的柔轮齿进行的是均匀径向移动，齿间的相对滑移速度一般只有普通渐开线齿轮传动的 1%，加上同时啮合的齿数多、轮齿单位面积的载荷小、运动无冲击，因此，齿的磨损较小，传动装置使用寿命可长达 7000～10000h。

④ 传动平稳，无冲击，噪声小。谐波齿轮传动装置可通过特殊的齿形设计，使得柔轮和刚轮的啮合、退出过程实现连续渐进、渐出，啮合时的齿面滑移速度小，且无突变。因此，其传动平稳，啮合无冲击，运行噪声小。

⑤ 安装调轮方便。谐波齿轮传动装置只有刚轮、柔轮、谐波发生器 3 个基本构件，三者为同轴安装；刚轮、柔轮、谐波发生器可按部件提供（称部件型谐波减速器），由用户根据自己的需要，自由选择变速方式和安装方式，并直接在整机装配现场组装，其安装十分灵活、方便。此外，谐波齿轮传动装置的柔轮和刚轮啮合间隙，可通过微量改变谐波发生器的外径调整，甚至可做到无侧隙啮合。因此，其传动间隙通常非常小。

但是，谐波齿轮传动装置需要使用高强度、高弹性的特种材料制作，特别是柔轮、谐波发生器的轴承，它们不但需要在承受较大交变载荷的情况下不断变形，而且，为了减小磨损，材料还必须要有很高的硬度，因而，它对材料的材质、抗疲劳强度及加工精度、热处理的要求均很高，制造工艺较复杂。截至目前，除了哈默纳科外，全球能够真正产业化生产谐波减速器的厂家还不多。

4. 变速比

谐波减速器的输出/输入速比与减速器的安装方式有关，如用正、负号代表转向，并定义谐

波传动装置的基本减速比 R 为

$$R = \frac{Z_f}{Z_c - Z_f}$$

谐波减速器便可通过图 2.2-3 所示的不同安装形式，用图 2.2-3（a）、（b）所示的安装形式实现减速；用图 2.2-3（c）～（e）所示的安装形式实现增速。如需要，也可采用谐波发生器固定、柔轮输入、刚轮输出的减速方式，其输出/输入速比为 $R/(R+1)$，即减速比（或传动比）为 $(R+1)/R$。

对于图 2.2-3（a）所示的刚轮固定、柔轮输出安装方式，其输出/输入速比为

$$i_a = \frac{-(Z_c - Z_f)}{Z_f} = \frac{-1}{R}$$

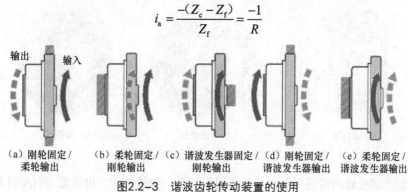

（a）刚轮固定/   （b）柔轮固定/   （c）谐波发生器固定/   （d）刚轮固定/   （e）柔轮固定/
柔轮输出   刚轮输出   刚轮输出   谐波发生器输出   谐波发生器输出

图2.2-3　谐波齿轮传动装置的使用

对于图 2.2-3（b）所示的柔轮固定、刚轮输出安装方式，其输出/输入速比为

$$i_b = \frac{Z_c - Z_f}{Z_c} = \frac{1}{R+1}$$

对于图 2.2-3（c）所示的谐波发生器固定、刚轮输出安装方式，其输出/输入速比为

$$i_c = \frac{Z_c}{Z_f} = \frac{R+1}{R}$$

对于图 2.2-3（d）所示的刚轮固定、谐波发生器输出安装方式，其输出/输入速比为

$$i_d = \frac{-Z_f}{Z_c - Z_f} = -R$$

对于图 2.2-3（e）所示的柔轮固定、谐波发生器输出安装方式，其输出/输入速比为

$$i_e = \frac{Z_c}{Z_c - Z_f} = R+1$$

在谐波齿轮传动装置生产厂家的样本上，一般只给出基本减速比 R，用户使用时，可根据实际安装情况，按照上面的方法计算对应的传动比。

二、谐波减速器典型产品

工业机器人常用的哈默纳科谐波减速器总体可分为部件型（Component Type）、单元型（Unit Type）、简易单元型（Simple Unit Type）、齿轮箱型（Gear Head Type）和微型（Mini Type）五大类，用户可以根据自己的需要选用。

我国现行的《机器人用谐波齿轮减速器》（GB/T 30819—2014）标准，目前只规定了部件（Component）、整机（Unit）两种结构，整机结构就是单元型谐波减速器；柔轮形状上也只规定

了杯形（Cup Type）和中空礼帽形（Hollow Type）两种，轴向长度分为标准型（Standard）和短筒型（Dwarf）两类，短筒型就是哈默纳科的超薄型。

1. 部件型

部件型谐波减速器只提供刚轮、柔轮、谐波发生器 3 个基本部件。用户可根据自己的要求，自由选择变速方式和安装方式。根据柔轮形状，部件型谐波减速器又分为图 2.2-4 所示的水杯形（Cup Type）、礼帽形（Silk Hat Type）、薄饼形（Pancake Type）三大类，并有通用、高转矩、超薄等不同系列产品。

（a）水杯形　　　　　　　（b）礼帽形　　　　　　　（c）薄饼形

图2.2-4　部件型谐波减速器

部件型谐波减速器的规格齐全，产品的使用灵活、安装方便、价格低，它是目前工业机器人广泛使用的产品。部件型谐波减速器采用的是刚轮、柔轮、谐波发生器分离型结构，无论是工业机器人生产厂家的产品制造，还是机器人使用厂家维修，都需要进行谐波减速器和传动零件的分离和安装，其装配调试的要求较高。

2. 单元型

单元型谐波减速器又称谐波减速单元，它带有外壳和交叉滚子轴承（CRB）。减速器的刚轮、柔轮、谐波发生器、壳体、CRB 被整体设计成统一的单元；减速器带有输入/输出连接法兰或连接轴，输出采用高刚性、精密 CRB 支承，可直接驱动负载。单元型谐波减速器有图 2.2-5 所示的标准型、中空轴型、轴输入型 3 种基本结构形式，其柔轮形状有水杯形和礼帽形两类，并有轻量、密封等系列产品。

（a）标准型　　　　　　　（b）中空轴型　　　　　　　（c）轴输入型

图2.2-5　谐波减速单元

谐波减速单元虽然价格高于部件型，但是，由于减速器的安装在生产厂家已完成，产品的使用简单、安装方便、传动精度高、使用寿命长，无论工业机器人生产厂家的产品制造或机器人使用厂家的维修更换，都无须分离谐波减速器和传动部件，因此，它同样是目前工业机器人常用的产品之一。

3. 简易单元型

简易单元型谐波减速器是单元型谐波减速器的简化结构，它将谐波减速器的刚轮、柔轮、谐波发生器 3 个基本部件和 CRB 整体设计成统一的单元，但无壳体和输入/输出连接法兰或轴。简易谐波减速单元的基本结构有图 2.2-6 所示的标准型、中空轴型和超薄中空轴型 3 类，柔轮形状均为礼帽形。简易单元型减速器的结构紧凑，使用方便，性能和价格介于部件型和单元型之间，它经常用于机器人手腕、SCARA 机器人。

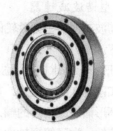

（a）标准型　　　　　　（b）中空轴型　　　　　　（c）超薄中空轴型

图2.2-6　简易谐波减速单元

4. 齿轮箱型

齿轮箱型谐波减速器又称谐波减速箱，它可像齿轮减速箱一样，直接安装驱动电机，以实现减速器和驱动电机的结构整体化。谐波减速箱的基本结构有图 2.2-7 所示的连接法兰输出和连接轴输出两类。其谐波减速器的柔轮形状均为水杯形，并有通用系列、高转矩系列产品。谐波减速箱特别适合于电机的轴向安装尺寸不受限制的后驱手腕、SCARA 机器人。

（a）连接法兰输出　　　　　　（b）连接轴输出

图2.2-7　谐波减速箱

5. 微型和超微型

微型和超微型（Supermini）谐波减速器是专门用于小型、轻量工业机器人的特殊产品，它常用于 3C 行业电子产品、食品、药品等小规格搬运类、装配类、包装类机器人。

微型谐波减速器有图 2.2-8 所示的单元型（微型谐波减速单元）、齿轮箱型（微型谐波减速箱）两种基本结构，微型谐波减速箱也有连接法兰输出和连接轴输出两类。超微型谐波减速器实际上只是对微型系列产品的补充，其结构、安装使用要求均和微型相同。

（a）单元型　　　　　（b）连接法兰输出减速箱　　　　　（c）连接轴输出减速箱

图2.2-8　微型谐波减速器

一、谐波减速器结构

部件型、单元型和简易单元型谐波减速器是机器人常用的谐波减速器产品，典型产品的内部结构实例如下。

1. 部件型谐波减速器

部件型谐波减速器根据柔轮的形状可分为水杯形、礼帽形、薄饼形 3 类，不同产品的内部结构分别如下。

① 水杯形。标准水杯形谐波减速器的结构如图 2.2-9 所示，减速器由输入连接件、谐波发生器、柔轮和刚轮 4 部分组成，其柔轮呈水杯状。

标准水杯形谐波减速器的输入连接件 1 包括轴套、连接板等，轴套可连接输入轴、带动谐波发生器 4 旋转。为了缩短轴向尺寸，谐波发生器凸轮和输入也可采用端面法兰、螺钉刚性连接，这样的减速器称为超薄型谐波减速器，其整体厚度只有标准水杯形谐波减速器的 2/3 左右。

② 礼帽形。礼帽形谐波减速器的结构如图 2.2-10 所示，它由谐波发生器及输入组件、柔轮、刚轮等部分组成，其柔轮为大直径、中空开口的结构，其内部可以安装其他传动部件。

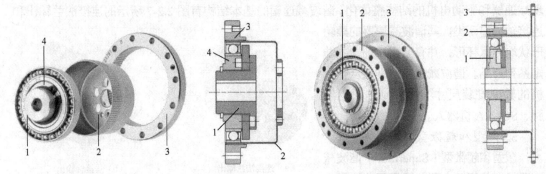

1—输入连接件；2—柔轮；3—刚轮；4—谐波发生器

图2.2-9 水杯形谐波减速器结构

1—谐波发生器及输入组件；2—刚轮；3—柔轮

图2.2-10 礼帽形谐波减速器结构

③ 薄饼形。薄饼形谐波减速器的结构如图 2.2-11 所示。薄饼形谐波减速器由谐波发生器、柔轮、刚轮 S、刚轮 D 4 个部件组成，柔轮是一个薄壁外齿圈，它不能连接输入/输出部件；刚轮 D 是减速器的基本刚轮，它和柔轮存在齿差，用来实现减速；刚轮 S 的齿数和柔轮相同，它可随柔轮同步运动，故可替代柔轮，连接输入/输出部件。减速器的谐波发生器、刚轮 S、刚轮 D 这 3 个部件中，可任意固定一个，而将另外两个作为输入、输出。薄饼形谐波减速器的结构紧凑、刚性高、承载能力强，是谐波减速器中输出转矩最大、刚性最高的产品，但原则上需要采用润滑油润滑，故多用于大型搬运、装卸机器人。

2. 单元型谐波减速器

单元型谐波减速器主要有标准型、中空轴型和轴输入型三大类，不同产品的内部结构分别如下。

① 标准型。标准单元型谐波减速器采用标准轴孔输入，其结构如图 2.2-12 所示。谐波减速器的谐波发生器、柔轮的结构与部件型相同，但它增加了壳体及连接刚轮、柔轮的 CRB 等部件，

成为一个可直接安装和连接输出负载的完整单元。

1—谐波发生器；2—柔轮；3—刚轮S；4—刚轮D

图2.2-11 薄饼形谐波减速器的结构

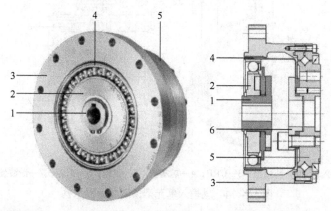

1—输入连接件；2—谐波发生器；3—刚轮与壳体；4—柔轮；5—CRB；6—连接板

图2.2-12 标准单元型谐波减速器结构

标准单元型谐波减速器的刚轮齿直接加工在壳体上，并与CRB的外圈连为一体；柔轮通过连接板和CRB内圈连接，使刚轮和柔轮间能够承受径向、轴向载荷和直接连接负载，而无须考虑刚轮、柔轮本身的安装连接问题。

同样，为了缩短轴向尺寸，谐波发生器凸轮和输入也可采用端面法兰、螺钉刚性连接，这样的减速器称为超薄单元型谐波减速器，并可设计成中空轴结构。

② 中空轴型。中空轴单元型谐波减速器的结构如图2.2-13所示。减速器的刚轮、柔轮结构与部件型谐波减速器相同，但它两者间设计有CRB，轴承内圈与刚轮连接，外圈与柔轮连接，刚轮和柔轮间能够承受径向、轴向载荷和直接连接负载。

中空轴单元型谐波减速器的输入轴是一个贯通减速器的中空轴；输入轴的前端面加工有连接法兰和螺孔，用来连接输入轴；中间部分直接加工成谐波发生器的凸轮；轴前、后端均安装有带支承轴承的端盖；前端盖与柔轮、CRB外圈连成一体，用来连接输出（或固定）；后端盖和刚轮、CRB内圈连成一体，用来固定（或连接输出）。中空轴单元型谐波减速器的内部可布置其他传动部件或线缆、管路。

③ 轴输入型。轴输入单元型谐波减速器的结构如图2.2-14所示，它是一个带有输入轴、输出连接法兰，可整体安装或直接连接负载的完整单元。

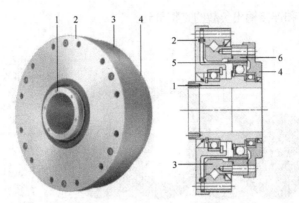

1—中空轴；2—前端盖；3—CRB；4—后端盖；5—柔轮；6—刚轮

图2.2-13　中空轴单元型谐波减速器结构

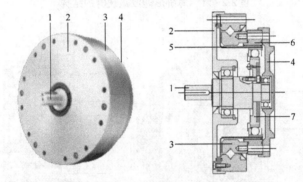

1—输入轴；2—前端盖；3—CRB；4—后端盖；5—柔轮；6—刚轮；7—谐波发生器

图2.2-14　轴输入单元型谐波减速器结构

　　轴输入单元型谐波减速器的刚轮、柔轮和 CRB 的结构与中空轴单元型谐波减速器相同，但其谐波发生器的输入为带键槽的标准轴，可直接安装同步带轮或齿轮，其使用简单、安装方便。

　　3. 简易单元型谐波减速器

　　简易单元型谐波减速器有标准型、中空轴型两类，其内部结构分别如下。

　　① 标准型。标准简易单元型谐波减速器的结构如图 2.2-15 所示，减速器基本部件与采用礼帽形柔轮的部件型谐波减速器相同，但其柔轮和刚轮间安装有 CRB，CRB 内圈与刚轮连接、外圈与柔轮连接，使之成为一个可直接安装或连接负载的整体，但其输入需要由用户进行连接。

　　标准简易单元型谐波减速器同样可采用刚性法兰连接的超薄型结构。

　　② 中空轴型。中空轴简易单元型谐波减速器的结构如图 2.2-16 所示，这是中空轴单元型谐波减速器的简化结构，它保留了中空轴单元型谐波减速器的柔轮、刚轮、CRB 和中空输入轴，但无前、后端盖

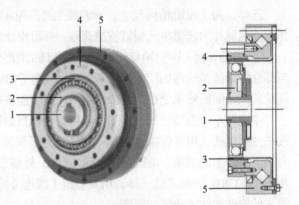

1—输入连接件；2—谐波发生器；3—柔轮；4—刚轮；5—CRB

图2.2-15　标准简易单元型谐波减速器结构

及支承轴承等连接件，用户使用时，需要配置中空轴的前、后支承轴承及固定件。

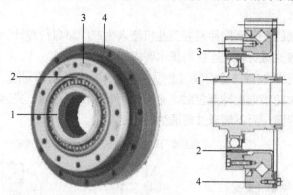

1—谐波发生器输入组件；2—柔轮；3—刚轮；4—CRB

图2.2-16 中空轴简易单元型谐波减速器结构

二、谐波减速器的安装与维护

1. 输入轴连接

谐波减速器用于大比例减速时，谐波发生器凸轮需要连接输入轴，两者的连接形式有刚性连接和柔性连接两类。

① 刚性连接。刚性连接一般用于需要缩短轴向长度的薄饼形、超薄型或中空轴型谐波减速器。刚性连接的谐波发生器凸轮和输入轴间，直接采用图 2.2-17 所示的标准轴孔与平键，或端面法兰与螺钉的方式连接。

采用刚性连接的减速器输入部件结构简单、外形紧凑，轴向尺寸可缩短，且没有传动间隙，但是，它对输入轴和减速器的同轴度要求较高。

② 柔性连接。柔性轴孔是谐波减速器的标准连接方式。采用柔性轴孔连接的谐波减速器，其谐波发生器凸轮和输入轴间，通过图 2.2-18 所示的轴套、奥尔德姆联轴器（Oldman's Coupling，俗称十字滑块联轴节）连接。轴套是一个加工有标准轴孔和键槽的连接套，用来连接输入轴；谐波发生器凸轮内孔与轴套外圆配合；联轴器用来连接轴套和谐波发生器凸轮、传递转矩。

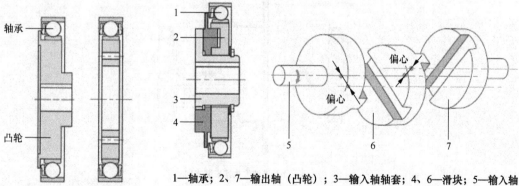

1—轴承；2、7—输出轴（凸轮）；3—输入轴轴套；4、6—滑块；5—输入轴

图2.2-17 刚性连接 图2.2-18 柔性连接与奥尔德姆联轴器原理

奥尔德姆联轴器的原理如图 2.2-18 所示，联轴器通过两侧的滑块连接输入和输出，通过两侧滑块的十字滑动，可以自动调整输入轴与输出轴的偏心量，降低输入轴和输出轴的同轴度要

求，但它也会带来传动系统的间隙。

2. 基本安装要求

部件型谐波减速器的安装连接件需要工业机器人生产厂家自行设计，减速器需要在工业机器人生产现场组装，减速器安装、连接的基本要求如下。

① 水杯形。水杯形谐波减速器安装时必须注意图 2.2-19 所示的问题，即为了防止柔轮变形引起的连接孔损坏，柔轮和输出轴连接时，必须使用专门的固定圈，夹紧输出轴和柔轮的接合面，然后用连接螺钉紧固，而不能通过普通垫圈固定柔轮。

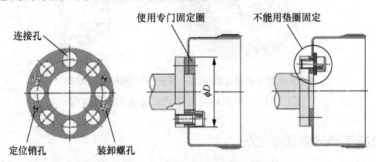

图2.2-19 水杯形谐波减速器安装要求

② 礼帽形。礼帽形谐波减速器安装时需要注意图 2.2-20 所示的两点：第一，柔轮固定不得使用普通垫圈，也不能反向安装、固定柔轮；第二，由于柔轮的根部变形十分困难，在装配谐波发生器时，必须注意安装方向，不能将谐波发生器反向装入柔轮。

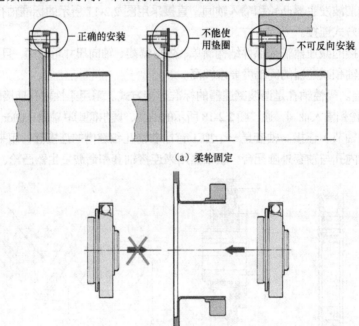

（a）柔轮固定

（b）谐波发生器安装方向

图2.2-20 礼帽形谐波减速器安装注意点

3. 使用与维护

良好的润滑是保证减速器正常工作的重要条件，工业机器人一般采用润滑脂润滑，用户必须按机器人使用手册的要求，及时补充、更换润滑脂。减速器润滑脂的补充和更换时间与减速器的实际工作转速、环境温度有关，转速和温度越高，补充和更换润滑脂的周期就越短。

单元型、齿轮箱型谐波减速器采用的是整体密封结构，产品出厂时已充填润滑脂，用户只需要根据生产厂家的要求，定期补充润滑脂。部件型、简易单元型谐波减速器使用时，需要用户自行充填润滑脂，其要求如下。

① 水杯形。水杯形谐波减速器的润滑脂充填要求如图 2.2-21 所示。

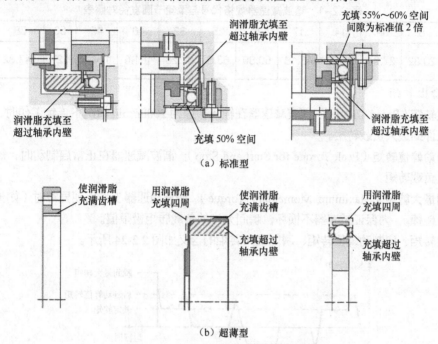

图2.2-21 水杯形谐波减速器润滑要求

② 礼帽形。礼帽形谐波减速器的润滑脂充填要求如图 2.2-22 所示。

③ 薄饼形。薄饼形谐波减速器的润滑要求高于其他谐波减速器，它只能在低于产品样本规定的平均输入转速的低速、负载率 ED%≤10%的断续、连续运行时间≤10min 的短时间工作场合，才可使用脂润滑；其他情况需要使用油润滑，并按图 2.2-23 所示的要求，保证润滑油的液面在浸没轴承内圈的同时，还能与轴孔保持一定的距离，以防止油液的渗漏和溢出。

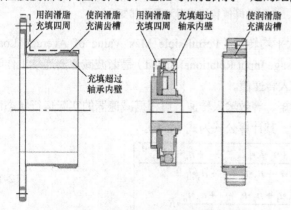

图2.2-22 礼帽形谐波减速器润滑要求

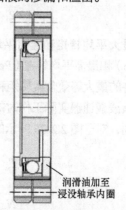

图2.2-23 薄饼形谐波减速器润滑要求

拓展提高

一、谐波减速器技术参数

1. 规格代号

谐波减速器规格代号以柔轮节圆直径表示，常用规格代号与柔轮节圆直径的对照见表2.2-1。

表2.2-1 谐波减速器规格代号与柔轮节圆直径对照表

规格代号	8	11	14	17	20	25	32	40	45	50	58	65
节圆直径/mm	20.32	27.94	35.56	43.18	50.80	63.5	81.28	101.6	114.3	127	147.32	165.1

2. 输出转矩

额定转矩（Rated Torque）：谐波减速器在输入转速为2000r/min情况下连续工作时，减速器输出侧允许的最大负载转矩。

启制动峰值转矩（Peak Torque for Start and Stop）：谐波减速器在正常启制动时，短时间允许的最大负载转矩。

瞬间最大转矩（Maximum Momentary Torque）：谐波减速器工作出现异常时（如机器人受到冲击、碰撞），为保证减速器不损坏，瞬间允许的负载转矩极限值。

额定转矩、启制动峰值转矩、瞬间最大转矩的含义如图2.2-24所示。

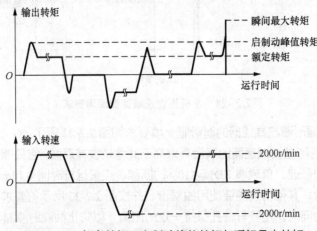

图2.2-24 额定转矩、启制动峰值转矩与瞬间最大转矩

最大平均转矩和最高平均转速：最大平均转矩（Permissible Max Value of Average Load Torque）和最高平均转速（Permissible Average Input Rotational Speed）是谐波减速器连续工作时所允许的最大等效负载转矩和最高等效输入转速值。

谐波减速器实际工作时的等效负载转矩、等效输入转速，可根据减速器的实际运行状态计算得到，对于图2.2-25所示的减速器运行，其计算公式为式（2-1）。

$$
\left.
\begin{aligned}
T_{\mathrm{av}} &= \sqrt[3]{\dfrac{n_1 \cdot t_1 \cdot |T_1|^3 + n_2 \cdot t_2 \cdot |T_2|^3 + \cdots + n_n \cdot t_n \cdot |T_n|^3}{n_1 \cdot t_1 + n_2 \cdot t_2 + \cdots + n_n \cdot t_n}} \\
N_{\mathrm{av}} &= N_{\mathrm{oav}} \cdot R = \dfrac{n_1 \cdot t_1 + n_2 \cdot t_2 + \cdots + n_n \cdot t_n}{t_1 + t_2 + \cdots + t_n} \cdot R
\end{aligned}
\right\}
\tag{2-1}
$$

式中：T_{av}——等效负载转矩（N·m）；

N_{av}——等效输入转速（r/min）；

N_{oav}——等效负载（输出）转速（r/min）；

n_n——各段工作转速（r/min）；

t_n——各段工作时间（h、s或min）；

T_n——各段负载转矩（N·m）；

R——基本减速比。

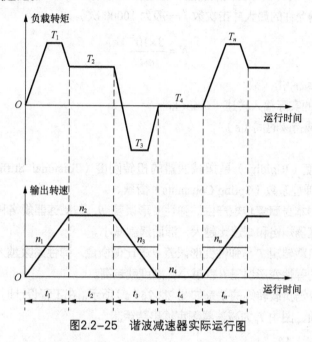

图2.2-25 谐波减速器实际运行图

启动转矩（Starting Torque）：又称启动开始转矩（On Starting Torque），它是在空载、环境温度为20℃的条件下，谐波减速器用于减速时，输出侧开始运动的瞬间，所测得的输入侧需要施加的最大转矩值。

增速启动转矩（On Overdrive Starting Torque）：在空载、环境温度为20℃的条件下，谐波减速器用于增速时，在输出侧（谐波发生器输入轴）开始运动的瞬间，所测得的输入侧（柔轮）需要施加的最大转矩值。

空载运行转矩（On No-load Running Torque）：谐波减速器用于减速时，在规定的润滑条件下，以2000r/min的输入转速空载运行2h后，所测得的输入转矩值。空载运行转矩与输入转速、减速比、环境温度等有关，它需要根据输入转速、减速比、温度进行修整。

3. 使用寿命

额定寿命（Rated Life）：谐波减速器在正常使用时，出现10%产品损坏的理论使用时间（h）。

平均寿命（Average Life）：谐波减速器在正常使用时，出现50%产品损坏的理论使用时间（h）。谐波减速器的使用寿命与工作时的负载转矩、输入转速有关，其计算公式为式（2-2）。

$$L_h = L_n \cdot \left(\frac{T_r}{T_{av}}\right)^3 \cdot \frac{N_r}{N_{av}} \tag{2-2}$$

式中：L_h——实际使用寿命（h）；

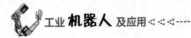

L_n——理论寿命（h）；

T_r——额定转矩（N·m）；

T_{av}——等效负载转矩（N·m）；

N_r——额定转速（r/min）；

N_{av}——等效输入转速（r/min）。

4. 强度

强度（Intensity）以负载冲击次数衡量，减速器的等效负载冲击次数可按式（2-3）计算，此值不能超过减速器允许的最大冲击次数（一般为 10000 次）。

$$N = \frac{3 \times 10^5}{n \cdot t} \tag{2-3}$$

式中：N——等效负载冲击次数；

n——冲击时的实际输入转速（r/min）；

t——冲击负载持续时间（s）。

5. 刚度

谐波减速器刚度（Rigidity）是指减速器的扭转刚度（Torsional Stiffness），常用滞后量（Hysteresis Loss）、弹性系数（Spring Constants）衡量。

滞后量：减速器本身摩擦转矩产生的弹性变形误差 θ，与减速器规格和减速比有关，结构形式相同的谐波减速器规格和减速比越大，滞后量就减小。

弹性系数：以负载转矩 T 与弹性变形误差 θ 的比值衡量。弹性系数越大，同样负载转矩下谐波减速器所产生的弹性变形误差 θ 就越小，刚度就越高。

弹性变形误差 θ 与负载转矩的关系如图 2.2-26（a）所示。在工程设计时，常用图 2.2-26（b）所示的 3 段直线等效，图中 T_r 为减速器额定输出转矩。

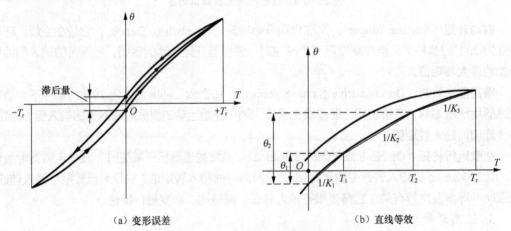

（a）变形误差　　　　　　　　（b）直线等效

图2.2-26　谐波减速器的弹性变形误差

等效直线段的 $\Delta T/\Delta\theta$ 值 K_1、K_2、K_3，就是谐波减速器的弹性系数，它通常由减速器生产厂家提供。弹性系数确定时，便可通过式（2-4）计算出谐波减速器在对应负载段的弹性变形误差 $\Delta\theta$。

$$\Delta\theta = \frac{\Delta T}{K_i} \tag{2-4}$$

式中：$\Delta\theta$——弹性变形误差（rad）；

　　　ΔT——等效直线段的转矩增量（N·m）；

　　　K_i——等效直线段的弹性系数（N·m/rad）。

谐波减速器弹性系数与减速器结构、规格、基本减速比有关。结构相同时，减速器规格和基本减速比越大，弹性系数也越大。但是薄饼形柔轮的谐波减速器，以及我国国家标准《机器人用谐波齿轮减速器》（GB/T 30819—2014）定义的减速器，其刚度参数有所不同，有关内容详见谐波减速器说明。

6. 最大背隙

最大背隙（Max. Backlash Quantity）是减速器在空载、环境温度为20℃的条件下，输出侧开始运动瞬间，所测得的输入侧最大角位移。我国 GB/T 30819—2014 标准定义的减速器背隙有所不同，详见国产谐波减速器产品说明。

进口谐波减速器（如哈默纳科减速器）刚轮与柔轮的齿间啮合间隙几乎为0，背隙主要由谐波发生器输入组件上的奥尔德姆联轴器产生。因此，输入为刚性连接的减速器，可以认为无背隙。

7. 传动精度

谐波减速器传动精度又称角传动精度（Angle Transmission Accuracy），它通过谐波减速器用于减速时，在图 2.2-27 所示的任意 360° 输出范围上，其实际输出转角 θ_2 和理论输出转角 θ_1/R 间的最大差值 θ_{er} 来衡量，θ_{er} 值越小，传动精度就越高。传动精度的计算公式为式（2-5）。

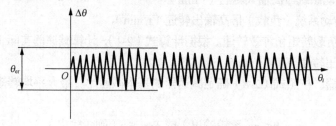

图2.2-27　谐波减速器的传动精度

$$\theta_{er} = \theta_2 - \frac{\theta_1}{R} \tag{2-5}$$

式中：θ_{er}——传动精度（rad）；

　　　θ_1——1∶1 传动时的理论输出转角（rad）；

　　　θ_2——实际输出转角（rad）；

　　　R——谐波减速器基本减速比。

谐波减速器的传动精度与减速器结构、规格、减速比等有关。结构相同时，减速器规格和减速比越大，传动精度越高。

8. 传动效率

谐波减速器的传动效率与减速比、输入转速、负载转矩、工作温度、润滑条件等诸多因素有关。对于相同结构的谐波减速器，减速比越大、输入转速越高、工作温度越低、负载转矩越小，传动效率就越低。

减速器生产厂家出品样本中所提供的传动效率 η_r，一般是指输入转速为 2000r/min、输出转矩为额定值、工作温度为 20℃、使用规定润滑方式下，所测得的效率值。部分减速器可提供典型输入转速（如 500r/min、1000r/min、2000r/min、3500r/min）下的基本传动效率-温度变化曲线。

谐波减速器传动效率受输出转矩的影响很大，当输出转矩低于额定值时，需要根据负载转矩比 α（$\alpha = T_{av} / T_r$），按生产厂家提供的修整系数 K_e 曲线，利用式（2-6）修整传动效率。

$$\eta_{av} = K_e \eta_r \tag{2-6}$$

式中：η_{av}——实际传动效率；

K_e——修整系数；

η_r——传动效率或基本传动效率。

二、谐波减速器选择

1. 基本参数计算与校验

谐波减速器的结构形式、传动精度、背隙等基本参数可根据传动系统要求确定，在此基础上，可通过如下方法确定其他技术参数、初选产品，并进行技术性能校验。

① 计算要求减速比。传动系统要求的谐波减速器减速比，可根据传动系统最高输入转速、最高输出转速，按式（2-7）计算：

$$r = \frac{n_{i\,max}}{n_{o\,max}} \tag{2-7}$$

式中：r——要求减速比；

n_{imax}——传动系统最高输入转速（r/min）；

n_{omax}——传动系统（负载）最高输出转速（r/min）。

② 计算等效负载转矩和等效转速。根据计算式（2-1），计算减速器实际工作时的等效负载转矩 T_{av} 和等效输出转速 N_{oav}（r/min）。

③ 初选减速器。按照式（2-8）确定减速器的基本减速比、最大平均转矩，初步确定减速器型号：

$$\left. \begin{array}{l} R \leqslant r\,(\text{柔轮输出}) \text{ 或 } R+1 \leqslant r\,(\text{刚轮输出}) \\ T_{avmax} \geqslant T_{av} \end{array} \right\} \tag{2-8}$$

式中：R——减速器基本减速比；

T_{avmax}——减速器最大平均转矩（N·m）；

T_{av}——等效负载转矩（N·m）。

④ 转速校验。根据式（2-9）校验减速器最高平均转速和最高输入转速：

$$\left. \begin{array}{l} N_{avmax} \geqslant N_{av} = R \cdot N_{oav} \\ N_{max} \geqslant R \cdot n_{omax} \end{array} \right\} \tag{2-9}$$

式中：N_{avmax}——减速器最高平均转速（r/min）；

N_{av}——等效输入转速（r/min）；

N_{oav}——等效输出转速（r/min）；

N_{max}——减速器最高输入转速（r/min）；

n_{omax}——传动系统最高输出转速（r/min）。

⑤ 转矩校验。根据式（2-10）校验减速器启制动峰值转矩和瞬间最大转矩：

$$\left. \begin{array}{l} T_{amax} \geqslant T_a \\ T_{mmax} \geqslant T_{max} \end{array} \right\} \tag{2-10}$$

式中：T_{amax}——减速器启制动峰值转矩（N·m）；

　　　T_a——系统最大启制动转矩（N·m）；

　　　T_{mmax}——减速器瞬间最大转矩（N·m）；

　　　T_{max}——传动系统最大冲击转矩（N·m）。

⑥ 强度校验。根据式（2-11）校验减速器的负载冲击次数：

$$N = \frac{3 \times 10^5}{n \cdot t} \leqslant 1 \times 10^4 \tag{2-11}$$

式中：N——等效负载冲击次数；

　　　n——冲击时的输入转速（r/min）；

　　　t——冲击负载持续时间（s）。

⑦ 使用寿命校验。根据式（2-12）计算减速器使用寿命，确认满足传动系统设计要求：

$$L_h = 7000 \cdot \left(\frac{T_r}{T_{av}}\right)^3 \cdot \frac{N_r}{N_{av}} \geqslant L_{10} \tag{2-12}$$

式中：L_h——实际使用寿命（h）；

　　　T_r——减速器额定输出转矩（N·m）；

　　　T_{av}——等效负载转矩（N·m）；

　　　N_r——减速器额定转速（r/min）；

　　　N_{av}——等效输入转速（r/min）；

　　　L_{10}——设计要求使用寿命（h）。

2. 减速器选择实例

假设传动系统的设计要求如下。

① 谐波减速器正常运行过程如图 2.2-28 所示。

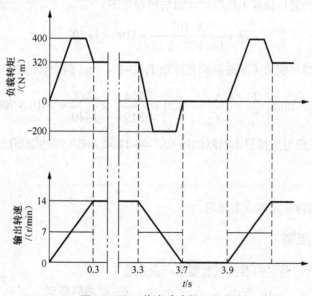

图2.2-28　谐波减速器运行图

② 传动系统最高输入转速 n_{imax}：1800 r/min。

③ 负载最高输出转速 n_{omax}：14 r/min。

④ 负载冲击：最大冲击转矩为 500N·m；冲击负载持续时间为 0.15s；冲击时的输入转速为 14r/min。

⑤ 设计要求的使用寿命：7000h。

谐波减速器的选择方法如下。

① 要求减速比：
$$r = \frac{1800}{14} \approx 128.6$$

② 等效负载转矩和等效输出转速：

$$T_{av} = \sqrt[3]{\frac{7 \times 0.3 \times |400|^3 + 14 \times 3 \times |320|^3 + 7 \times 0.4 \times |-200|^3}{7 \times 0.3 + 14 \times 3 + 7 \times 0.4}} \approx 319(\text{N·m})$$

$$N_{oav} = \frac{7 \times 0.3 + 14 \times 3 + 7 \times 0.4}{0.3 + 3 + 0.4 + 0.2} \approx 12\,(\text{r/min})$$

③ 初选减速器：选择日本哈默纳科 CSF-40-120-2A-GR（见哈默纳科产品样本）部件型谐波减速器，基本参数如下。

$$R = 120 < 128.6$$

$$T_{avmax} = 451\ \text{N·m} > 319\ \text{N·m}$$

④ 转速校验：CSF-40-120-2A-GR 减速器的最高平均转速和最高输入转速校验如下。

$$N_{avmax} = 3600\ \text{r/min} \geqslant N_{av} = 12 \times 120 = 1440\ (\text{r/min})$$

$$N_{max} = 5600\ \text{r/min} \geqslant R \cdot n_{omax} = 120 \times 14 = 1680\ (\text{r/min})$$

⑤ 转矩校验：CSF-40-120-2A-GR 启制动峰值转矩和瞬间最大转矩校验如下。

$$T_{amax} = 617\ \text{N·m} > 400\ \text{N·m}$$

$$T_{mmax} = 1180\ \text{N·m} > 500\ \text{N·m}$$

⑥ 强度校验：等效负载冲击次数的计算与校验如下。

$$N = \frac{3 \times 10^5}{14 \times 120 \times 0.15} \approx 1190 < 1 \times 10^4$$

⑦ 使用寿命计算与校验（减速器额定转矩 T_r=294 N·m，额定转速 N_r=2000r/min）：

$$L_h = 7000 \cdot \left(\frac{T_r}{T_{av}}\right)^3 \cdot \frac{N_r}{N_{av}} = 7000 \times \left(\frac{294}{319}\right)^3 \times \frac{2000}{1440} \approx 7610 > 7000$$

结论：该传动系统可选择日本哈默纳科 CSF-40-120-2A-GR 部件型谐波减速器。

技能训练

结合本任务的内容，完成以下练习。

一、不定项选择题

1. 目前全球最大、著名的谐波减速器生产企业是（　　　）。

    A. 发那科　　　　　B. 安川　　　　　　　C. 纳博特斯克　　　D. 哈默纳科

2. 以下对谐波减速器理解正确的是（　　　）。

    A. 由美国发明　　　B. 由日本发明　　　　C. 可用于减速　　　D. 可用于升速

3. 以下属于谐波减速器基本部件的是（　　　）。
　　A. 刚轮　　　　B. 柔轮　　　　　　C. 谐波发生器　　D. CRB
4. 谐波减速器的传动比范围是（　　　）。
　　A. 8～10　　　B. 2.8～12.5　　　　C. 8～80　　　　D. 30～320
5. 所谓水杯形、礼帽形、薄饼形谐波减速器指的是（　　　）形状。
　　A. 刚轮　　　　B. 柔轮　　　　　　C. 谐波发生器　　D. 外壳
6. 谐波减速器的同时啮合齿数通常为（　　　）。
　　A. 1～2 对　　B. 2%～7%　　　　C. 30%以上　　　D. 15%以内
7. 谐波减速器的传动精度通常为（　　　）。
　　A. 弧分级　　　B. 弧秒级　　　　　C. 10^{-4}rad 级　　D. 10^{-6}rad 级
8. 标准的谐波减速器使用寿命通常在（　　　）。
　　A. 700h 以上　　B. 1000h 以上　　C. 3000h 以上　　D. 7000h 以上
9. 减速器的减速比指的是（　　　）。
　　A. 输出/输入转速　B. 输入/输出转速　C. 传动比　　　D. 传动比的倒数
10. 谐波减速器的常用结构形式有（　　　）。
　　A. 部件型　　　B. 单元型　　　　　C. 简易单元型　　D. 齿轮箱型
11. 我国现行标准规定的谐波减速器结构形式有（　　　）。
　　A. 部件型　　　B. 单元型　　　　　C. 整机型　　　　D. 齿轮箱型
12. 以下可直接连接输入/输出，并驱动负载的谐波减速器是（　　　）。
　　A. 部件型　　　B. 单元型　　　　　C. 简易单元型　　D. 齿轮箱型
13. 如果输入侧需要直接安装同步带轮，可选择的谐波减速器是（　　　）。
　　A. 部件型　　　B. 单元型　　　　　C. 简易单元型　　D. 齿轮箱型
14. 如果输出侧需要直接安装同步带轮，可选择的谐波减速器是（　　　）。
　　A. 部件型　　　B. 单元型　　　　　C. 简易单元型　　D. 齿轮箱型
15. 如果减速器内部需要安装管线，可选择的谐波减速器是（　　　）。
　　A. 部件型　　　B. 单元型　　　　　C. 简易单元型　　D. 齿轮箱型
16. 简易单元型谐波减速器没有（　　　）。
　　A. CRB　　　　B. 壳体　　　　　　C. 输出轴　　　　D. 输出法兰
17. 谐波减速器采用奥尔德姆联轴器连接的优点是（　　　）。
　　A. 无间隙　　　B. 轴向尺寸短　　　C. 同轴度要求低　D. 能自动调整偏心
18. 以下对谐波减速器安装要求理解正确的是（　　　）。
　　A. 连接螺钉一定要加垫圈　　　　　B. 柔轮允许反向固定安装
　　C. 柔轮应从礼帽大口装入　　　　　D. 柔轮应从礼帽小口装入
19. 以下需要用户充填润滑脂的减速器形式是（　　　）。
　　A. 部件型　　　B. 单元型　　　　　C. 简易单元型　　D. 齿轮箱型
20. 薄饼形谐波减速器允许使用脂润滑的情况是（　　　）。
　　A. 转速低于样本平均输入转速　　　B. 负载率 ED%≤10%
　　C. 连续运行时间≤10min　　　　　　D. 同时满足 A、B、C 三条
21. 谐波减速器的规格代号代表的是（　　　）。

A. 减速器外圆直径   B. 输出轴轴径

C. 柔轮节圆直径   D. 刚轮外圆直径

22. 谐波减速器的额定输出转矩是（　　　）。

A. 输入转速为2000r/min工作状态的转矩值   B. 允许连续工作的最大输出转矩

C. 启制动时的最大输出转矩   D. 保证减速器部件不损坏的转矩

23. 以下对谐波减速器的启动转矩理解正确的是（　　　）。

A. 启制动时的最大输出转矩   B. 用于减速时的空载启动转矩

C. 是输入转矩值   D. 是输出转矩值

24. 以下对谐波减速器额定寿命理解正确的是（　　　）。

A. 不会损坏的最大理论使用时间   B. 出现10%损坏的理论使用时间

C. 出现50%损坏的理论使用时间   D. 一般为7000h

25. 以下对相同结构谐波减速器传动精度理解正确的是（　　　）。

A. 减速比越小，精度越高   B. 规格越小，精度越高

C. 用于减速时的最大误差   D. 输入侧的转角误差值

26. 以下对相同结构谐波减速器传动效率理解正确的是（　　　）。

A. 减速比越小，传动效率越高   B. 输入转速越低，传动效率越高

C. 温度越低，传动效率越高   D. 输出转矩越小，传动效率越高

27. 以下对相同结构谐波减速器刚度理解正确的是（　　　）。

A. 减速比越大，刚度越高   B. 规格越小，刚度越高

C. 弹性系数越小，刚度越高   D. 弹性系数越大，刚度越高

28. 以下对谐波减速器背隙理解正确的是（　　　）。

A. 20℃、空载时测量   B. 输入侧的角位移

C. 主要来自输入联轴器   D. 主要来自齿轮间隙

二、简答题

1. 简述谐波减速器的基本部件及作用。
2. 简述谐波减速器的技术特点。
3. 简述单元型谐波减速器的结构特点。

三、综合题

说明图2.2-29所示两种谐波减速器的安装方式。如减速器的基本减速比R=100，试分别计算其实际减速比。

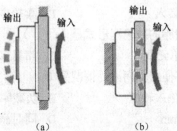

（a）   （b）

图2.2-29 谐波减速器安装示意图

任务 3 熟悉 RV 减速器

1. 掌握 RV 减速器原理与特点。
2. 熟悉 RV 减速器结构。
3. 掌握 RV 减速器安装、维护的基本方法。

1. 能说出 RV 减速器的变速原理及特点。
2. 能区分不同结构形式的 RV 减速器。
3. 能进行 RV 减速器的安装、维护。

一、RV减速器的结构与原理

1. 基本结构

RV 减速器是旋转矢量（Rotary Vector）减速器的简称，它是在传统摆线针轮、行星齿轮传动装置的基础上，发展出来的一种新型传动装置。与谐波减速器一样，RV 减速器实际上既可用于减速，也可用于升速，但由于传动比很大（通常为 30～260）。因此，在工业机器人、数控机床等产品上应用时，一般较少用于升速。

RV 减速器由日本纳博特斯克公司（Nabtesco Corporation）前身帝人制机（Teijin Seiki）公司于 1985 年率先研发；2003 年帝人制机公司和纳博克公司（Nabco）合并成立了纳博特斯克，继续进行精密 RV 减速器的研发生产。纳博特斯克是全球最大、技术最领先的 RV 减速器生产企业，其产品占据了全球 60%以上的工业机器人 RV 减速器市场，世界著名的工业机器人几乎都使用纳博特斯克生产的 RV 减速器。

RV 减速器的基本结构如图 2.3-1 所示。RV 减速器由芯轴、端盖、针轮、输出法兰、行星齿轮、曲轴组件、RV 齿轮等部件构成。

RV 减速器的径向结构可分为 3 层，由外向内依次为针轮层、RV 齿轮层、芯轴层，每一层均可独立旋转。

① 针轮层。减速器外层的针轮 3 是一个内侧加工有针齿的内齿圈，外侧加工有法兰和安装孔，可用于减速器固定或输出连接。针轮 3 和 RV 齿轮 9 间安装有针齿销 10，当 RV 齿轮 9 摆动时，针齿销 10 可迫使针轮 3 与输出法兰 5 产生相对回转。

② RV 齿轮层。RV 齿轮层由 RV 齿轮 9、端盖 2、输出法兰 5 和曲轴组件等组成，RV 齿轮、端盖、输出法兰为中空结构，内孔用来安装芯轴。曲轴组件的数量与减速器规格有关，小规格减速器一般布置两组，中、大规格减速器布置 3 组。

输出法兰 5 内侧有 2～3 个连接脚，用来固定端盖 2；端盖 2 和法兰的中间位置安装有两片可摆动的 RV 齿轮 9，它们可在曲轴的驱动下做对称摆动，故又称摆线轮。

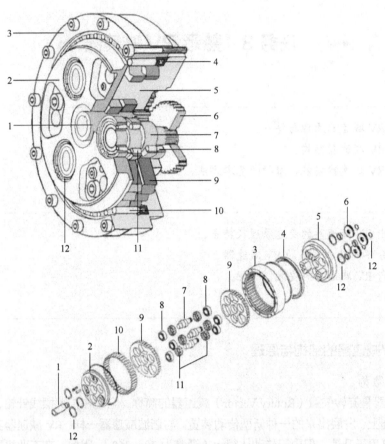

1—芯轴；2—端盖；3—针轮；4—密封圈；5—输出法兰；6—行星齿轮；7—曲轴；
8—圆锥滚柱轴承；9—RV齿轮；10—针齿销；11—滚针；12—卡簧

图2.3-1　RV减速器基本结构

曲轴组件由曲轴7、圆锥滚柱轴承8、滚针11等部件组成，通常有2～3组，它们对称分布在圆周上，用来驱动RV齿轮摆动。

曲轴7安装在输出法兰5连接脚的缺口位置，前、后端分别通过端盖2、输出法兰5上的圆锥滚柱轴承支承；曲轴的后端是一段用来套接行星齿轮6的花键轴，曲轴可在行星齿轮6的驱动下旋转。曲轴的中间部位为两段偏心轴，偏心轴外圆上安装有多个驱动RV齿轮9摆动的滚针11；当曲轴旋转时，两段偏心轴上的滚针可分别驱动两片RV齿轮9进行180°对称摆动。

③ 芯轴层。芯轴1安装在RV齿轮、端盖、输出法兰的中空内腔，芯轴可作为齿轮轴或用来安装齿轮的花键轴。芯轴上的齿轮称太阳轮，它和套在曲轴上的行星齿轮6啮合，当芯轴旋转时，可驱动2～3组曲轴同步旋转，带动RV齿轮摆动。用于减速的RV减速器，芯轴通常用来连接输入，故又称输入轴。

因此，RV减速器具有2级变速：芯轴上的太阳轮和套在曲轴上的行星齿轮间的变速是RV减速器的第1级变速，称正齿轮变速；通过RV齿轮9的摆动，利用针齿销10推动针轮3的旋转，是RV减速器的第2级变速，称差动齿轮变速。

2. 变速原理

RV减速器的变速原理如图2.3-2所示。

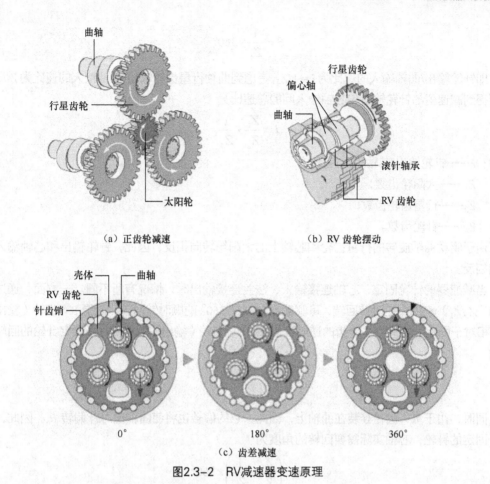

（a）正齿轮减速 　　　　　　　（b）RV齿轮摆动

（c）齿差减速

图2.3-2　RV减速器变速原理

① 正齿轮变速。正齿轮变速原理如图2.3-2（a）所示，它是由行星齿轮和太阳轮实现的齿轮变速。如太阳轮的齿数为 Z_1、行星齿轮的齿数为 Z_2，则行星齿轮输出和芯轴输入间的速比为 Z_1/Z_2，且转向相反。

② 差动齿轮变速。当曲轴在行星齿轮驱动下回转时，其偏心段将驱动RV齿轮做图2.3-2（b）所示的摆动，由于曲轴上的两段偏心轴为对称布置，故两片RV齿轮可在对称方向同步摆动。

图2.3-2（c）所示为其中的一片RV齿轮的摆动情况，另一片RV齿轮的摆动过程相同，但相位相差180°。由于RV齿轮和针轮间安装有针齿销，当RV齿轮摆动时，针齿销将迫使针轮与输出法兰产生相对回转。

如RV减速器的RV齿轮齿数为 Z_3，针轮齿数为 Z_4（齿差为1时，$Z_4 - Z_3 = 1$），减速器以输出法兰固定、芯轴连接输入、针轮连接负载输出轴的形式安装，并假设在图2.3-2（c）所示的曲轴0°起始点上，RV齿轮的最高点位于输出法兰-90°位置，其针齿完全啮合，而90°位置的基准齿则完全脱开。

当曲轴顺时针旋动180°时，RV齿轮最高点也将顺时针转过180°。由于RV齿轮的齿数少于针轮1个齿，且输出法兰（曲轴）被固定。因此，针轮将相对于安装曲轴的输出法兰产生图2.3-2（c）所示的半个齿顺时针偏转。进而，当曲轴顺时针旋动360°时，RV齿轮最高点也将顺时针转过360°，针轮将相对于安装曲轴的输出法兰产生图2.3-2（c）所示的1个齿顺时针偏转。因此，针轮相对于曲轴的偏转角度为

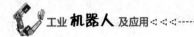

$$\theta = \frac{1}{Z_4} \times 360°$$

即针轮输出/曲轴输入的速比为 $i = 1/Z_4$，考虑到曲轴行星齿轮输出/芯轴输入的速比为 Z_1/Z_2，故可得到减速器的针轮输出和芯轴输入间的总速比为

$$i = \frac{Z_1}{Z_2} \cdot \frac{1}{Z_4}$$

式中：i——针轮输出/芯轴输入速比；

　　　Z_1——太阳轮齿数；

　　　Z_2——行星齿轮齿数；

　　　Z_4——针轮齿数。

由于驱动曲轴旋转的行星齿轮和芯轴上的太阳轮转向相反，因此，针轮输出和芯轴输入的转向相反。

当减速器的针轮固定、芯轴连接输入、法兰连接输出时，情况有所不同。一方面，通过芯轴的 $(Z_2/Z_1) \times 360°$ 逆时针回转，可驱动曲轴产生 $360°$ 的顺时针回转，使得 RV 齿轮（输出法兰）相对于固定针轮产生 1 个齿的逆时针偏移，RV 齿轮（输出法兰）相对于固定针轮的回转角度为

$$\theta_o = \frac{1}{Z_4} \times 360°$$

同时，由于 RV 齿轮套装在曲轴上，因此，它的偏转也将使曲轴逆时针偏转 θ_o。因此，相对于固定的针轮，芯轴实际需要回转的角度为

$$\theta_i = \left(\frac{Z_2}{Z_1} + \frac{1}{Z_4} \right) \times 360°$$

所以，输出法兰与输入芯轴的转向相同，输出/输入速比为

$$i = \frac{\theta_o}{\theta_i} = \frac{1}{1 + \frac{Z_2}{Z_1} \cdot Z_4}$$

以上就是 RV 减速器的差动齿轮减速原理。

相反，如减速器的针轮被固定，RV 齿轮（输出法兰）连接输入轴、芯轴连接输出轴，则 RV 齿轮旋转时，将通过曲轴迫使芯轴快速回转，起到增速的作用。同样，当减速器的 RV 齿轮（输出法兰）被固定，针轮连接输入轴、芯轴连接输出轴时，针轮的回转也可迫使芯轴快速回转，起到增速的作用。这就是 RV 减速器的增速原理。

3. 速比

RV 减速器采用针轮固定、芯轴输入、法兰输出安装方式时的传动比（输入转速与输出转速之比），称为基本减速比 R，其值为

$$R = 1 + \frac{Z_2}{Z_1} \cdot Z_4$$

式中：R——RV 减速器基本减速比；

　　　Z_1——太阳轮齿数；

74

Z_2——行星齿轮齿数;

Z_4——针轮齿数。

速比 i 为负值时,代表输入轴和输出轴的转向相反。

RV 减速器有图 2.3-3 所示的 6 种不同安装方式,图 2.3-3(a)~(c)用于减速,图 2.3-3 (d)~(f)用于增速,其输出/输入速比与基本减速比 R 的关系如下。

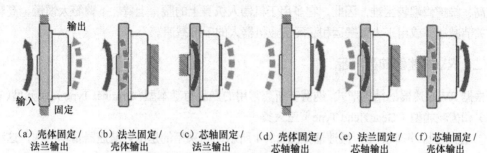

（a）壳体固定/ 法兰输出　（b）法兰固定/ 壳体输出　（c）芯轴固定/ 法兰输出　（d）壳体固定/ 芯轴输出　（e）法兰固定/ 芯轴输出　（f）芯轴固定/ 壳体输出

图2.3-3　RV减速器的使用方法

对于图 2.3-3(a)所示的安装,其输出/输入速比为

$$i_a = \frac{1}{R}$$

对于图 2.3-3(b)所示的安装,其输出/输入速比为

$$i_b = -\frac{Z_1}{Z_2} \cdot \frac{1}{Z_4} = -\frac{1}{R-1}$$

对于图 2.3-3(c)所示的安装,其输出/输入速比为

$$i_c = \frac{R-1}{R}$$

对于图 2.3-3(d)所示的安装,其输出/输入速比为

$$i_d = R$$

对于图 2.3-3(e)所示的安装,其输出/输入速比为

$$i_e = -(R-1)$$

对于图 2.3-3(f)所示的安装,其输出/输入速比为

$$i_f = \frac{R}{R-1}$$

在 RV 减速器生产厂家的样本上,一般只给出基本减速比 R,用户使用时,可根据实际安装情况,按照上面的方法计算对应的传动比。

4. 主要特点

由 RV 减速器的结构和原理可见,它与其他传动装置相比,主要有以下特点。

① 减速比大。RV 减速器设计有正齿轮、差动齿轮 2 级变速,其减速比与谐波减速器接近,比传统的普通齿轮传动、行星齿轮传动、蜗轮蜗杆传动、摆线针轮传动减速比要大。

② 结构刚性好。减速器的针轮和 RV 齿轮间通过直径较大的针齿销传动,曲轴采用的是圆锥滚柱轴承支承。减速器的结构刚性好,使用寿命长。

③ 输出转矩高。RV 减速器的正齿轮变速一般有 2～3 对行星齿轮；差动变速采用的是硬齿面、多齿销同时啮合，且其齿差固定为 1 齿。因此，在体积相同时，其齿形可比谐波减速器做得更大，输出转矩更高。

但是，RV 减速器的结构远比谐波减速器复杂，且有正齿轮、差动齿轮 2 级变速齿轮，其传动间隙较大，定位精度一般不及谐波减速器。此外，由于 RV 减速器的结构复杂、生产制造成本较高、维护修理较困难，因此，它多用于机器人机身上的腰、上臂、下臂等大惯量、高转矩输出关节减速，或用于大型搬运和装配工业机器人的手腕减速。

二、RV减速器典型产品

根据 RV 减速器的结构形式，纳博特斯克常用的产品有基本型（Original Type）、单元型（Unit Type）和齿轮箱型（Gear Head Type）三大类。

① 基本型。基本型 RV 减速器如图 2.3-4 所示，它采用的是 RV 减速器基本结构，这种减速器无外壳和输出轴承，减速器的针轮、输入轴、输出法兰的安装固定和连接需要机器人生产厂家实现，针轮和输出法兰间的支承需要用户自行设计。

② 单元型。单元型减速器的输出法兰和壳体间安装有一对可同时承受径向及双向轴向载荷的高刚性、角接触球轴承，故可直接连接和驱动负载。目前，纳博特斯克单元型

图2.3-4　基本型RV减速器

RV 减速器常用的产品主要有图 2.3-5 所示的 RV E（标准型）、RV N（紧凑型）和 RV C（中空型）三大类。

RV E 标准单元型减速器采用的是 RV 减速器标准结构，减速器带有外壳、输出轴承和安装固定法兰、输入轴、输出法兰。

(a) RV E　　　　　　　(b) RV N　　　　　　　(c) RV C

图2.3-5　常用的单元型RV减速器

RV N 紧凑单元型减速器是在 RV E 标准单元型减速器的基础上派生的轻量级、紧凑型产品，同规格的 RV N 减速单元的体积和重量，分别比 RV E 标准单元型减速器减少了 8%～20% 和 16%～36%。它是纳博特斯克当前推荐的产品。

RV C 中空单元型减速器采用了大直径、中空结构，减速器的输入轴和太阳轮需要选配或由用户自行设计、制造和安装。中空单元型减速器的中空部分可用来布置管线，故多用于工业机

器人手腕、SCARA 机器人等中间关节的驱动。

③ 齿轮箱型。齿轮箱型 RV 减速器又称 RV 减速箱，它设计有驱动电机的安装法兰和电机轴连接部件，可像齿轮减速箱一样，直接安装和连接驱动电机，实现减速器和驱动电机的结构整体化。纳博特斯克 RV 减速箱目前有 RD2 标准型、GH 高速型和 RS 基座型 3 类常用产品。

RD2 标准型 RV 减速箱是早期 RD 系列减速箱的改进型产品，它将减速器壳体、电机安装法兰、输入轴连接部件整体设计成了一个可直接安装驱动电机的完整单元。根据驱动电机的安装形式，RD2 系列减速箱有图 2.3-6 所示的 RDS、RDR 和 RDP 3 类产品，每类产品又有实心芯轴和中空芯轴两种结构。

（a）RDS　　　　　（b）RDR　　　　　（c）RDP

图2.3-6　RD2系列减速箱

GH 高速型 RV 减速箱（简称高速减速箱）如图 2.3-7 所示。这种减速箱的减速比较小（10～30），输出转速较高（额定输出转速为标准型的 3.3 倍），过载能力较强（标准型的 1.4 倍）。减速箱输入和芯轴为标准轴孔连接，RV 齿轮输出有法兰连接和输出轴连接两类。

RS 基座型减速箱（又称扁平减速箱）如图 2.3-8 所示，驱动电机统一采用径向安装，减速器（芯轴）均为中空结构。RS 基座型减速箱的额定输出转矩高（可达 8820N·m），额定转速低（一般为 10r/min），承载能力强（载重可达 9000kg），故可用于大规格搬运、装卸、码垛工业机器人的机身及中型机器人腰关节等的重载驱动。

图2.3-7　GH高速减速箱

图2.3-8　RS扁平减速箱

实践指导

一、RV减速器结构

基本型、单元型 RV 减速器是机器人常用的产品，典型产品的内部结构如下。

1. 基本型

基本型 RV 减速器的结构如图 2.3-9 所示，它采用的是 RV 减速器的基本结构，减速器的行星齿轮可以为 2 对或 3 对。大传动比减速器的太阳轮一般直接加工在输入轴上；小传动比减速器的输入轴和太阳轮分离，两者通过花键连接，此时，太阳轮需要有相应的支承轴承。

2. 单元型

① 标准单元型。标准单元型 RV 减速器的结构如图 2.3-10 所示，它通过对壳体、针轮、输出法兰及输出轴承的整体设计，使减速器成为可直接连接和驱动负载的完整单元。标准单元型 RV 减

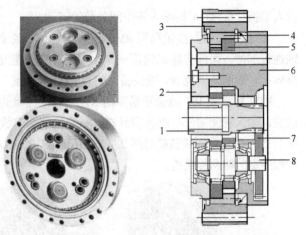

1—芯轴；2—端盖；3—针轮；4—针齿销；5—RV齿轮；
6—输出法兰；7—行星齿轮；8—曲轴
图2.3-9　基本型RV减速器结构

速器的行星齿轮同样可以为 2 对或 3 对。大传动比减速器的太阳轮一般直接加工在输入轴上；小传动比减速器的输入轴和太阳轮分离，两者通过花键连接。

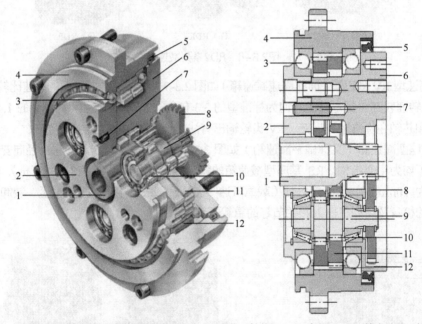

1—芯轴；2—端盖；3—输出轴承（角接触球轴承）；4—壳体（针轮）；5—密封圈；6—输出法兰（输出轴）；
7—定位销；8—行星齿轮；9—曲轴组件；10—滚针轴承；11—RV齿轮；12—针齿销
图2.3-10　标准单元型RV减速器结构

标准单元型减速器的输出法兰 6 和壳体（针轮）4 间安装有一对可同时承受径向和双向轴向载荷的高精度、高刚性角接触球轴承 3，减速器的输出法兰（或壳体）可直接连接和驱动负载。减速器的其他部件结构和基本型减速器相同。

② 紧凑单元型。紧凑单元型 RV 减速器的结构如图 2.3-11 所示。为了减小体积、缩小直径，

这种减速器的输入轴不穿越减速器，其行星齿轮 1 直接安装在输入侧，外部敞开；同时，减速器的输出连接法兰也被缩短。为保证减速器的结构刚性，紧凑单元型减速器的行星齿轮数量均为 3 对，输入轴原则上需要用户自行加工制造。

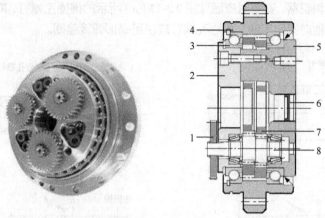

1—行星齿轮；2—端盖；3—输出轴承；4—壳体（针轮）；5—输出法兰（输出轴）；

6—密封盖；7—RV齿轮；8—曲轴

图2.3-11 紧凑单元型RV减速器结构

③ 中空单元型。中空单元型 RV 减速器的结构如图 2.3-12 所示，行星齿轮安装在输入侧，减速器无芯轴，RV 齿轮、端盖、输出轴为中空结构；输入轴 1、双联太阳轮 3 及支承部件需要用户自行设计制造。

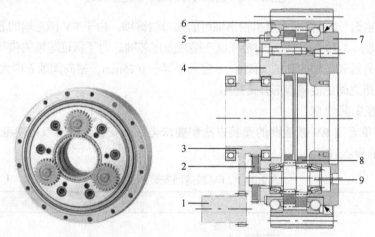

1—输入轴；2—行星齿轮；3—双联太阳轮；4—端盖；5—输出轴承；6—壳体（针轮）；

7—输出法兰（输出轴）；8—RV齿轮；9—曲轴

图2.3-12 中空单元型RV减速器结构

二、RV减速器的安装与维护

RV 减速器的结构形式虽有所不同，但安装连接要求基本一致，其一般要求如下。

1. 芯轴连接

在绝大多数情况下，RV 减速器的输入轴都需要和电机轴连接，两者的连接形式与驱动电机的输出轴结构有关，常用的连接形式有图 2.3-13 所示的几种。

① 平轴连接。中、大规格伺服电机输出轴为平轴，并有带键或不带键、带中心孔或无中心孔等形式。由于工业机器人的负载惯量和输出转矩很大，因此，电机轴一般应选用带键的结构。为了避免芯轴窜动和脱落，安装时应通过图 2.3-13（a）所示的键固定螺钉，或利用图 2.3-13（b）所示的中心孔螺钉轴向固定芯轴，中心孔螺钉应使用碟形弹簧垫圈。

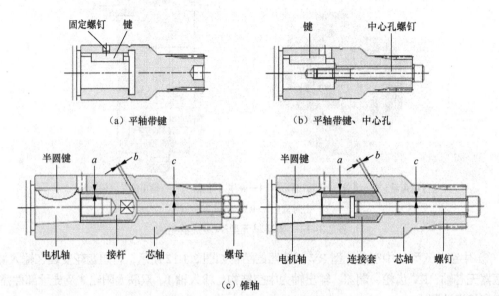

（a）平轴带键　　　　　　　　　　　（b）平轴带键、中心孔

（c）锥轴

图2.3-13　输入轴（芯轴）的连接形式

② 锥轴连接。小规格伺服电机输出轴可能为带键锥轴。由于 RV 减速器的芯轴通常较长，使用时应通过图 2.3-13（c）所示的接杆或连接套固定芯轴。为了保证芯轴的锥孔能可靠定位，接杆、连接套外圆和芯轴内孔的间隙 a、c 应大于等于 0.25mm，轴向间隙 b 应大于等于 1mm；连接螺钉和螺母之间应使用碟形弹簧垫圈。

2. 减速器安装步骤

部件型、单元型 RV 减速器的安装方法和要求类似，安装、维修或更换减速器时，应按表 2.3-1 所示的步骤进行。

表 2.3-1　RV 减速器安装的基本步骤

序号	安装示意	安装步骤
1	密封圈 定位面	1. 清洁零部件，去除减速器、负载轴、驱动电机、输入轴等部件所有安装、定位面的杂物、灰尘、油污和毛刺。 2. 安装负载轴和输出法兰间的密封圈。 3. 用输出法兰的内孔（或外圆）定位，将减速器安装到负载轴上。 4. 利用带碟形弹簧垫圈的安装螺钉，初步固定减速器输出法兰

续表

序号	安装示意	安装步骤
2		5. 安装检测输出法兰基准跳动千分表。 6. 手动旋转输出轴360°以上，检查并确认基准孔跳动不大于0.02mm。如跳动大于0.02mm，需要重新检查、安装减速器。 7. 利用扭力扳手，按规定的扭矩，完全紧固减速器固定螺钉。 8. 再次检查并确认输出轴旋转时的减速器基准孔跳动不大于0.02mm。 9. 安装定位销，对减速器输出法兰和负载轴进行定位
3		10. 旋转减速器或负载轴，对准针轮（或壳体）和安装座的安装孔。 11. 用带碟形弹簧垫圈的安装螺钉，初步固定减速器针轮（或壳体）。 12. 通过芯轴或其他方法，转动减速器行星齿轮；检查并确认减速器转动平稳，负载正常并均匀。 13. 利用扭力扳手，按规定的扭矩，完全紧固减速器固定螺钉。 14. 安装定位销，对减速器针轮（或壳体）和安装座进行定位
4		15. 安装电机安装板和减速器安装座间的密封圈。 16. 根据减速器安装公差要求，安装、固定电机安装板。 17. 按减速器生产厂家所规定的要求，充填润滑脂
5		18. 根据电机轴形状，按前述的要求，将芯轴安装到电机轴
6		19. 安装电机安装板端面密封圈。 20. 将电机连同芯轴，小心插入减速器，并保证太阳轮和行星齿轮之间的啮合正确、电机安装面无倾斜。 21. 紧固安装螺钉、固定电机，完成减速器安装

3. 安装要点

安装 RV 减速器时，需要注意以下基本问题。

① 芯轴安装。安装 RV 减速器的芯轴时必须保证太阳轮和行星齿轮的啮合准确，特别是只有两对行星齿轮的小规格减速器，芯轴装入时不能有图 2.3-14（b）所示的偏移、歪斜。

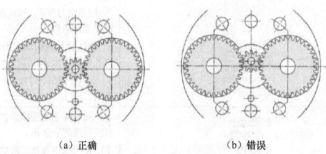

（a）正确　　　　　　　　　　　　　（b）错误

图2.3-14　行星齿轮的啮合要求

② 螺钉固定。RV 减速器连接螺钉应用扭力扳手固定，不同规格螺钉的拧紧扭矩见表 2.3-2，减速器固定螺钉一般都应使用碟形弹簧垫圈。

表 2.3-2　RV 减速器安装螺钉的拧紧扭矩

螺钉规格/ （mm×mm）	M5× 0.8	M6× 1	M8× 1.25	M10× 1.5	M12× 1.75	M14× 2	M16× 2	M18× 2.5	M20× 2.5
扭矩/（N·m）	9	15.6	37.2	73.5	128	205	319	441	493
锁紧力/N	9310	13180	23960	38080	55100	75860	103410	126720	132155

4. 润滑要求

为了方便使用、减少污染，工业机器人使用的 RV 减速器一般采用润滑脂润滑。为了保证润滑性能，减速器原则上应使用生产厂家指定的专用润滑脂。

RV 减速器的润滑脂充填与安装方式有关。输出法兰垂直向上安装的减速器，润滑脂的充填高度应超过行星齿轮上端面；输出法兰垂直向下安装的减速器，润滑脂的充填高度应超过端盖；水平安装的减速器，润滑脂的充填高度应达到 3/4 输出法兰直径的位置。

润滑脂的补充和更换时间与减速器的实际工作转速、环境温度有关，实际工作转速、环境温度越高，补充和更换润滑脂的周期就越短。在正常情况下，减速器的润滑脂更换周期为20000h，但是，如果减速器的工作环境温度高于 40℃、工作转速较高，或者在污染严重的环境下工作时，需要缩短更换周期。

润滑脂的型号、注入量和补充时间，通常在机器人生产厂家的说明书上已经有明确的规定，用户应按照生产厂的要求进行润滑脂的充填。

拓展提高

一、RV减速器技术参数

1. 额定值

额定转速（Rated Rotational Speed）：用来计算 RV 减速器额定转矩、使用寿命等参数的理论输出转速，大多数 RV 减速器选取 15r/min，个别小规格、高速 RV 减速器选取 30r/min 或 50 r/min。

需要注意的是：RV 减速器的额定转速并不是减速器连续运行允许输出的最高转速。中、小规格产品的额定转速一般低于连续运行最大输出转速；大规格减速器可能高于连续运行最大输出转速，但必须低于断续工作（40%工作制）的最大输出转速。如纳博特斯克中规格 RV-100N 减速器的额定转速为 15r/min，低于减速器连续运行最大输出转速（35r/min）；而大规格 RV-500 减速器的额定转速同样为 15r/min，其连续运行最大输出转速为 11r/min，40%工作制断续工作时的最大输出转速为 25r/min 等。

额定转矩（Rated Torque）：额定转矩是假设 RV 减速器按额定输出转速连续工作时的最大输出转矩值。RV 减速器规格代号以额定输出转矩的近似值（单位 10N·m）表示。例如，日本纳博特斯克规格代号为 100 的 RV-100 减速器，其额定输出转矩约为 1000N·m 等。

额定输入功率（Rated Input Power）：RV 减速器的额定功率又称额定输入容量（Rated Input Capacity），它是根据额定输出转矩、额定输出转速、理论传动效率计算得到的减速器输入功率值，其计算式为式（2-13）。

$$P_\mathrm{i} = \frac{NT}{9550\eta} \tag{2-13}$$

式中：P_i——额定输入功率（kW）；

N——额定输出转速（r/min）；

T——额定输出转矩（N·m）；

η——减速器理论传动效率，通常取 $\eta = 0.7$。

最大输出转速（Permissible Max.Value of Output Rotational Speed）：最大输出转速又称允许（或容许）输出转速，它是减速器在空载状态下，长时间连续运行所允许的最高输出转速值。

RV 减速器的最大输出转速主要受温升限制，如减速器断续运行，实际输出转速值可大于最大输出转速，为此，某些产品提供了连续（100%工作制）、断续（40%工作制）两种典型工作状态的最大输出转速值。

2. **输出转矩**

启制动峰值转矩（Peak Torque for Start and Stop）：RV 减速器加减速时，短时间允许的最大负载转矩。RV 减速器的启制动峰值转矩一般按额定转矩的 2.5 倍设计（个别小规格减速器为 2 倍），故也可直接由额定转矩计算得到。

瞬间最大转矩（Maximum Momentary Torque）：RV 减速器工作出现异常（如负载出现碰撞、冲击）时，保证减速器不损坏的瞬间极限转矩。RV 减速器的瞬间最大转矩通常按启制动峰值转矩的 2 倍设计，故也可直接由启制动峰值转矩计算得到，或按额定输出转矩的 5 倍（个别小规格减速器为 4 倍）计算得到。

RV 减速器额定转矩、启制动峰值转矩、瞬间最大转矩的关系如图 2.3-15 所示。

负载平均转矩和平均转速：负载平均转矩（Average Load Torque）和平均转速（Average Output Rotational Speed）是根据减速器的实际运行状态，计算得到的、减速器输出侧的等效负载转矩和等效负载转速。对于图 2.3-16 所示的减速器运行，其计算式为式（2-14）。

$$T_{av} = \sqrt[\frac{10}{3}]{\frac{n_1 \cdot t_1 \cdot |T_1|^{\frac{10}{3}} + n_2 \cdot t_2 \cdot |T_2|^{\frac{10}{3}} + \cdots + n_n \cdot t_n \cdot |T_n|^{\frac{10}{3}}}{n_1 \cdot t_1 + n_2 \cdot t_2 + \cdots + n_n \cdot t_n}}$$

$$N_{av} = \frac{n_1 \cdot t_1 + n_2 \cdot t_2 + \cdots + n_n \cdot t_n}{t_1 + t_2 + \cdots + t_n}$$

(2-14)

式中：T_{av}——负载平均转矩（N·m）；

N_{av}——负载平均转速（r/min）；

n_n——各段工作转速（r/min）；

t_n——各段工作时间（h、s 或 min）；

T_n——各段负载转矩（N·m）。

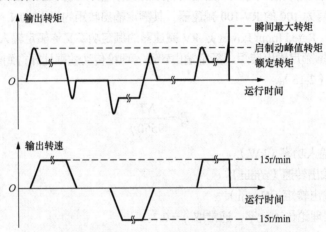

图2.3-15 额定转矩、启制动峰值转矩与瞬间最大转矩

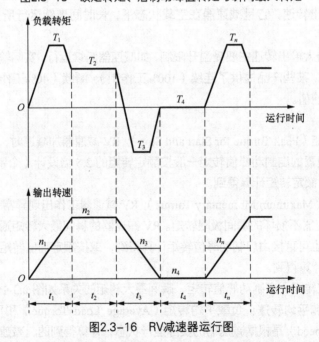

图2.3-16 RV减速器运行图

增速启动转矩（On Overdrive Starting Torque）：在环境温度为30℃、采用规定润滑的条件

下，RV 减速器用于空载、增速运行时，在输出侧（如芯轴）开始运动的瞬间，所测得的输入侧（如输出法兰）需要施加的最大转矩值。

空载运行转矩（On No-load Running Torque）：RV 减速器的空载运行转矩与输出转速、环境温度、基本减速比有关，输出转速越高、环境温度越低、基本减速比越小，空载运行转矩就越大。RV 减速器通常提供图 2.3-17 所示的基本空载运行转矩曲线，以及−10～+20℃低温工作时的修整曲线。

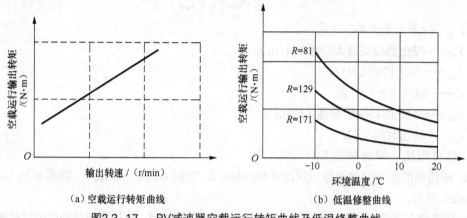

（a）空载运行转矩曲线 （b）低温修整曲线

图2.3−17　RV减速器空载运行转矩曲线及低温修整曲线

基本空载运行转矩是 RV 减速器在环境温度为 30℃、使用规定润滑的条件下，减速器采用标准安装、减速运行时，所测得的输入转矩折算到输出侧的输出转矩值。由于折算时已考虑了减速比，因此，基本空载运行转矩曲线通常只反映输出转矩/转速的关系。

低温修整曲线一般是 RV 减速器在−10～+20℃环境温度下，以 2000r/min 输入转速空载运行时，典型减速比的减速器输入转矩随温度变化的曲线。低温修整曲线中的空载运行转矩有时折算到输出侧，有时未折算到输出侧。

3. 使用寿命

RV 减速器的使用寿命通常以额定寿命（Rated Life）参数表示，它是指 RV 减速器在正常使用时，出现 10%产品损坏的理论使用时间，其值一般为 6000h。

RV 减速器实际使用寿命与实际工作时的负载转矩、输出转速有关，其计算式为式（2-15）。

$$L_\mathrm{h} = L_\mathrm{n} \cdot \left(\frac{T_0}{T_\mathrm{av}}\right)^{\frac{10}{3}} \cdot \frac{N_0}{N_\mathrm{av}} \tag{2-15}$$

式中：L_h——减速器实际使用寿命（h）；

L_n——减速器额定寿命（h），通常取 $L_\mathrm{n} = 6000$h；

T_0——减速器额定输出转矩（N·m）；

T_av——负载平均转矩（N·m）；

N_0——减速器额定输出转速（r/min）；

N_av——负载平均转速（r/min）。

式中的负载平均转矩 T_av、平均转速 N_av，应根据图 2.3-16、式（2-14）计算得到。

4. 强度

强度（Intensity）是指 RV 减速器柔轮的耐冲击能力。RV 减速器运行时如果存在超过启制

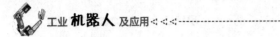

动峰值转矩的负载冲击（如急停等），将使部件的疲劳加剧、使用寿命缩短。冲击负载不能超过减速器的瞬间最大转矩，否则将直接导致减速器损坏。

RV 减速器的疲劳与冲击次数、冲击负载持续时间有关。RV 减速器保证额定寿命的最大允许冲击次数，可通过式（2-16）计算。

$$C_{em} = \frac{46500}{Z_4 \cdot N_{em} \cdot t_{em}} \left(\frac{T_{s2}}{T_{em}}\right)^{\frac{10}{3}} \tag{2-16}$$

式中：C_{em}——最大允许冲击次数；

T_{s2}——减速器瞬间最大转矩（N·m）；

T_{em}——冲击转矩（N·m）；

Z_4——减速器针轮齿数；

N_{em}——冲击时的输出转速（r/min）；

t_{em}——冲击时间（s）。

5. 扭转刚度、间隙与空程

RV 减速器的扭转刚度通常以间隙（Backlash）、空程（Lost Motion）、弹性系数（Spring Constants）表示。

RV 减速器在摩擦转矩和负载转矩的作用下，针轮、针齿销、齿轮等都将产生弹性变形，导致实际输出转角与理论转角间存在误差 θ。弹性变形误差 θ 将随着负载转矩的增加而增大，它与负载转矩的关系为图 2.3-18（a）所示的非线性曲线。为了便于工程计算，实际使用时，通常以图 2.3-18（b）所示的直线段等效。

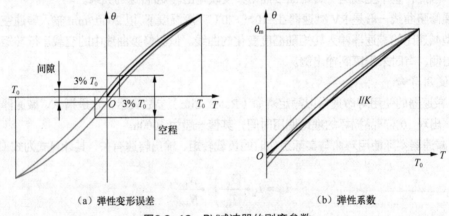

（a）弹性变形误差　　　　　　　　　　（b）弹性系数

图2.3-18　RV减速器的刚度参数

间隙：RV 减速器间隙是传动齿轮间隙及减速器空载时（负载转矩 $T=0$）由于本身摩擦转矩所产生的弹性变形误差之和。

空程：RV 减速器空程是在负载转矩为额定输出转矩 T_0 的 3%时，减速器所产生的弹性变形误差。

弹性系数：RV 减速器的弹性变形误差与输出转矩的关系通常直接用图 2.3-18（b）所示的直线等效，弹性系数（扭转刚度）值由式（2-17）计算出。

$$K = T_0/\theta_m \tag{2-17}$$

式中：θ_m——额定转矩的扭转变形误差（rad）；

K——减速器弹性系数（N·m/rad）。

RV 减速器的弹性系数受减速比的影响较小，它原则上只和减速器规格有关，规格越大，弹性系数越高、刚性越好。

6. 传动精度

传动精度（Angle Transmission Accuracy）是指 RV 减速器采用针轮固定、芯轴输入、输出法兰连接负载标准减速安装方式，用图 2.3-19 所示的、任意 360° 输出范围上的实际输出转角和理论输出转角间误差 $\Delta\theta$ 的最大值 θ_{er} 衡量，计算式为式（2-18）。

$$\theta_{er} = \theta_2 - \frac{\theta_1}{R} \qquad (2\text{-}18)$$

式中：θ_{er}——传动精度（rad）；

  θ_1——实际输入转角（rad）；

  θ_2——实际输出转角（rad）；

  R——基本减速比。

传动精度与传动系统设计、负载条件、环境温度、润滑等诸多因素有关，说明书、手册提供的传动精度通常只是 RV 减速器在特定条件下运行的参考值。

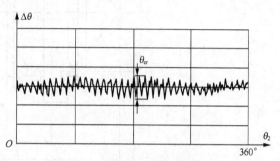

图2.3-19　RV减速器的传动精度

7. 效率

RV 减速器的传动效率与输出转速、负载转矩、工作温度、润滑条件等诸多因素有关；通常而言，在同样的工作温度和润滑条件下，输出转速越低、输出转矩越大，减速器的效率就越高。RV 减速器生产厂家通常需要提供图 2.3-20 所示的基本传动效率曲线。基本传动效率曲线是在环境温度为 30℃、使用规定润滑时，减速器在特定输出转速（如 10r/min、30r/min、60r/min）下的传动效率-输出转矩曲线。

8. 力矩刚度

单元型、齿轮箱型 RV 减速器的输出法兰和针轮间安装有输出轴承，减速器生产厂家需要提供允许最大轴向、负载力矩等力矩刚度参数。基本型减速器无输出轴承，减速器允许的最大轴向、负载力矩等力矩刚度参数，取决于用户传动系统设计及输出轴承选择。

负载力矩（Load Moment）：当单元型、齿轮箱型 RV 减速器输出法兰

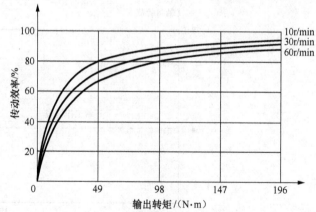

图2.3-20　RV减速器基本传动效率

承受图 2.3-21 所示的径向载荷 F_1、轴向载荷 F_2，且力臂 $l_3 > b$、$l_2 > c/2$ 时，输出法兰中心线将产生弯曲变形误差 θ_c。由 F_1、F_2 产生的弯曲转矩称为 RV 减速器的负载力矩，其值为

$$M_c = (F_1 \cdot l_1 + F_2 \cdot l_2) \times 10^{-3} \qquad (2\text{-}19)$$

式中：M_c——负载力矩（N·m）；

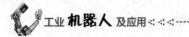

F_1——径向载荷（N）；

F_2——轴向载荷（N）；

l_1——径向载荷力臂（mm），$l_1 = l + b/2 - a$；

l_2——轴向载荷力臂（mm）。

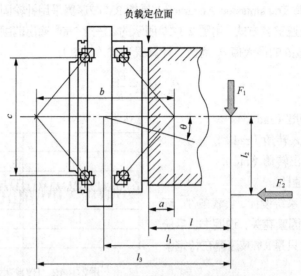

图2.3–21　RV减速器的弯曲变形误差

单元型、齿轮箱型 RV 减速器的径向载荷、轴向载荷受减速器部件结构的限制，生产厂家通常需要提供图 2.3-22 所示的轴向载荷-负载力矩曲线，RV 减速器正常使用时的轴向载荷、负载力矩均不得超出曲线范围。RV 减速器允许的瞬间最大负载力矩通常为正常使用最大负载力矩 M_c 的 2 倍。例如，图 2.3-22 所示的减速器瞬间最大负载力矩为 $2150 \times 2 = 4300$（N·m）等。

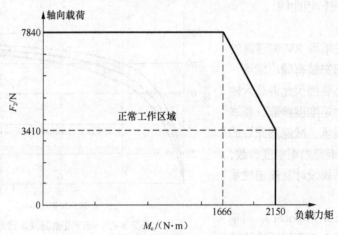

图2.3–22　RV减速器允许的负载力矩

力矩刚度（Moment Rigidity）：力矩刚度是衡量 RV 减速器抗弯曲变形能力的参数，计算式为式（2-20）。

$$K_c = \frac{M_c}{\theta_c} \tag{2-20}$$

式中：K_c——减速器力矩刚度（N·m/rad）；

$\quad\quad M_c$——负载力矩（N·m）；

$\quad\quad \theta_c$——弯曲变形误差（rad）。

二、RV减速器选择

1. 基本参数计算与校验

RV 减速器的结构形式、传动精度、间隙、空程等基本技术参数，可根据产品的机械传动系统要求确定，在此基础上，可通过如下步骤确定其他主要技术参数、初选产品，并进行主要技术性能的校验。

① 计算要求减速比。传动系统要求的 RV 减速器减速比，可根据传动系统最高输入转速、最高输出转速，按式（2-21）计算。

$$r = \frac{n_{i\max}}{n_{o\max}} \tag{2-21}$$

式中：r——要求减速比；

$\quad\quad n_{i\max}$——传动系统最高输入转速（r/min）；

$\quad\quad n_{o\max}$——传动系统最高输出转速（r/min）。

② 计算负载平均转矩和负载平均转速。根据计算式（2-14），计算减速器实际工作时的负载平均转矩 T_{av} 和负载平均转速 N_{av}（r/min）。

③ 初选减速器。按照式（2-22），确定减速器的基本减速比、额定转矩，初步确定减速器型号：

$$\left.\begin{array}{l} R \leqslant r\,（法兰输出）或 R \leqslant r+1\,（针轮输出） \\ T_0 \geqslant T_{av} \end{array}\right\} \tag{2-22}$$

式中：R——减速器基本减速比；

$\quad\quad T_0$——减速器额定转矩（N·m）；

$\quad\quad T_{av}$——负载平均转矩（N·m）。

④ 转速校验。根据式（2-23），校验减速器最高输出转速：

$$N_{s0} \geqslant n_{o\max} \tag{2-23}$$

式中：N_{s0}——减速器连续工作最高输出转速（r/min）；

$\quad\quad n_{o\max}$——负载最高转速（r/min）。

⑤ 转矩校验。根据式（2-24），校验减速器启制动峰值转矩和瞬间最大转矩：

$$T_{s1} \geqslant T_a \quad\quad T_{s2} \geqslant T_{em} \tag{2-24}$$

式中：T_{s1}——减速器启制动峰值转矩（N·m）；

$\quad\quad T_a$——负载最大启制动转矩（N·m）；

$\quad\quad T_{s2}$——减速器瞬间最大转矩（N·m）；

$\quad\quad T_{em}$——负载最大冲击转矩（N·m）。

⑥ 使用寿命校验。根据计算式（2-15），计算减速器实际使用寿命 L_h，校验减速器的使用寿命：

$$L_h \geqslant L_{10} \tag{2-25}$$

式中：L_h——实际使用寿命（h）；

L_{10}——额定使用寿命，通常取 6000h。

⑦ 强度校验。根据计算式（2-16）计算减速器最大允许冲击次数 C_{em}，校验减速器的负载冲击次数：

$$C_{em} \geqslant C \tag{2-26}$$

式中：C_{em}——最大允许冲击次数；

C——预期的负载冲击次数。

⑧ 力矩刚度校验。安装有输出轴承的单元型、齿轮箱型 RV 减速器可直接根据生产厂家提供的最大轴向、负载力矩等参数，校验减速器力矩刚度。基本型减速器的最大轴向、负载力矩取决于用户传动系统设计和输出轴承选择，减速器力矩刚度校验在传动系统设计完成后才能进行。

单元型、齿轮箱型 RV 减速器可根据计算式（2-19），计算减速器负载力矩 M_c，并根据减速器的允许力矩曲线，校验减速器的力矩刚度：

$$M_{o1} \geqslant M_c \qquad F_2 \geqslant F_c \tag{2-27}$$

式中：M_{o1}——减速器允许力矩（N·m）；

M_c——负载力矩（N·m）；

F_2——减速器允许的轴向载荷（N）；

F_c——负载最大轴向力（N）。

2. RV 减速器选择实例

假设减速传动系统的设计要求如下。

① RV 减速器正常运行状态如图 2.3-23 所示。

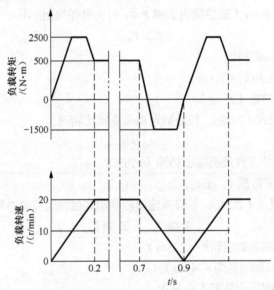

图2.3-23　RV减速器正常运行图

② 传动系统最高输入转速 n_{imax}：2700 r/min。

③ 负载最高输出转速 n_{omax}：20 r/min。

④ 设计要求的额定使用寿命：6000h。

⑤ 负载冲击：最大冲击转矩为 7000 N·m；冲击负载持续时间为 0.05 s；冲击时的输入转速为 20r/min；预期冲击次数为 1500 次。

⑥ 载荷：轴向载荷为 3000N，力臂 l =500mm；径向载荷为 1500N，力臂 l_2=200mm。

谐波减速器的选择方法如下。

① 要求减速比：
$$r = \frac{2700}{20} = 135$$

② 等效负载转矩和等效输出转速：

$$T_{av} = \sqrt[\frac{10}{3}]{\frac{10 \times 0.2 \times |2500|^{\frac{10}{3}} + 20 \times 0.5 \times |500|^{\frac{10}{3}} + 10 \times 0.2 \times |-1500|^{\frac{10}{3}}}{10 \times 0.2 + 20 \times 0.5 + 10 \times 0.2}} \approx 1475(\text{N·m})$$

$$N_{av} = \frac{10 \times 0.2 + 20 \times 0.5 + 10 \times 0.2}{0.2 + 0.5 + 0.2} \approx 15.69(\text{N·m})$$

③ 初选减速器：选择日本纳博特斯克（Nabtesco Corporation）RV-160E-129 单元型减速器，基本参数如下：

$$R = 129 \leqslant 135$$
$$T_0 = 1568 \text{ N·m} \geqslant 1475 \text{ N·m}$$

减速器结构参数：针轮齿数 Z_4=40；a =47.8mm，b =210.9mm。

④ 转速校验：RV-160E-129 减速器的最高输出转速校验如下。

$$N_{s0} = 45 \text{ r/min} \geqslant 20 \text{ r/min}$$

⑤ 转矩校验：RV-160E-129 启制动峰值转矩和瞬间最大转矩校验如下。

$$T_{s1} = 3920 \text{ N·m} \geqslant 2500 \text{ N·m}$$
$$T_{s2} = 7840 \text{ N·m} \geqslant 7000 \text{ N·m}$$

⑥ 使用寿命计算与校验：

$$L_h = 6000 \times \left(\frac{1658}{1457}\right)^{\frac{10}{3}} \times \frac{15}{15.6} \approx 7073 \geqslant 6000 \text{（h）}$$

⑦ 强度校验：等效负载冲击次数的计算与校验如下。

$$C_{em} = \frac{46500}{40 \times 20 \times 0.05} \left(\frac{7840}{7000}\right)^{\frac{10}{3}} \approx 1696 \geqslant 1500$$

⑧ 力矩刚度校验：负载力矩的计算与校验如下。

$$M_c = \left[3000 \times \left(500 + \frac{210.9}{2} - 47.8\right) + 1500 \times 200\right] \times 10^{-3} \approx 2260 \text{（N·m）} \leqslant 3920 \text{（N·m）}$$

$$F_c = 3000 \text{ N} \leqslant 4890 \text{ N}$$

结论：该传动系统可选择纳博特斯克 RV-160E-129 单元型 RV 减速器。

技能训练

结合本任务的内容，完成以下练习。

一、不定项选择题

1. 以下对 RV 减速器结构、用途理解正确的是（　　　　）。
   A. 传动比通常为 30～260　　　　　　　　B. 只能用于减速
   C. 刚性比谐波减速器好　　　　　　　　　D. 结构比谐波减速器简单

2. 以下对 RV 减速器变速原理理解正确的是（　　　　）。
   A. 2 级正齿轮变速　　　　　　　　　　　B. 2 级差动齿轮变速
   C. 1 级正齿轮、1 级差动齿轮变速　　　　 D. 多级正齿轮变速

3. 以下对 RV 减速器结构理解正确的是（　　　　）。
   A. 分针轮、RV 齿轮、芯轴 3 层　　　　　B. RV 齿轮可无限回转
   C. 针轮可无限回转　　　　　　　　　　　D. 芯轴可无限回转

4. 以下对 RV 减速器曲轴理解正确的是（　　　　）。
   A. 由芯轴驱动　　B. 用来驱动 RV 齿轮　　C. 需要 2～3 组　　D. 是 2 段偏心轴

5. RV 减速器的太阳轮指的是（　　　　）。
   A. 芯轴上的齿轮　　B. RV 齿轮　　　　　C. 曲轴上的齿轮　　D. 针轮

6. RV 减速器的行星齿轮指的是（　　　　）。
   A. 芯轴上的齿轮　　B. RV 齿轮　　　　　C. 曲轴上的齿轮　　D. 针轮

7. 以下用来实现 RV 减速器正齿轮变速的是（　　　　）。
   A. 芯轴上的齿轮　　B. RV 齿轮　　　　　C. 曲轴上的齿轮　　D. 针轮

8. 以下用来实现 RV 减速器差动齿轮变速的是（　　　　）。
   A. 芯轴上的齿轮　　B. RV 齿轮　　　　　C. 曲轴上的齿轮　　D. 针轮

9. 以下对基本型 RV 减速器结构理解正确的是（　　　　）。
   A. 无外壳　　　　B. 无输出轴承　　　　C. 无芯轴　　　　D. 无端盖

10. 以下具有输出轴承的 RV 减速器是（　　　　）。
    A. 基本型　　　　B. 标准型　　　　　　C. 紧凑型　　　　D. 中空型

11. 标准型 RV 减速箱的输入连接形式有（　　　　）。
    A. 轴向输入　　　B. 径向输入　　　　　C. 轴向轴连接　　D. 径向轴连接

12. 以下对基座型 RV 减速箱理解正确的是（　　　　）。
    A. 用于大型、重载减速　　　　　　　　B. 减速器为中空结构
    C. 采用径向输入连接　　　　　　　　　D. 可直接作为机器人底座

13. RV 减速器安装时，其内孔跳动一般应（　　　　）。
    A. 小于 0.01mm　　　　　　　　　　　　B. 小于 0.02mm
    C. 小于 0.03mm　　　　　　　　　　　　D. 小于 0.05mm

14. 以下对 RV 减速器润滑理解正确的是（　　　　）。
    A. 一般采用润滑脂润滑　　　　　　　　B. 一般采用润滑油润滑
    C. 一般不需要润滑　　　　　　　　　　D. 工作 20000h 后需要更换

15. 以下对 RV 减速器额定转速理解正确的是（　　　　）。
    A. 仅是计算用的理论转速　　　　　　　B. 是连续工作时的允许最高转速
    C. 一般为 15 r/min　　　　　　　　　　 D. 肯定低于连续工作允许最高转速

16. RV 减速器的规格代号通常代表（　　　）。

    A. 额定输出转矩（N·m）　　　　　　B. 额定输出转矩（kgf·m）

    C. 减速器的额定转速　　　　　　　　D. 减速器外形尺寸

17. 以下可以降低 RV 减速器空载运行转矩的是（　　　）。

    A. 提高输出转速　　　　　　　　　　B. 提高环境温度

    C. 降低减速比　　　　　　　　　　　D. 减小减速器规格

18. 以下对 RV 减速器额定寿命理解正确的是（　　　）。

    A. 不会损坏的最大理论使用时间　　　B. 出现 10% 损坏的理论使用时间

    C. 出现 50% 损坏的理论使用时间　　　D. 一般为 7000h

二、填空题

RV 减速器连接螺钉以规定的扭矩要求，试结合本任务的内容，完成表 2.3-3。

表 2.3-3　RV 减速器连接螺钉拧紧扭矩

螺钉规格/mm	M5	M6	M8	M10	M12	M14	M16	M20
拧紧扭矩/（N·m）								

三、综合题

说明图 2.3-24 所示的 RV 减速器安装方式。如减速器的基本减速比 $R=100$，试分别计算其实际减速比。

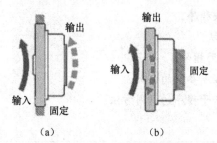

图2.3-24　RV减速器安装图

任务1 RAPID 应用程序格式

1. 了解工业机器人程序的基本概念。
2. 熟悉 RAPID 程序模块结构。
3. 掌握 RAPID 作业程序的格式。
4. 掌握子程序执行管理的编程方法。
5. 了解程序声明指令及功能子程序、中断子程序调用方法。

1. 能区分线性程序、模块程序。
2. 能编制 RAPID 程序模块。
3. 能编制 RAPID 程序调用指令。
4. 知道程序声明指令与程序参数的含义。
5. 知道功能子程序、中断子程序的调用方法。

一、工业机器人程序与编程

1. 程序与指令

工业机器人的工作环境多数为已知，以第一代示教再现机器人居多，机器人一般不具备分析、推理能力和智能性，机器人的全部行为需要由人对其进行控制。因此，操作者就必须将全部作业要求编制成控制系统能够识别的命令，并输入到控制系统，使机器人完成所需要的动作。这些命令的集合就是机器人的作业程序（简称程序），编写程序的过程称为编程。

命令又称指令（Instruction），它是程序最重要的组成部分。作为一般概念，工业自动化设备的程序控制指令都由如下指令码和操作数两部分组成。

MoveJ   p1, v1000, z20, tool1;

指令码————┘   └————操作数

指令码又称操作码，它用来规定控制系统需要执行的操作；操作数又称操作对象，它用来定义执行这一操作的对象。简单地说，指令码告诉控制系统需要做什么，操作数告诉控制系统由谁去做。

指令码、操作数的格式需要由控制系统生产厂家规定，在不同控制系统上有所不同。例如，对于机器人的关节插补、直线插补、圆弧插补，ABB 机器人的指令码为 MoveJ、MoveL、MoveC，安川机器人的指令码为 MOVJ、MOVL、MOVC 等。操作数的种类繁多，它既可以是具体的数值、文本（字符串），也可以是表达式、函数，还可以是规定格式的程序数据或程序文件等。

工业机器人的程序指令大多需要有多个操作数。例如，对于 6 轴垂直串联机器人的焊接作业，指令至少需要 6 个用来确定机器人本体关节轴位置、移动速度的数据，以及多个用来确定刀具、工件作业点及质量和重心等的数据，多个用来确定诸如焊接机器人焊接电流、电压，引弧、熄弧要求等的工艺数据等。因此，如每一操作数都在指令中编写，指令将变得十分冗长。为此，在工业机器人程序中，一般需要通过程序数据（Program Data）、文件（File）等方式来一次性定义多个操作数。

指令码、操作数的表示方法称为编程语言（Programming Language）。目前，工业机器人还没有统一的编程语言，不同生产厂家的机器人程序结构、指令格式、操作数的定义方法均有较大的不同，程序还不具备通用性。ABB 机器人采用的 RAPID 编程语言，是属于目前工业机器人中程序结构复杂、指令功能齐全、操作数丰富的机器人编程语言之一，如操作者掌握了 RAPID 编程技术，对于其他机器人来说，其编程就相对容易。

2. 编程方法

第一代机器人的程序编制方法一般有示教编程和虚拟仿真编程两种。

① 示教编程。示教编程是通过作业现场的人机对话操作，完成程序编制的一种方法。所谓示教就是操作者对机器人所进行的作业引导，它需要由操作者按实际作业要求，通过人机对话操作，一步一步地告知机器人需要完成的动作。这些动作可由控制系统以命令的形式记录与保存；示教操作完成后，程序也就被生成。如果控制系统自动运行示教操作所生成的程序，机器人便可重复全部示教动作，这一过程称为"再现"。

示教编程简单易行，所编制的程序正确性高，机器人的动作安全可靠，它是目前工业机器人最为常用的编程方法。示教编程需要由专业经验的操作者在机器人作业现场完成，编程时间较长，特别对于高精度、复杂轨迹运动，示教相对困难。

② 虚拟仿真编程。虚拟仿真编程是通过专门的编程软件编制程序的一种方法，它不仅可生成程序，还可进行运动轨迹的模拟与仿真。虚拟仿真编程一般包括几何建模、空间布局、运动规划、动画仿真等步骤，所生成的程序需要经过编译，下载到机器人，并通过试运行确认。

虚拟仿真编程可在计算机上进行，编程效率高，且不影响现场机器人作业，故适合于作业要求变更频繁、运动轨迹复杂的机器人编程。虚拟仿真编程需要配备机器人生产厂家提供的专门编程软件。

示教编程、虚拟仿真编程是两种不同的编程方式。在部分书籍中，对工业机器人的编程还有现场编程、离线编程、在线编程等多种提法。但是，从中文意义上说，所谓现场、非现场只是地点的区别，而离线、在线只能反映编程设备与机器人控制系统间是否存在连接。因此，现场编程并不意味着它必须采用示教方式编程，而编程设备在线时，也不是不可以通过虚拟仿真软件来编制程序。

3. 程序结构

程序的编写方法、格式及系统对程序的组织、管理方式等称为程序结构，工业机器人的应用程序通常有线性结构和模块结构两种基本结构。

① 线性结构。线性结构程序一般由程序名、指令、程序结束标记组成，一个程序的全部内容都编写在同一个程序块中。程序设计时，只需要按机器人的动作次序，将相应的指令从上至下依次排列，机器人便可按指令次序执行相应的动作。

线性结构是日本等国工业机器人常用的程序结构形式。如安川公司的弧焊机器人进行图 3.1-1 所示作业的程序如下，指令中没有明确的移动目标、弧焊电流和电压、引弧/熄弧时间等操作数，这些都需要通过示教编程操作、焊接文件等方式补充、完善。

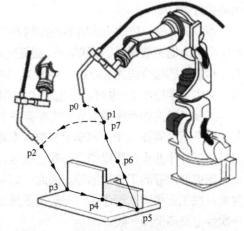

图3.1-1 焊接作业

```
TESTPRO                        // 程序名
0000 NOP                       // 空操作命令
0001 MOVJ VJ=10.00             // p0→p1 点关节插补，速度倍率为10%
0002 MOVJ VJ=80.00             // p1→p2 点关节插补，速度倍率为80%
0003 MOVL V=800                // p2→p3 点直线插补，速度为800cm/min
0004 ARCON ASF# (1)            // 引用焊接文件 ASF# (1)，在p3点启动焊接
0005 MOVL V=50                 // p3→p4 点直线插补焊接，速度为50cm/min
0006 ARCSET AC=200 AVP=100     // 修改焊接条件
0007 MOVL V=50                 // p4→p5 点直线插补焊接，速度为50cm/min
0008 ARCOF AEF# (1)            //引用焊接文件 AEF# (1)，在p5点关闭焊接
0009 MOVL V=800                // p5→p6 点直线插补，速度为800cm/min
0010 MOVJ VJ=50.00             // p6→p7 点关节插补，速度倍率为50%
0011 END                       // 程序结束
```

线性程序的结构简单，编写与管理容易，阅读方便，但参数化编程较困难，故较适合简单作业的机器人系统。

② 模块结构。模块结构的程序一般由多个程序组成。其中，负责组织、调度的程序称为主程序，其他程序称为子程序。对于一个作业任务，主程序一般只能有一个，而子程序可以有多个。

模块结构的子程序通常都有相对独立的功能，且可以被不同主程序调用，因此，可方便地进行参数化编程。模块结构的程序功能强、设计灵活，欧美工业机器人常用此结构。

模块结构程序的结构形式，在不同机器人上有所不同。由于工业机器人程序不仅需要有作业指令，而且还需要有大量用来定义机器人位置、工具、工件、作业工艺等的数据，因此，ABB工业机器人的 RAPID 应用程序（简称 RAPID 程序）采用了图 3.1-2 所示的结构，程序由任务、程序模块、系统模块组成。

a. 任务。任务（Task）包含了工业机器人完成一项特定作业所需要的全部程序指令和数据，它是一个完整的 RAPID 应用程序。RAPID 任务由若干程序模块、系统模块组成，简单机器人系统通常只有一个任务；多机器人复杂控制系统，可通过多任务（Multitasking）软件，同步执行多个任务。任务的属性，可通过任务特性参数（Task Property Parameter）定义。

b. 程序模块。程序模块（Program Module）是 RAPID 应用程序的主体，它包括程序数据

（Program Data）、作业程序（Routine，ABB 说明书称例行程序）两部分。程序数据用来定义移动目标位置、工具、工件、作业参数等指令操作数；作业程序是用来控制机器人动作的指令（Instruction）集合。

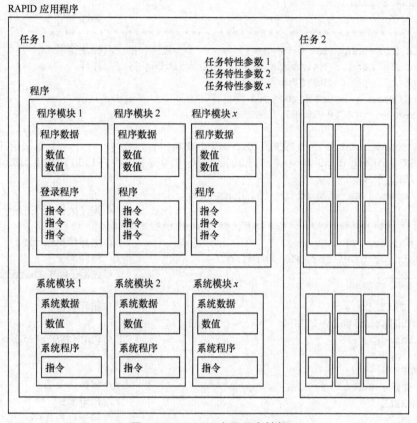

图3.1-2　RAPID应用程序结构

　　一个任务可有多个程序模块，其中，含有登录程序（Entry Routine，即主程序）的程序模块，用于程序的组织、管理和调度，故称主模块（Main Module）；其他程序模块，一般用来实现某一特定动作或功能，其程序可被主模块中的主程序调用。

　　c．系统模块。系统模块（System Module）是用来定义控制系统功能和参数的程序。机器人控制系统实际上是一种可用于不同用途、不同规格、不同功能机器人控制的通用装置，当它用于特定机器人控制时，需要由系统模块来定义机器人系统的软硬件功能、规格结构等个性化的参数。

　　系统模块同样由程序和数据组成，但这一程序与数据需要由工业机器人的生产厂家定义，用户一般不可更改，而且需要在控制系统启动时自动加载。因此，它与用户编程无关，本书也将不再对其进行说明。

二、RAPID程序模块格式

1．示例与说明

RAPID 程序模块是应用程序的主体，它包含了机器人作业的全部数据与指令，需要编程人员编制。程序模块的结构较为复杂，主模块是应用程序不可缺少的基本模块，其结构、格式如下。模块中的指令行"!**…*"是用于分隔的特殊注释行，不具备任何控制功能。

```
%%%
 VERSION:1
 LANGUAGE:ENGLISH
%%%                                              // 标题
!*****************************************************
MODULE MIG_mainmodu                              // 模块声明
 ! Module name : Mainmodule for MIG welding      // 注释
 ! Robot type : IRB 2600
 ! Software : RobotWare 6.01
 ! Created : 2019-06-01
 ……
 PERS tooldata tMIG1 := [TRUE,[[0,0,0],[1.0,0,0]] , [1,[0,0,0], [1.0,0,0],0,0,0]] ;
 CONST robtarget p0 := [[0,0,500],[1.0,0,0],[-1,0,-1,1],[9E9,9E9,9E9,9E9,
 9E9,9E9]] ;
 VAR speeddata vrapid := [500,30,250,15]
 ……                                             // 程序数据定义指令
!*****************************************************
PROC mainprg ()                                  // 主程序 mainprg
 ! Main program for MIG welding                  // 注释
 Initall ;                                       // 调用子程序 Initall
 ……
WHILE TRUE DO                                     // 循环执行
 IF di01WorkStart=1 THEN
 rWelding;                                        // 调用子程序 rWelding
 ……
 ENDIF
 WaitTime 0.3 ;                                   // 暂停
 ENDWHILE                                         // 结束循环
ERROR                                             // 错误处理程序
 IF ERRNO = ERR_GLUEFLOW THEN
 ……
 ENDIF                                            // 错误处理程序结束
ENDPROC                                           // 主程序 mainprg 结束
!*****************************************************
PROC Initall()                                    // 子程序 Initall
 AccSet 100,100 ;                                 // 加速度设定
 VelSet 100, 2000 ;                               // 速度设定
 rCheckHomePos ;                                  // 调用子程序 rCheckHomePos
 ……
 IDelete irWorkStop ;                             // 中断复位
 CONNECT irWorkStop WITH WorkStop ;               // 定义中断程序
 ISignalDI diWorkStop, 1, irWorkStop ;            // 定义中断、启动中断监控
ENDPROC                                           // 子程序 Initall 结束
!*****************************************************
PROC rCheckHomePos ()                             // 子程序 rCheckHomePos
 IF NOT CurrentPos(p0, tMIG1) THEN                // 调用功能程序 CurrentPos
 MoveJ p0, v30, fine, tMIG1\WObj := wobj0 ;
 ……
 ENDIF
```

```
ENDPROC                                    // 子程序 rCheckHomePos 结束
!***********************************************************
FUNC bool CurrentPos(robtarget ComparePos, INOUT tooldata CompareTool)
                                           //功能程序 CurrentPos
  VAR num Counter:= 0 ;
  VAR robtarget ActualPos ;
  ActualPos:=CRobT(\Tool:=CompareTool \WObj:=wobj0) ;
  IF ActualPos.trans.x>ComparePos.trans.x-25 AND ActualPos.trans.x <ComparePos.
  trans.x +25 Counter:=Counter+1 ;
  ……
  RETURN Counter=7 ;                       // 返回 CurrentPos 状态
ENDFUNC                                    // 功能程序 CurrentPos 结束
!***********************************************************
TRAP WorkStop                              // 中断程序 WorkStop
  TPWrite "Working Stop" ;
  bWorkStop :=TRUE ;
  ……
ENDTRAP                                    // 中断程序 WorkStop 结束
!***********************************************************
PROC rWelding()                            // 子程序 rWelding
  MoveJ p1, v100, z30, tMIG1\WObj := station ; // p0→p1
  ……
ENDPROC                                    // 子程序 rWelding 结束
ENDMODULE                                  // 主模块结束
!***********************************************************
```

RAPID 程序模块的第一部分称为标题，标题之后为程序数据，随后依次为主程序及各类子程序。程序及数据需要使用标识区分。

① 标题。标题（Header）是程序的简要说明文本，它可根据实际需要添加，无强制性要求。RAPID 程序标题以字符"%%%"作为开始、结束标记。

② 注释。注释（Comment）是为了方便程序阅读所附加的说明文本。注释只能显示，而不具备任何其他功能，设计者可根据要求自由添加或省略。注释指令以符号"!"（指令 COMMENT 的简写）作为起始标记，以换行符结束。

③ 指令。指令（Instruction）是系统的控制命令，它用来定义系统需要执行的操作，如指令"PERS tooldata tMIG1:= ……"用来定义系统的工具数据 tMIG1；指令"MoveJ p1, v100, z30,……"用来定义机器人运动等。

④ 标识。标识（Identifier）又称名称，它是应用程序构成元素的识别标记。如指令"PERS tooldata tMIG1:= ……"中的"tMIG1"，就是某一作业工具的工具数据（Tooldata）名称；指令"VAR speeddata vrapid := ……" 中的 vrapid，则是机器人特定移动速度的名称等。

RAPID 程序标识用不超过 32 字的 ISO 8859-1 标准字符定义，首字符必须为字母，后续字符可为字母、数字或下划线"_"，但不能使用空格及已被系统定义为指令、函数名称的系统专用标识（称保留字）。在同一控制系统中，标识原则上不可重复使用，也不能仅通过字母大小写来区分。

2. 程序模块格式

RAPID 程序模块包括程序数据和作业程序，程序数据利用程序数据定义指令定义，作业程序由主程序及各类子程序组成。

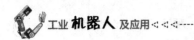

主程序（Main Program，登录程序）具有程序组织与管理功能，是程序自动运行必需的启动程序，它必须作为模块的起始程序，紧接在程序数据之后。子程序由主程序进行调用，根据功能与用途，RAPID 子程序分为普通程序（Procedures，PROC）、功能程序（Functions，FUNC）、中断程序（Trap Routines，TRAP）3 类。子程序可根据实际需要编制，简单程序甚至可不使用子程序；子程序可编制在主模块或其他程序模块中。

RAPID 主模块的基本格式如下。

```
MODULE 模块名称（属性）；                              // 模块声明（模块起始）
模块注释
程序数据定义
主程序
子程序1
……
子程序n
ENDMODULE                                            // 模块结束
```

程序模块以模块声明（Module Declaration）起始，以"ENDMODULE"结束。模块声明用来定义模块名称、属性，它以"MODULE"起始，随后为模块名称（如 MIG_mainmodu 等）。如需要，还可在模块名称后，用括号附加模块属性参数。模块声明中的模块名称可用示教器编辑与显示，但模块属性参数只能通过离线编程软件编辑，不能在示教器上显示。程序模块的属性参数有 SYSMODULE（系统模块）、NOVIEW（可执行、不能显示）、NOSTEPIN（不能单步执行）、VIEWONLY（只能显示）、READONLY（只读）等。

模块声明之后，可根据需要添加模块注释（Module Comment），注释之后为程序数据。程序数据需要利用 RAPID 数据声明指令定义，工具数据、工件数据（Wobjdata）、工艺参数、作业起点等数据，通常是作业程序共用的基本数据，一般需要在主模块中定义。

程序数据之后为主程序，各类子程序安排在主程序之后。程序结束后，以模块结束标记"ENDMODULE"结束模块。

三、RAPID作业程序格式

根据程序功能与调用方式，RAPID 程序分为普通程序（PROC）、功能程序（FUNC）、中断程序（TRAP）3 类，其中，普通程序既可作主程序，也可作子程序。不同类别的程序格式与要求分别如下。

1. 主程序

主程序是用来组织、调用子程序的管理程序，每一主模块都需要有一个主程序。RAPID 主程序采用的是普通程序格式，程序基本结构如下。

```
PROC 主程序名称（参数表）
程序注释
一次性执行子程序
……
WHILE TRUE DO
循环子程序
……
执行等待指令
ENDWHILE
ERROR
```

错误处理程序
……
    ENDIF
ENDPROC

RAPID 主程序以程序声明（Routine Declaration）起始，以"ENDPROC"结束。程序声明用来定义程序的使用范围、类别、名称及程序参数，其定义方法见下文"实践指导"。

主程序名称（Procedure Name）可按 RAPID 标识要求定义，采用参数化编程的主程序，需要在程序名称后的括号内附加程序参数表（Parameter List）；不使用程序参数，程序名称后需要保留括号"()"。

主程序的声明后，同样可添加注释。注释后，通常为子程序调用、管理指令。子程序的调用方式与子程序的类别有关。

普通程序是主要的子程序，它可用于机器人作业控制或系统的其他处理。普通程序需要通过程序执行管理指令调用，并可根据需要选择无条件调用、条件调用、重复调用等方式。

中断程序是一种由系统自动、强制调用与执行的子程序，中断功能一旦启用（使能），只要中断条件满足，系统将立即终止现行程序，直接跳转到中断程序，而无须编制其他调用指令。

功能程序是专门用来实现复杂运算或特殊动作的子程序，执行完成后，可将运算或执行结果返回到调用程序。功能子程序可通过功能函数直接调用，同样无须编制专门的程序调用指令。

除了以上 3 类子程序外，主程序还可根据需要编制错误处理程序块（ERROR）。错误处理程序块是用来处理程序执行错误的特殊程序块，当程序执行出现错误时，系统可立即中断现行指令，跳转至错误处理程序块，并执行相应的错误处理指令；处理完成后，可返回断点，继续后续指令。错误处理程序块既可在主程序中编制，也可在子程序中编制或省略。若省略错误处理程序块，系统出现错误时将自动调用系统软件的错误处理程序对错误进行处理。

2. 普通程序

普通程序可用作主程序或子程序，它既可独立执行，也可被其他程序所调用，但不能向调用程序返回执行结果，故又称无返回值程序。

普通程序以程序声明起始，以"ENDPROC"结束。程序声明用来定义程序的使用范围、类别、名称及程序参数，其定义方法见下文"实践指导"。程序名称可按 RAPID 标识要求定义，采用参数化编程的普通程序，需要在程序名称后的括号内附加程序参数表；不使用程序参数，程序名称后需要保留括号"()"。程序声明之后，可编写各种指令，最后，以指令 ENDPROC 代表普通程序结束。

普通程序的基本格式如下。

PROC *程序名称（参数表）*
    程序指令
    ……
ENDPROC

普通程序作为子程序被其他程序调用时，可通过结束指令"ENDPROC"或程序返回指令"RETURN"，返回到原程序继续执行。

3. 功能程序

功能程序又称有返回值程序，这是一种用来实现用户自定义的特殊运算、比较等操作，能向调用程序返回执行结果的参数化编程程序。功能程序的调用需要通过程序中的功能函数进行，

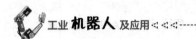

调用时不仅需要指定功能程序的名称，且必须对功能程序中的参数进行定义与赋值。

功能程序的作用与 RAPID 函数运算命令类似，它可作为标准函数命令的补充，完成用户的特殊运算和处理。

功能程序的基本格式如下。

```
FUNC 数据类型 功能名称（参数表）
    程序数据定义
    程序指令
    ……
    RETURN 返回数据
ENDFUNC
```

功能程序以程序声明起始，以"ENDFUNC"结束。程序声明用来定义程序的使用范围、类别、名称及程序参数，其定义方法见下文"实践指导"。程序声明后可编写各种指令，功能程序必须包含执行结果返回指令"RETURN"，程序最后以"ENDFUNC"结束。

4. 中断程序

中断程序是用来处理系统异常情况的特殊子程序，它由程序中的中断条件自动调用。如中断条件满足，控制系统将立即终止现行程序的执行，无条件调用中断程序。

功能程序以程序声明起始，以"ENDTRAP"结束。程序声明可用来定义程序的使用范围、类别、名称，但不能定义参数。

```
TRAP 程序名称
    程序指令
    ……
ENDTRAP
```

实践指导

一、程序声明与程序参数

1. 程序声明

RAPID 应用程序结构较复杂，任务可能包含多个模块、多个程序，为方便系统组织与管理，需要对模块、程序的使用范围、类别及参数化编程程序的参数等进行定义。用来定义程序模块、作业程序名称、属性等内容的指令称为模块声明或程序声明。

模块声明以"MODULE"起始，随后为模块名称。如需要，可在名称后，用括号附加模块属性。模块声明需要用离线编程软件编辑，示教器只能编辑、显示模块名称，本书不再对其进行说明。

程序声明指令用来定义程序的名称、属性、参数，它可直接利用示教器编辑，指令的基本格式及编制要求如下。

LOCAL　　PROC　　Procedures1（ num requi_par, INOUT VER num inout_par, … ）

　使用范围　程序类型　程序名称　　程序参数1　　　　　　程序参数2

① 使用范围。使用范围用来限定调用该程序的模块，可定义为全局（GLOBAL）或局域（LOCAL）。

全局程序可被任务中的所有模块调用，全局程序是系统默认设定，指令中可以省略，如

102

"PROC mainprg ()"即为全局程序。

局域程序只能由本模块调用，局域程序必须加"LOCAL"声明，且优先级高于全局程序。如任务中存在名称相同的全局程序和局域程序，系统将优先执行本模块的局域程序，与之同名的全局程序将无效。局域程序的结构、编程方法与全局程序并无区别，因此，在本书后述的内容中，一律以全局程序为例说明。

② 程序类型。程序类型是对程序作用和功能的规定，它可选择前述的普通程序、功能程序和中断程序 3 类。

③ 程序名称。程序名称是程序的识别标记，应按前述的 RAPID 标识规定定义。功能程序的名称前必须定义返回数据的类型。例如，用来计算数值型（num）数据的功能程序，名称前必须加"num"等。

④ 程序参数。程序参数用于参数化编程的程序，程序参数需要在程序名称的括号内附加。不使用参数化编程的普通程序无须定义程序参数，但需要保留名称后的括号；中断程序不能使用参数化编程功能，故名称后不能加括号；功能程序必须采用参数化编程和定义程序参数。

2. 程序参数定义

RAPID 程序参数简称参数，它是用于程序数据赋值、返回执行结果的中间变量，在参数化编程的普通程序、功能程序中必须定义。程序参数在程序名称后的括号内定义，允许有多个，不同程序参数用逗号分隔。

RAPID 程序参数的定义格式和要求如下。

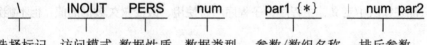

\	INOUT	PERS	num	par1 {*}	num par2
选择标记	访问模式	数据性质	数据类型	参数/数组名称	排斥参数

① 选择标记。前缀"\"的参数为可选参数，无前缀的参数为必需参数。可选参数通常用于以函数命令 Present（当前值）作为判断条件的 IF 指令。满足 Present 条件时，参数有效；否则，忽略该参数。

② 访问模式。访问模式用来定义参数的转换方式，可根据需要选择输入（IN）、输入/输出（IN/OUT）。IN 为系统默认的访问模式，无须标注。

输入参数（IN）在程序调用时需要指定初始值，在程序中，它可作为程序变量（VAR）使用。输入/输出参数不仅需要在程序调用时指定初始值，而且，在程序执行完成后，还能将执行结果保存到程序参数上，供其他程序继续使用。

③ 数据性质。数据性质用来定义程序参数的使用方法及保存、赋值、更新要求（见下述）。程序参数的性质可为程序变量（VAR）、永久数据（PERS），其中，程序变量为系统默认的数据，无须标注。

④ 数据类型。用来规定程序参数的数据格式。例如，十进制数值型数据为 num、逻辑状态型数据为 bool 等。

⑤ 参数/数组名称。参数名称是用 RAPID 标识表示的参数识别标记的，参数也可为数组，数组参数名称后需要加"{ * }"标记。

⑥ 排斥参数。用"｜"分隔的参数相互排斥，即执行程序时只能选择其中之一。排斥参数属于可选参数，它通常用于以函数命令 Present 作为 ON、OFF 判断条件的 IF 指令。

3. 数据性质

数据性质用来定义程序数据的使用方法及保存、赋值、更新要求，它不仅可用于程序参数，而且，它还是程序数据定义指令必需的标记。

RAPID 程序数据的性质有常量（Constant，CONST）、永久数据（Persistent，PERS）和程序变量（Variable，VAR）3 类。常量、永久数据保存在系统 SRAM 中，其值可保持；程序变量保存在系统 DRAM 中，数值仅对当前执行的程序有效，程序执行完成或系统复位时，将被清除。

常量、永久数据、程序变量的使用、定义方法如下。

① 常量。常量在系统中具有恒定的值。常量的值必须通过数据定义指令定义，常量的数值始终保持不变，程序执行完成也将继续保持。因此，它可供模块中的所有作业程序使用，通常需要在模块中定义。

常量值可利用赋值指令、表达式等方式定义，也可用数组一次性定义多个常量。例如：

```
CONST num a := 3 ;                              // 定义常量 a=3
CONST num index := a + 6 ;                      // 用表达式定义常量 index=9
CONST pos seq{3} := [[0, 0, 0], [0, 0, 500], [0, 0,1000]];
                                                // 用 1 价数组定义 3 个位置常量
CONST num dcounter_2 {2, 3} := [[ 9, 8, 7 ] , [ 6, 5, 4 ]] ;
                                                // 用 2 价数组定义 6 个常量
……
```

以上程序中的运算符"`:=`"为 RAPID 赋值符，其作用相当于等号"`=`"。有关 RAPID 表达式、数组的编程方法，将在本项目任务 2 中具体介绍。

② 永久数据。永久数据可定义初始值，数值可利用程序改变，程序执行结果能保存。永久数据同样只能在模块中定义，主程序、子程序中可使用、改变永久数据的值，但不能定义永久数据。

永久数据值可利用赋值指令、函数命令或表达式定义或修改。程序执行完成后，数值能保存在系统中，供其他程序或下次开机时使用。全局永久数据未定义初始值时，系统将自动设定十进制数值数据（num）的初始值为 0，布尔状态数据（bool）的初始值为 FALSE，字符串数据（string）的初始值为空白。例如：

```
MODULE mainmodu (SYSMODULE)                     // 永久数据只能在模块中定义
……
  PERS num a := 3 ;                             // 定义永久数据 a=3
  PERS num index := a + 5 ;                     // 用表达式定义永久数据 index =8
  PERS pos seq{3} := [[0, 0, 0], [0, 0, 500], [0, 0,1000]];
                                                // 用 1 价数组定义 3 个位置
  PERS num dcounter_2 {2, 3} := [[ 9, 8, 7 ] , [ 6, 5, 4 ]] ;
                                                // 用 2 价数组定义 6 个常数
……
ENDMODULE
```

③ 程序变量。程序变量（简称变量）是可供模块、程序自由定义、自由使用的程序数据。程序变量的数值只对指定的程序有效。因此，它可根据需要，在作业程序中自由定义、使用。

变量值可通过程序中的赋值指令、函数命令或表达式任意设定或修改；在程序执行完成后，变量值将被自动清除。程序变量的初始值、定义方式与永久数据相同。例如：

```
VAR num counter ;                               // 定义 counter 初始值为 0
VAR bool bWorkStop ;                            // 定义 bWorkStop 初始值为 FALSE
```

```
VAR pos pHome ;                                      // 定义 pHome 初始值为[0, 0, 0]
VAR string author_name ;                             // 定义 author_name 初始值为空白
......
VAR pos pStart := [100, 100, 50] ;                   // 定义 pSstart 及[100, 100, 50]
author_name := "John Smith" ;                        // 修改变量 author_name
VAR num index := a + b ;                             // 用表达式赋值
VAR num maxno{6} := [1, 2, 3, 9, 8, 7] ;             // 定义 1 价数组 maxno 并赋值
VAR pos seq{3} := [[0, 0, 0], [0, 0, 500], [0, 0,1000]];
                                                     // 定义 1 价 pos 数组并赋值
VAR num dcounter_2 {2, 3} := [[ 9, 8, 7 ] , [ 6, 5, 4 ]] ;
                                                     // 定义 2 价 num 数组并赋值
......
```

二、普通程序执行与调用

程序模块中的各类程序，可通过主模块中的主程序进行组织、管理与调用。其中，功能程序和中断程序需要通过程序中的功能函数和中断连接指令进行调用；普通程序可通过主程序中的程序执行管理指令选择一次性执行、循环执行，以及重复调用、条件调用等。

1．一次性执行

一次性执行的程序在主程序启动后，只执行一次。一次性执行的程序调用指令一般应在主程序起始位置编制，并以无条件调用指令调用。RAPID 子程序无条件调用指令 ProcCall 可直接省略，即对于无条件调用的子程序，只需要在程序行编写子程序名称。例如：

```
rCheckHomePos ;                      //无条件调用子程序 rCheckHomePos
rWelding;                            //无条件调用子程序 rWelding
......
```

一次性执行的子程序通常用于机器人的作业起点定位、程序数据的初始设定等，因此，常称之为"初始化程序"，并以 Init、Initialize、Initall、rInit、rInitialize 等命名。

2．循环执行

循环执行的程序可无限重复执行，程序调用一般通过 RAPID 条件循环指令"WHILE—DO"实现，调用指令的编程格式如下。

```
WHILE 循环条件 DO
    子程序名称（子程序调用指令）
    ......
    子程序名称（子程序调用指令）
    ......
    行等待指令
ENDWHILE
ENDPROC
```

控制系统执行条件循环指令 WHILE 时，如循环条件满足，则可执行 WHILE 至 ENDWHILE 间的全部指令；ENDWHILE 指令执行完成后，返回 WHILE 指令，再次检查循环条件。如满足，则继续执行 WHILE 至 ENDWHILE 间的全部指令，如此循环。如 WHILE 条件不满足，系统将跳过 WHILE 至 ENDWHILE 间的全部指令，执行 ENDWHILE 后的其他指令。因此，如将子程序无条件调用指令（子程序名称）直接编制在 WHILE 至 ENDWHILE 指令间，只要 WHILE 循环条件满足，子程序便可循环执行。

WHILE 指令的循环条件可使用判别、比较式、逻辑状态，如果循环条件直接定义为逻辑状

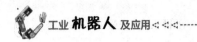

态 "TRUE"，系统将无条件重复 WHILE 至 ENDWHILE 间的循环指令。

3. 重复调用

普通程序的重复调用一般通过重复执行指令 FOR 实现，子程序调用指令（子程序名称）编写在指令 FOR 至 ENDFOR 之间。

重复执行指令 FOR 的编程格式及功能如下。

```
FOR 计数器 FROM 计数起始值 TO 计数结束值 [STEP 计数增量 ] DO   // 重复执行指令
   子程序调用
   ……
ENDFOR                                              // 重复执行指令结束
```

FOR 指令可通过计数器的计数，对 FOR 至 ENDFOR 之间的指令重复执行指定的次数。指令的重复执行次数，由计数起始值 FROM、结束值 TO 及计数增量 STEP 控制；计数增量 STEP 的值可为正整数（加计数）、负整数（减计数），或者直接省略，由系统自动选择默认值 "+1" 或 "–1"。

如执行 FOR 指令时，计数器的当前值介于起始值 FROM 与结束值 TO 之间，系统将执行 FOR 至 ENDFOR 之间的指令，并使计数器的当前值增加（加计数）或减少（减计数）一个增量；然后，返回 FOR 指令，再次进行计数值的范围判断，并决定是否重复执行 FOR 至 ENDFOR 之间的指令。如计数器的当前值不在起始值 FROM 和结束值 TO 之间，执行 FOR 指令时，系统将直接跳过 FOR 至 ENDFOR 之间的指令。

4. IF 条件调用

RAPID 条件执行指令 IF 可使用 "IF—THEN" "IF—THEN—ELSE" "IF—THEN—ELSEIF—THEN—ELSE" 等形式编程，利用这些指令，就可实现以下不同的子程序条件调用功能。

使用 "IF—THEN" 指令条件调用的子程序，可将子程序无条件调用指令（子程序名称）编写在指令 IF 与 ENDIF 之间，此时，如系统满足 IF 条件，子程序将被调用；否则，子程序将被跳过。

例如，对于以下程序，如执行 IF 指令时，寄存器 reg1 的值小于 5，系统可调用子程序 work1，work1 执行完成后，执行指令 Reset do1；否则，将跳过子程序 work1，直接执行 Reset do1 指令。

```
IF reg1<5 THEN
   work1 ;
ENDIF
   Reset do1 ;
……
```

使用 "IF—THEN—ELSE" 指令条件调用子程序时，可根据需要，将子程序无条件调用指令（子程序名称）编写在指令 IF 与 ELSE，或 ELSE 与 ENDIF 之间。当 IF 条件满足时，可执行 IF 与 ELSE 间的子程序调用指令，跳过 ELSE 与 ENDIF 间的子程序调用指令；如 IF 条件不满足，则跳过 IF 与 ELSE 间的子程序调用指令，执行 ELSE 与 ENDIF 间的子程序调用指令。指令 "IF—THEN—ELSEIF—THEN—ELSE" 可设定多重执行条件，子程序调用指令（子程序名称）可根据实际需要，编写在相应的位置。

5. TEST 条件调用

普通子程序的条件调用，也可通过 RAPID 条件测试指令 TEST，以 "TEST—CASE" 或 "TEST—CASE—DEFAULT" 的形式编程。

条件测试指令可通过对 TEST 测试数据的检查，按 CASE 规定的测试值，选择需要执行的指令，CASE 的使用次数不受限制，DEFAULT 测试可根据需要使用或省略。

利用 TEST 条件测试指令调用子程序的编程格式如下。

```
TEST 测试数据
CASE 测试值，测试值，……:
    调用子程序；
CASE 测试值，测试值，……:
    调用子程序；
......
DEFAULT:
    调用子程序；
ENDTEST
......
```

拓展提高

一、功能程序及调用

1. 功能程序调用

RAPID 功能程序是用来实现某些复杂运算、比较、判别等用户自定义功能的特殊程序，它可作为 RAPID 标准函数命令的补充，完成用户所需的复杂运算、比较、判别等处理。

功能程序是一种参数化编程的子程序，调用功能程序时，需要通过程序参数对功能程序中所使用的变量进行赋值；程序执行完成后，可将执行结果返回到调用程序。

功能程序的调用，需要通过程序中的功能函数实现。功能函数就是功能程序的名称，它可由用户自行定义。功能函数不仅可作为函数运算命令，用来计算、赋值程序数据，而且，也可直接作为程序中的判断、比较条件。例如：

```
PROC mainprg ()
    ......
    VAR num Count1 :=1               // 功能程序 pStart 参数赋值
    VAR pos p1_pos :=[100, 100, 100] // 功能程序 veclen 参数赋值
    VAR robtarget p2 := ......        // 功能程序 CurrentPos 参数赋值 1
    VAR tooldata tMIG1 := ......      // 功能程序 CurrentPos 参数赋值 2
    ......
    p0 := pStart(Count1) ;           // 调用功能子程序 pStart，计算程序数据 p0
    work_Dist :=veclen(p1_pos) ; // 调用功能子程序 veclen，计算程序数据 work_Dist
    IF NOT CurrentPos(p2, tMIG1) THEN   // 调用功能子程序 CurrentPos，作为 IF 条件
    ......
ENDPROC
```

在上述程序 PROC mainprg ()中，程序数据 p0、work_Dist，分别需要调用用户自定义功能程序 pStart、veclen，利用功能程序返回的执行结果进行赋值；功能程序 pStart、veclen 的输入参数，分别通过赋值指令"VAR num Count1""VAR pos p1_pos"直接定义。用户自定义功能程序 CurrentPos 的返回数据，被直接用作指令 IFNOT 的判断条件；其输入参数 p2、tMIG1，分别通过赋值指令"VAR robtarget p2""VAR tooldata tMIG1"直接定义。

2. 功能程序与声明

用来实现以上功能的功能程序示例如下，程序中所涉及的程序数据、表达式、函数等概念，

将在本书后述内容中具体说明。

```
!************************************************
FUNC robtarget pStart (num nCount)          // 功能程序 pStart 声明
  VAR robtarget pTarget ;                   // 定义程序数据 pTarget
  TEST nCount                               // 利用 TEST 指令确定 pTarget 值
    CASE 1:
    pTarget:= Offs(p0, 200, 200, 500) ;
    ......
  ENDTEST
  RETURN pTarget ;                          // 返回 pTarget 值
ENDFUNC
!************************************************
FUNC num veclen(pos vector)                 // 功能程序 veclen 声明
    RETURN sqrt(quad(vector.x) + quad(vector.y) + quad(vector.z));
                                            // 计算位置数据 vector 的 $\sqrt{x^2+y^2+z^2}$ 值，并返回结果

ENDFUNC
!************************************************
FUNC bool CurrentPos(robtarget ComparePos, tooldata CompareTool)
                                            // 功能程序 CurrentPos 声明
    VAR num Counter:= 0 ;                    // 定义程序数据 Counter 及初值
    VAR robtarget ActualPos ;               // 定义程序数据 ActualPos
    ActualPos:=CRobT(\Tool:= CompareTool\WObj:=wobj0) ;  // 实际位置读取
  IF ActualPos.trans.x>ComparePos.trans.x-25 AND ActualPos.trans.x <ComparePos.
trans.x +25 Counter:=Counter+1 ;          // 判别 x 轴位置
    ......
    IF ActualPos.rot.q1>ComparePos.rot.q1-0.1 AND ActualPos.rot.q1 <ComparePos.
rot.q1 +0.1 Counter:=Counter+1 ;          // 判别工具姿态参数 q1
    ......
    RETURN Counter=7 ;                      // 判断 Counter=7，返回逻辑状态
ENDFUNC
!************************************************
```

① 功能程序 pStart。该程序用来计算机器人工具控制点（TCP）位置数据 p0，其 RAPID 数据类型为 robtarget（TCP 位置型数据），因此，功能程序声明为"FUNC robtarget pStart"。程序的输入参数在程序中的名称定义为"nCount"，其 RAPID 数据类型为 num（数值型数据）；由于访问模式为 IN、数据性质 VAR 均为系统默认值，因此，程序声明中的程序参数为"（num nCount）"。

功能程序 pStart 的计算结果保存在程序数据 pTarget 上，该数据需要返回至主程序 PROC mainprg ()，作为程序数据 p0 的值，因此，程序的返回指令为"RETURN pTarget"。

② 功能程序 veclen。该程序用来计算程序点 p1 至坐标原点的空间距离 work_Dist，其 RAPID 数据类型为 num（数值型数据），因此，功能程序声明为"FUNC num veclen"。程序的输入参数在程序中的名称定义为"vector"，其 RAPID 数据类型为"pos"（x、y、z 坐标值），由于访问模式为 IN、数据性质 VAR 均为系统默认值，因此，程序声明中的程序参数为"（pos vector）"。

程序点（x，y，z）到原点的空间距离计算式为 $\sqrt{x^2+y^2+z^2}$，可通过 RAPID 标准函数命令 sqrt（平方根）、quad（平方）的运算直接实现。在 RAPID 程序中，表达式可代替程序数据编程，因此，功能程序 veclen 的数据返回指令 RETURN，直接使用了表达式"sqrt(quad(vector.x) + quad(vector.y) + quad(vector.z))"的运算结果。

③ 功能程序 CurrentPos。该程序用来生成 IF NOT 指令的逻辑判断条件，程序可通过返回指令"RETURN Counter=7"，返回逻辑状态"TRUE（Counter=7）"或"FALSE（Counter≠7）"。功能程序 CurrentPos 返回数据的 RAPID 数据类型为 bool（逻辑状态数据），因此，功能程序声明为"FUNC bool CurrentPos"。返回数据（Counter=7）需要通过基准位置、基准工具与现行位置、现行工具的比较生成，程序需要 2 个输入参数 ComparePos（机器人基准位置，数据类型 robtarget）、CompareTool（基准工具，数据类型 tooldata），因此，声明中的程序参数为"（robtarget ComparePos, tooldata CompareTool）"。程序涉及的机器人位置、工具数据较为复杂，可参见本书后述相关内容。

二、中断程序及调用

1. 中断连接

中断程序 TRAP 是用来处理异常情况的特殊子程序，它可根据程序指令所设定的中断条件，由系统自动调用。中断功能一旦启用（使能），只要中断条件满足，系统可立即终止现行程序、直接转入中断程序，而无须进行其他编程。

中断功能启用后，系统就可能在程序执行的任意位置随时调用中断程序 TRAP，因此，中断程序不能使用参数化编程功能，程序声明中不需要定义参数，也不需要在程序名称后添加程序参数的括号。

使用中断功能时，需要在调用程序上编制中断连接指令（CONNECT—WITH），以建立中断条件和中断程序间的连接；同时，还需要在程序中定义对应的中断条件（亦称中断名称）。中断连接指令的编程格式如下。

```
……
CONNECT 中断条件 WITH 中断程序 ;
ISignalDI DI 信号, 1, 中断条件;
……
```

程序中的指令"CONNECT—WITH"用来建立中断条件和中断程序的连接，指令 ISignalDI 用来定义中断条件。中断条件定义指令又称中断设定指令，它通常紧接在中断连接指令之后编程，不同的中断条件需要使用不同的中断设定指令。例如，指令 ISignalDI 为开关量输入（DI）信号中断，ISignalDO 为开关量输入（DO）信号中断等。以上指令一经执行，系统的中断功能将被启用并一直保持有效。

在 RAPID 程序中，中断连接指令、中断程序可以编制多个；每一个中断条件只能连接（调用）唯一的中断程序。但是，同一中断程序可以被不同的中断条件连接（调用）。中断连接一旦建立，所定义的中断功能将自动生效。例如，作业程序存在不允许中断的特殊动作，可通过中断禁止/使能指令 Idisable/IEnable，来暂时禁止/使能中断功能，或者用中断停用/启用指令 Isleep/Iwatch 来停用/启用指定的中断。

2. 中断程序示例

中断连接指令一旦执行，中断功能便将启用，因此，中断连接指令通常编制在一次性执行的主程序或初始化子程序中。中断条件（名称）为 RAPID 特殊的数值型数据 intnum，它通常需要在程序模块中予以定义。

例如，利用系统开关量输入（DI 信号）P_WorkStop，调用中断程序 TRAP WorkStop 的程序示例如下。

```
MODULE mainmodu (SYSMODULE)                          // 主模块
  ……
  VAR intnum P_WorkStop ;                            // 定义中断条件
  ……
ENDMODULE
! **************************************************
PROC main ()                                         // 主程序
  ……
  CONNECT P_WorkStop WITH WorkStop ;                 // 中断连接
  ISignalDI di0, 0, P_WorkStop ;                     // 中断设定
  ……
  IDelete P_WorkStop ;                               // 删除中断
  ……
ENDPROC
! ******************************************************
TRAP WorkStop                                        // 中断程序
  ……
ENDTRAP
! ******************************************************
```

在以上程序中，指令"CONNECT P_WorkStop WITH WorkStop"用来建立中断条件"P_WorkStop"和中断程序"TRAP WorkStop"之间的连接。指令"ISignalDI di0, 0, P_WorkStop"用来定义中断条件。例如，系统 DI 信号 P_WorkStop 的状态为"0"，中断条件"P_WorkStop"便将满足，系统可立即终止现行程序，直接转入中断程序 TRAP WorkStop。

技能训练

结合本任务的内容，完成以下练习。

一、不定项选择题

1. 工业机器人程序指令的基本组成是（　　　）。
   A. 行号　　　　　　 B. 指令码　　　　　 C. 注释　　　　　 D. 操作数
2. 以下对工业机器人编程理解正确的是（　　　）。
   A. 编程语言、指令代码相同　　　　 B. 操作数的定义方法相同
   C. ABB 机器人使用 RAPID 语言　　　 D. 不同厂家的程序可以通用
3. 以下对工业机器人编程方法理解错误的是（　　　）。
   A. 现场编程只能是示教编程　　　　 B. 在线编程只能是示教编程
   C. 虚拟仿真编程一定要离线　　　　 D. 虚拟仿真必须有专门软件
4. 以下对工业机器人程序结构理解正确的是（　　　）。
   A. 线性结构一般无子程序　　　　　 B. 所有机器人程序都为线性结构
   C. 模块程序必须有子程序　　　　　 D. 所有机器人程序都为模块结构
5. 以下对 ABB 机器人"任务"理解正确的是（　　　）。
   A. 就是机器人的实际作业程序　　　 B. 是完整的 RAPID 应用程序
   C. 由系统模块、程序模块组成　　　 D. 任务可以有多个
6. 以下对 ABB 机器人"程序模块"理解正确的是（　　　）。
   A. 由程序数据、作业程序组成　　　 B. 是 RAPID 应用程序的主体

C. 程序模块可以有多个　　　　　　　　　D. 至少有 1 个主模块

7. 以下对 ABB 机器人"系统模块"理解正确的是（　　　）。
   A. 由系统数据、系统程序组成　　　　　　B. 用于机器人参数、功能定义
   C. 需要用户自行编制、安装　　　　　　　D. 用户可以对其进行编辑修改

8. 以下对 RAPID 程序模块编程格式与要求理解正确的是（　　　）。
   A. 必须有标题　　B. 必须有注释　　　　C. 标识可任意　　D. 注释可任意

9. 以下对 RAPID 主模块编程格式与要求理解正确的是（　　　）。
   A. 机器人可以不编制主模块　　　　　　　B. 必须包含主程序
   C. 模块必须包含全部子程序　　　　　　　D. 需要编制声明指令

10. 以下对 RAPID 主程序编程格式与要求理解正确的是（　　　）。
    A. 具有程序组织管理功能　　　　　　　　B. 所有程序模块都必须有
    C. 程序类型为 PROC　　　　　　　　　　D. 需要编制声明指令

11. 以下对 RAPID 子程序编程格式与要求理解正确的是（　　　）。
    A. 具有程序组织管理功能　　　　　　　　B. 所有程序模块都必须有
    C. 程序类型肯定为 PROC　　　　　　　　D. 需要编制声明指令

12. 以下对 RAPID 普通程序编程格式与要求理解正确的是（　　　）。
    A. 用 ENDPROC 指令结束　　　　　　　　B. 所有程序模块都必须有
    C. 必须有程序参数　　　　　　　　　　　D. 需要编制声明指令

13. 以下对 RAPID 功能程序编程格式与要求理解正确的是（　　　）。
    A. 用 ENDPROC 指令结束　　　　　　　　B. 所有程序模块都必须有
    C. 必须有程序参数　　　　　　　　　　　D. 需要编制声明指令

14. 以下对 RAPID 中断程序编程格式与要求理解正确的是（　　　）。
    A. 用 ENDPROC 指令结束　　　　　　　　B. 所有程序模块都必须有
    C. 必须有程序参数　　　　　　　　　　　D. 需要编制声明指令

15. RAPID 程序参数默认的访问模式、数据性质是（　　　）。
    A. IN、PERS　　B. INOUT、VAR　　　　C. IN、VAR　　　D. INOUT、PERS

16. 以下对常量（CONST）理解正确的是（　　　）。
    A. 数值恒定　　　　　　　　　　　　　　B. 数值可通过程序改变
    C. 保存在 SRAM 中　　　　　　　　　　　D. 程序结束后保持

17. 以下对永久数据（PERS）理解正确的是（　　　）。
    A. 数值恒定　　　　　　　　　　　　　　B. 数值可通过程序改变
    C. 保存在 SRAM 中　　　　　　　　　　　D. 程序结束后保持

18. 以下对程序变量（VAR）理解正确的是（　　　）。
    A. 数值恒定　　　　　　　　　　　　　　B. 数值可通过程序改变
    C. 保存在 SRAM 中　　　　　　　　　　　D. 程序结束后保持

19. 以下可在作业程序中定义的程序数据是（　　　）。
    A. CONST　　　　　B. PERS　　　　　　C. VAR　　　　　　D. 程序参数

20. 以下对 RAPID 普通子程序调用指令编程格式与要求理解正确的是（　　　）。
    A. 可直接用程序名称调用　　　　　　　　B. 必须用指令 ProcCall 调用

C. 能够返回执行结果　　　　　　　　D. 返回后能继续执行原程序

21. 循环执行的子程序，其编程指令一般需要使用（　　）。

　　A. FOR　　　　　　B. WHILE—DO　　　　C. IF—THEN　　　　D. TEST—CASE

22. 重复执行的子程序，其编程指令一般需要使用（　　）。

　　A. FOR　　　　　　B. WHILE—DO　　　　C. IF—THEN　　　　D. TEST—CASE

23. 条件执行的子程序，其编程指令一般需要使用（　　）。

　　A. FOR　　　　　　B. WHILE—DO　　　　C. IF—THEN　　　　D. TEST—CASE

24. 以下对 RAPID 功能子程序调用指令编程格式与要求理解正确的是（　　）。

　　A. 可直接用程序名称调用　　　　　　B. 必须用功能函数调用

　　C. 能够返回执行结果　　　　　　　　D. 返回后能继续执行原程序

25. 以下对 RAPID 中断子程序调用指令编程格式与要求理解正确的是（　　）。

　　A. 可直接用程序名称调用　　　　　　B. 必须中断连接指令调用

　　C. 能够返回执行结果　　　　　　　　D. 返回后能继续执行原程序

二、简答题

1. 简述示教编程、虚拟仿真编程的方法及优缺点。
2. 简述线性、模块结构程序的特点。
3. 简述 RAPID 程序模块的组成及各部分作用。
4. 简述 RAPID 标识的编写要求。
5. 简述 RAPID 功能程序的基本格式及编制要点。

三、程序分析题

1. 以下程序中，rWelding 为子程序名称、Reset do1 为机器人控制指令，试分析说明以下程序段的作用与功能。

```
FOR i FROM 1 TO 10 DO
  rWelding;
ENDFOR
  Reset do1 ;
  ……
```

2. 以下程序中，work1~work4 为子程序名称，Reset do1 为机器人控制指令，试分析说明以下程序段的作用与功能。

```
IF reg1<4 THEN
  work1 ;
ELSEIF reg1=4 OR reg1=5 THEN
  work2 ;
ELSEIF reg1<10 THEN
  work3 ;
ELSE
  work4 ;
ENDIF
  Reset do1 ;
  ……
```

3. 以下程序中，work1~work4 为子程序名称，Reset do1 为机器人控制指令，试分析说明以下程序段的作用与功能。

```
TEST reg1
CASE 1, 2, 3:
  work1 ;
CASE 4, 5:
  work2 ;
CASE 6:
  work3 ;
DEFAULT:
  work4 ;
ENDTEST
  Reset do1 ;
  ......
```

••• 任务 2　RAPID 程序数据定义 •••

1. 熟悉 RAPID 数据声明指令。
2. 熟悉基本型、复合型数据的格式要求与定义方法。
3. 掌握 RAPID 表达式与运算指令的编程方法。
4. 掌握 RAPID 数据运算函数命令的编程方法。
5. 了解程序数据转换命令的编程格式与要求。

能力目标

1. 能编制 RAPID 数据声明指令。
2. 能进行基本型、复合型程序数据的编程。
3. 能进行表达式与运算指令的编程。
4. 能进行 RAPID 数据运算函数命令编程。
5. 知道程序数据转换命令的作用。

基础学习

一、程序数据定义指令

1. 数据声明指令格式

通过本项目任务 1 的学习，我们知道 RAPID 程序模块由程序数据、作业程序组成。程序数据是程序指令的操作数，它们通常需要在程序模块、作业程序的开始位置定义。

RAPID 程序数据的数量众多、格式各异。为了便于用户使用，控制系统出厂时，生产厂家已对部分常用的程序数据进行了预定义，这些数据可直接在程序中使用，编程时无须另行定义。系统预定义的程序数据数值在所有程序中都一致。

当机器人用于指定作业时，除了系统预定义的程序数据外，还需要有作业工具、工件、工艺参数、机器人 TCP 位置、移动速度等其他程序数据，这些数据都需要在模块或程序中予以定义。

一般而言，机器人的作业工具、工件数据、工艺参数，以及机器人作业起点与终点、作业移动速度等程序数据，是程序模块中各程序共用的基本程序数据，通常在程序模块的起始位置予以统一定义。如果程序数据只用于某一作业程序，这些数据则可在指定程序中，进行补充定义。

用来定义 RAPID 程序数据的指令称为数据声明（Data Declaration）指令。数据声明指令可对程序数据的使用范围、性质、类型、名称等内容进行规定，如需要，还可定义程序数据的初始赋值。

RAPID 数据声明指令的基本格式如下。

TASK	PERS	pos	segpos {2}	:= [[0, 0, 0], [200, −100, 500]]
使用范围	数据性质	数据类型	数据名称/个数	数据初始值

2. 编程要求

数据声明指令的编程要求如下。

（1）使用范围：用来规定程序数据的使用对象，即指定程序数据可用于哪些任务、模块和程序。使用范围可选择全局数据（GLOBAL）、任务数据（TASK）和局部数据（LOCAL）3 类。

全局数据是可供所有任务、所有模块和程序使用的程序数据，它在系统中具有唯一名称和唯一的值。全局数据是系统默认设定，故无须在指令中声明。

任务数据只能供本任务使用，局部数据只能供本模块使用；任务数据、局部数据声明指令只能在模块中编程，而不能在主程序、子程序中编程。局部数据是系统优先使用的程序数据，如系统中存在与局部数据同名的全局数据、任务数据，这些程序数据将被同名局部数据替代。

（2）数据性质：用来规定程序数据的使用方法及数据的保存、赋值、更新要求。RAPID 程序数据有常量、永久数据、程序变量和程序参数 4 类。其中，程序参数用于参数化编程的程序，它需要在相关程序的程序声明中定义。常量、永久数据、程序变量的特点及定义方法可参见本项目任务 1。

（3）数据类型：用来规定程序数据的格式与用途，程序数据类型由控制系统生产厂家统一规定。例如，十进制数值型数据的类型为"num"、二进制逻辑状态型数据的类型为"bool"、字符串（文本）型数据的类型为"string"、机器人 TCP 位置型数据的类型为"robtarget"等。

为了便于数据分类和检索，用户也可通过 RAPID 数据等同指令 ALIAS，对控制系统生产厂家定义的数据类型增加一个别名，这样的数据称为"等同型（alias）数据"。利用指令 ALIAS 定义的数据类型名，可直接代替系统数据类型名使用。

（4）数据名称/个数：数据名称是程序数据的识别标记，需要按 RAPID 标识的规定命名，原则上说，在同一系统中，程序数据的名称不应重复定义。数据类型相同的多个程序数据，也可用数组的形式统一命名，数组数据名后需要后缀"{数据元数}"标记。例如，当程序数据 segpos 为包含 2 个 (x, y, z) 位置数据的 2 元数组时，其数据名称为"segpos{2}"等。

（5）数据初始值：初始值用来定义程序数据的初始值，初始值必须符合程序数据的格式要求，它可为具体的数值，也可以为 RAPID 表达式的运算结果。如果数据声明指令未定义程序数据初始值，控制系统将自动取默认初始值。例如，十进制数值型数据的初始值默认为"0"、二进制逻辑状态型数据的初始值为"FALSE"、字符串型数据的初始值为"空白"等。

程序数据一旦定义，便可在程序中按系统规定的格式，对其进行赋值、运算等操作与处理。一般而言，类型相同的程序数据可直接通过 RAPID 表达式（运算式），进行算术、逻辑运算等处理，所得到的结果为同类数据；不同类型的数据原则上不能直接运算，但部分程序数据可通过 RAPID 数据转换函数命令转换格式。

RAPID 程序数据的形式多样，从数据组成与结构上说，有基本型（Atomic）数据、复合型（Recode）数据及数组 3 类，3 类数据的定义方法分别如下。

二、基本型数据定义

基本型数据在 ABB 机器人说明书中有时被译为"原子型数据"，它通常由数字、字符等基本元素构成。基本型数据在程序中一般只能整体使用，而不再进行分解。

机器人作业程序常用的基本型数据主要有数值型（num）/双精度数值型（dnum）、字节型（byte）、逻辑状态型（bool）、字符串型（string、stringdig）4 类，其组成特点、格式要求及编程示例如下。

1. 数值型数据

数值型数据是用十进制数值表示的数据，它们以"ANSI IEEE 754 IEEE Standard for Floating-Point Arithmetic"（二进制浮点数标准，等同于 ISO/IEC/IEEE 60559）格式存储。根据数据长度，数值型数据可分为单精度数值型（num，简称数值型）、双精度数值型（dnum）两类。

num 数据以 32 位二进制（4 字节）单精度（Single precision）格式存储，其中，数据位为 23 位、指数位为 8 位、符号位为 1 位。数据位可表示的十进制数值范围为 $-2^{23} \sim (2^{23}-1)$。dnum 数据以 64 位二进制（8 字节）双精度格式存储，其中，数据位为 52 位、指数位为 11 位、符号位为 1 位；数据位可表示的十进制数值范围为 $-2^{52} \sim +(2^{52}-1)$。dnum 数据一般只用来表示超过 num 型数据范围的特殊数值。

num、dnum 数据用来表示数值时，可使用十进制整数、小数、指数、二进制（bin）、八进制（oct）或十六进制（hex）等形式表示。在数值允许的范围内，num、dnum 数据可自动转换，并进行运算。

num、dnum 数据的小数位数有限，其计算可能是近似值，因此，通过运算得到的 num、dnum 数据一般不能用于"等于""不等于"比较运算；对于除法运算，即使商为整数，但系统也不认为它是准确的整数。

例如，对于以下程序，由于系统不认为 a/b 是准确的整数 2，因而 IF 的指令条件将永远无法满足。

```
a := 10 ;
b := 5 ;
IF a/b=2 THEN
……
```

num、dnum 数据的编程示例如下，系统默认的初始值为 0。

```
VAR num counter ;                  // 定义 counter 为 num 数据，初始值 0
counter :=250 ;                    // 数据赋值，counter =250
VAR num nCount :=1 ;               // 定义 nCount 为 num 数据并赋值 1
VAR dnum reg1 :=10000 ;            // 定义 reg1 为 dnum 数据并赋值 10000
VAR dnum bin := 0b11111111;        // 定义 bin 为二进制格式 dnum 数据并赋值 255
VAR dnum oct := 0o377;             // 定义 oct 为八进制格式 dnum 数据并赋值 255
```

```
VAR dnum hex := 0xFFFFFFFF ;          // 定义 hex 为十六进制 dnum 数据并赋值(2³²-1)
a := 10 DIV 3 ;                        // 数据 a=10÷3 的商（a=3）
b := 10 MOD 3 ;                        // 数据 b=10÷3 的余数（b=1）
……
```

数值型数据既可表示数值，也可用来表示控制系统的工作状态，因此，RAPID 程序中又分为多种类型。例如，用数值"0"或"1"表示开关量输入/输出信号（DI/DO）逻辑状态的 num 数据，称为 dionum 数据；用正整数 0～3 表示系统错误性质的 num 数据，称为 errtype 数据等。

为了避免歧义，在 RAPID 程序中，用来代表系统工作状态的 num 数据，通常用特定的文字符号来表示数值。例如，逻辑状态数据 dionum 的数值 0、1，通常用"FALSE""TRUE"表示（也可以用于编程）；系统错误性质数据 errtype 的数值 1、2、3，通常用"TYPE_STATE（操作提示）""TYPE_WARN（系统警示）""TYPE_ERROR（系统报警）"表示（也可用于编程）等。

2. 字节型、逻辑状态型数据

字节型数据在 RAPID 程序中称为 byte 数据，它们只能以 8 位二进制正整数的形式表示，其十进制的数值范围为 0～255。在程序中，字节型数据主要用来表示开关量输入/输出组信号的状态、进行多位逻辑运算处理。

逻辑状态型数据在 RAPID 程序中称为 bool 数据，它们只能用来表示二进制逻辑状态，数值 0、1 通常直接以字符"FALSE""TRUE"表示。在程序中，bool 数据也可直接用 TRUE、FALSE 赋值，进行比较、判断及逻辑运算，或者直接作为 IF 指令的判别条件。

byte、bool 数据的编程示例如下，如果仅定义数据类型，系统默认数据的初始值为 0 或 FALSE。

```
VAR byte data3 ;                       // 定义 data3 为 byte 数据，初始值 0(0000 0000)
VAR byte data1 := 38 ;                 // 定义 data1 为 byte 数据并赋值 38(0010 0110)
VAR byte data2 := 40 ;                 // 定义 data2 为 byte 数据并赋值 40(0010 1000)
data3 := BitAnd(data1, data2) ;        // 进行 8 位逻辑与运算，结果 data3=0010 0000
……
VAR bool flag1 ;                       // 定义 flag1 为 bool 数据，初始值 0（FALSE）
VAR bool active := TRUE;               // 定义 active 为 bool 数据并赋值 1（TRUE）
VAR bool highvalue ;                   // 定义 highvalue 为 bool 数据，初始值 0(FALSE)
VAR num reg1 ;                         // 定义 reg1 为 num 数据，初始值 0
highvalue := reg1 > 100 ;   // highvalue 赋值，reg1 > 100 时为 TRUE，否则为 FALSE
IF highvalue Set do1 ;                 // highvalue 为 TRUE 时，设定系统输出 do1 = 1
medvalue := reg1 > 20 AND NOT highvalue ;
 // medvalue 赋值，reg1 > 20 及 highvalue 为 0 时（20<reg1≤100）为 TRUE，否则为 FALSE
……
```

3. 字符串型数据

字符串型数据亦称文本（text），在 RAPID 程序中称为 string 数据，它们是由英文字母、数字及符号构成的特殊数据，RAPID 程序的 string 数据最大长度为 80 字符（ASCII）。

在 RAPID 程序中，string 数据的前后均需要用英文双引号（"）标记。如 string 数据本身含有英文双引号（"）或反斜杠（\），则需要用连续的 2 个双引号或反斜杠表示。

由纯数字 0～9 组成的特殊字符串型数据，在 RAPID 程序中称为 stringdig 型数据，它们可用来表示正整数的数值。用 stringdig 型数据表示的数值范围可达 $0 \sim 2^{32}$、大于 num 型数据（$2^{23}-1$）的值；stringdig 型数据还可直接通过 RAPID 函数命令（StrDigCalc、StrDigCmp 等），opcalc、opnum 型运算及比较符（LT、EQ、GT 等），在程序中进行算术运算和比较处理（见后述）。

string 数据的编程示例如下，如果仅定义数据类型，不进行赋值，系统默认其初始值为空白或 0。

```
VAR string text ;                    // 定义 text 为 string 数据，空白文本
text := "start welding pipe 1" ;     // text 赋值为 start welding pipe 1
TPWrite text ;                       // 示教器显示文本 start welding pipe 1
……
VAR string name := "John Smith";     // 定义 name 为 string 数据，并赋值 John Smith
VAR string text2 := "start " "welding\\pipe" " 2 ";
                                     // text2 赋值为 start "welding\\pipe" 2
TPWrite text2 ;                      // 示教器显示文本 start "welding\\pipe" 2
……
VAR stringdig digits1 ;              // 定义 digits1 为 stringdig 数据，初始值为 0
VAR stringdig digits2 := "4000000" ;
                                     // 定义 digits2 为 stringdig 数据并赋值 4000000
VAR stringdig res ;                  // 定义 res 为 stringdig 数据，初始值为 0
VAR bool flag1 ;                     // 定义 flag1 为 bool 数据，初始值为 0
……
digits1 := "5000000" ;              // 定义 digits1 为 stringdig 数据并赋值 5000000
flag1 := StrDigCmp (digits1, LT, digits2) ;
              // stringdig 数据比较，如 digits1 > digits2，bool 数据 flag1 为 TRUE
res := StrDigCalc(digits1, OpAdd, digits2) ;
                             // stringdig 数据加法运算（digits1 + digits2）
……
```

三、复合型数据与数组定义

1. 复合型数据

复合型数据是由多个数据按规定格式复合而成的数据，在 ABB 机器人说明书中有时译为"记录型"数据。复合型数据的数量众多，例如，用来表示机器人位置、移动速度、工具、工件的数据均为复合型数据。

复合型数据的构成元可以是基本型数据，也可以是其他复合型数据。例如，用来表示机器人 TCP 位置的 robtarget 数据，是由 4 个构成元[trans，rot，robconf，extax] 复合而成的多重复合数据，其中，构成元 trans 是由 3 个 num 型数据[x，y，z]复合而成的 (x, y, z) 坐标数据（pos 数据）；构成元 rot 是由 4 个 num 数据[q1，q2，q3，q4]复合而成的工具姿态四元数（rot 数据）；构成元 robconf 是由 4 个 num 数据[cf1，cf4，cf6，cfx]复合而成的机器人姿态数据（confdata 数据）；构成元 extax 是由 6 个 num 数据[e1，e2，e3，e4，e5，e6]复合而成的机器人外部轴关节位置数据（extjoint 数据）等。

在 RAPID 程序中，复合型数据既可整体使用，也可只使用其中的某一部分，或某一部分数据的某一项。复合型数据、复合型数据的构成元均可用 RAPID 表达式、函数命令进行运算与处理。例如，机器人 TCP 位置数据 robtarget，既可整体用作机器人移动的目标位置，也可只取其 (x, y, z) 坐标数据 trans（pos 数据），或 (x, y, z) 坐标数据 trans 中的坐标值 x（num 数据），对其进行单独定义，或参与其他 pos 型数据、num 型数据的运算。

在 RAPID 程序中，复合数据的构成元、数据项可用"数据名.构成元名""数据名.构成元名.数据项名"的形式引用。例如，机器人 TCP 位置型数据 p0 中的 (x, y, z) 坐标数据 trans，可用"p0.trans"的形式引用；而 (x, y, z) 坐标数据 trans 中的坐标值 x 项，则可用"p0.trans.x"的形式引用等。有关复合型数据的具体格式、定义要求，将在本书后述的内容中，结合编程指

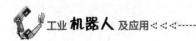

令进行详细介绍。

复合型数据的编程示例如下，如仅定义数据类型，系统默认其初始的数值为 0，姿态为初始状态。

```
VAR robtarget p0 ;                 // 定义 p0 为复合型 TCP 位置数据，初始状态
VAR robtarget p1 := [ [0, 0, 10], [1, 0, 0, 0], [1, 1,0, 0], [ 0, 0, 9E9,
9E9, 9E9, 9E9] ] ;                 // 定义 p1 为复合型 TCP 位置数据，并整体赋值
VAR robtarget pos2 ;               // 定义 pos2 为复合型 TCP 位置数据，初始状态
VAR pos p2 := [100, 100, 200] ;    // 定义复合型（x, y, z）坐标数据并赋值
VAR pos pos3 ;                     // 定义复合型（x, y, z）坐标数据，初始值 0
……
p0 := [ [0, 0, 0], [1, 0, 0, 0], [1, 1,0, 0], [ 0, 0, 9E9, 9E9, 9E9, 9E9] ] ;
                                   // 复合型 TCP 位置数据 p0 整体赋值
pos2. trans := p2 ;                // 仅对复合型 TCP 位置数据 pos2 的 trans 部分赋值
pos3.x := 500.21 ;                 // 仅对复合型（x, y, z）坐标数据 pos3 的 x 坐标赋值
……
```

2. 数组

为了减少指令、简化程序，类型相同的多个程序数据可用数组的形式，进行一次性定义。多个数组数据还可用复合数组（多价数组）的形式定义，复合数组所包含的数组数，称为数组价数或维数。每一数组所包含的数据数，称为数据元数。

以数组形式定义的程序数据，其数据名称相同。对于 1 价（1 维）数组，定义时需要在数组名称后附加"{元数}"标记；引用数据时，需要在数组名称后附加"{元序号}"标记。对于多价（多维）数组，定义时需要在名称后附加"{价数，元数}"标记；引用数据时，需要在数组名称后附加"{阶序号，元序号}"标记。

RAPID 数组数据的定义及引用示例如下，如仅定义数据类型，系统默认初始值为 0。

```
……
VAR num dcounter_1 {5} := [ 9, 8, 7, 6, 5 ] ;
                                   // 1 价、5 元 num 数组定义并赋值
reg1 := dcounter_1 {3} ;          // 1 价、5 元 num 数组数据引用，reg1=7
VAR pos seq{3} := [[0, 0, 0], [0, 0, 500], [0, 0,1000]];
                                   // 1 价、3 元 pos 数组定义并赋值
pos1 := seq{2}                     //1 价、3 元 pos 数组数据引用，pos1=[0, 0, 500]
……
VAR num dcounter_2 {2, 3} := [[ 9, 8, 7 ] , [ 6, 5, 4 ]] ;
                                   // 2 价、3 元 num 数组定义并赋值
reg2 := dcounter_2 {1, 2}          // 2 价、3 元 num 数组数据引用，reg2=8
reg3 := dcounter_2 {2, 3}          // 2 价、3 元 num 数组数据引用，reg3=4
……
```

实践指导

一、表达式与运算指令

1. 表达式及编程

在 RAPID 程序中，程序数据的值既可直接利用赋值指令":="定义，也可利用表达式、运

算指令或函数命令进行定义。

表达式是用来计算程序数据数值、逻辑状态的算术/逻辑运算式或比较式。在 RAPID 程序中，表达式可用于程序数据的赋值、IF 指令判断条件定义等场合。

表达式中的运算数可以是程序数据，也可以是程序中定义的常量、永久数据和程序变量。表达式中的运算数需要用运算符连接，不同运算对运算数的格式（类型）有规定要求；简单四则运算和比较操作可使用基本运算符，复杂运算则需要用 RAPID 函数命令，或编制专门的功能程序。

RAPID 基本运算符的说明见表 3.2-1。

表 3.2-1 RAPID 基本运算符说明表

运算符		运算	运算数类型	编 程 示 例
算术运算	:=	赋值	任意	a := b
	+	加	num、dnum、pos、string	[x1, y1, z1]+[x2, y2, z2]=[x1+x2, y1+y2, z1+z2]； " IN " + " OUT " = " INOUT "
	−	减	num、dnum、pos	[x1, y1, z1]−[x2, y2, z2]=[x1−x2, y1−y2, z1−z2]
	*	乘	num、dnum、pos、orient	[x1, y1, z1] * [x2, y2, z2]=[x1*x2, y1*y2, z1*z2]； a * [x, y, z]=[a*x, a*y, a*z]
	/	除	num、dnum	a/b；a/2
逻辑运算	AND	逻辑与	bool	a AND b
	OR	逻辑或	bool	a OR b
	NOT	逻辑非	bool	NOT a
	XOR	异或	bool	a XOR b
比较运算	<	小于	num、dnum	（3 < 5）= TRUE；（5 < 3）= FALSE
	<=	小于等于	num、dnum	—
	=	等于	任意同类数据	（[0, 0, 100]=[0, 0, 100]）= TRUE； （[100, 0, 100]=[0, 0, 100]）= FALSE
	>	大于	num、dnum	—
	>=	大于等于	num、dnum	—
	<>	不等于	任意同类数据	（[0, 0, 100] <> [0, 0, 100]）= FALSE； （[100, 0, 100] <> [0, 0, 100]）= TRUE

RAPID 表达式的运算次序与通常的算术、逻辑运算相同，并可使用括号。在比较、逻辑运算混合表达式上，比较运算优先于逻辑运算，如运算式"a<b AND c<d"，首先进行的是 a<b、c<d 比较运算，然后，再对比较结果进行"AND"逻辑运算。

表达式的编程示例如下。

```
CONST num a := 3 ;
PERS num b := 5 ;
VAR num c := 10 ;
……
reg1 := c* (a+b) ;                    // 数值计算，reg1=80
val _ bit := a AND b ;                // 逻辑运算
highstatus := reg1>100 OR reg1<10;    // 比较、逻辑混合运算
pos1 := [100, 200, 2*a] ;             // 代替数值
```

```
WaitTime a+b ;                           // 代替操作数
IF a > 2 AND NOT highstatus THEN         // 作为 IF 指令判断条件
……
```

2. 运算指令及编程

程序数据的运算也可使用 RAPID 运算指令编程。RAPID 运算指令的功能较简单，它通常只能用于数值型数据 num、dnum 的清除，以及加、增/减 1 等基本运算，指令的编程格式及简要说明见表 3.2-2。

表 3.2-2　RAPID 运算指令及编程格式

名称			编程格式与示例
数值清除	Clear	编程格式	Clear　Name | Dname ;
		程序数据	Name 或 Dname：需清除的数据（num 或 dnum）
	简要说明		清除指定程序数据的数值
加运算	Add	编程格式	Add　Name | Dname, AddValue | AddDvalue ;
		程序数据	Name 或 Dname：被加数（num 或 dnum）； AddValue 或 AddDvalue：加数（num 或 dnum），可为负数
	简要说明		同类型程序数据加运算，结果保存在被加数上
数值增 1	Incr	编程格式	Incr　Name | Dname ;
		程序数据	Name 或 Dname：需增 1 的数据（num 或 dnum）
	简要说明		指定的程序数据数值增 1
数值减 1	Decr	编程格式	Decr　Name | Dname ;
		程序数据	Name 或 Dname：需减 1 的数据（num 或 dnum）
	简要说明		指定的程序数据数值减 1
指定位置位	BitSet	编程格式	BitSet　BitData | DnumData，BitPos
		程序数据	BitData 或 DnumData：需要置位的数据（num 或 dnum）； BitPos：需要置 1 的数据位
	简要说明		将 byte、dnum 型数据指定位的状态置 1
指定位复位	BitClear	编程格式	BitClear　BitData | DnumData, BitPos
		程序数据	BitData 或 DnumData：需要复位的数据（num 或 dnum）； BitPos：需要复位的数据位
	简要说明		将 byte、dnum 型数据指定位的状态置 0

RAPID 运算指令的编程示例如下。

```
Clear reg1 ;                             // reg1=0
Add reg1, 3 ;                            // reg1=reg1+3
Add reg1, -reg2 ;                        // reg1= reg1-reg2
Incr reg1 ;                              // reg1=reg1+1
BitSet data1, 8 ;                        // data1 的 bit8 置 1
……
```

二、数据运算函数命令

1. 命令与参数

RAPID 函数命令（简称函数或命令）相当于编程软件固有的功能程序，它可通过函数命令直接调用。与功能程序一样，RAPID 函数命令同样需要定义参数，参数数量、类型必须与函数命令的要求一致；函数命令的执行结果可直接用于程序数据赋值。

函数命令所需的运算参数，可为数值、已赋值的程序数据、表达式，或程序中定义的常量、永久数据、程序变量等。例如：

```
reg1 := Sin(45) ;                        // 用数值指定参数
angle1 := ATan2(y_value, x_value) ;      // 用程序变量指定参数
angle2 := ATan2(a :=2, b :=2) ;          // 用表达式指定参数
……
```

RAPID 函数命令数量众多。算术和逻辑运算、字符串运算和比较是 RAPID 程序最常用的命令，说明如下。

2. 算术、逻辑运算函数

算术、逻辑运算函数命令可用于复杂算术运算、三角函数及多位逻辑运算，常用命令见表 3.2-3。

表 3.2-3　常用算术、逻辑运算函数命令说明表

函数命令		功能	编程示例
算术运算	Abs、AbsDnum	绝对值	val:= Abs(value)
	DIV	求商	val:= 20 DIV 3
	MOD	求余数	val:= 20 MOD 3
	quad、quadDmum	平方	val:= quad (value)
	Sqrt、SqrtDmum	平方根	val:= Sqrt(value)
	Exp	计算 e^x	val:= Exp(x_ value)
	Pow、PowDnum	计算 x^y	val:= Pow(x_ value, y_ value)
	Round、RoundDnum	小数位取整	val:= Round(value \Dec:=1)
	Trunc、TruncDnum	小数位舍尾	val:= Trunc(value \Dec:=1)
三角函数运算	Sin、SinDnum	正弦	val:= Sin(angle)
	Cos、CosDnum	余弦	val:= Cos(angle)
	Tan、TanDnum	正切	val:= Tan(angle)
	Asin、AsinDnum	−90°～90° 反正弦	Angle1:= Asin (value)
	Acos、AcosDnum	0°～180° 反余弦	Angle1:= Acos (value)
	ATan、ATanDnum	−90°～90° 反正切	Angle1:= ATan (value)
	ATan2、ATan2Dnum	y/x 的反正切	Angle1:= ATan (y_value, x_value)
多位逻辑运算	BitAnd、BitAndDnum	位 "与"	val _ byte:= BitAnd(byte1, byte2)
	BitOr、BitOrDnum	位 "或"	val _ byte:= BitOr(byte1, byte2)
	BitXOr、BitXOrDnum	位 "异或"	val _ byte:= BitXOr(byte1, byte2)
	BitNeg、BitNegDnum	位 "非"	val _ byte:= BitNeg(byte)
	BitLSh、BitLShDnum	左移位	val _ byte:= BitLSh(byte, value)
	BitRSh、BitRShDnum	右移位	val _ byte:= BitRSh(byte, value)
	BitCheck、BitCheckDnum	位状态检查	IF BitCheck(byte 1, value) = TRUE THEN

算术、逻辑运算命令的功能清晰、使用简单，简要说明如下。

① 算术运算命令。Round、Trunc 为取近似值命令，Round 为"四舍五入"，Trunc 为"舍尾"，添加项\Dec 用来指定小数位数，不使用\Dec 时，只保留整数。例如：

```
VAR num reg1 := 0.8665372 ;
VAR num reg2 := 0.6356138 ;
val1 := Round(reg1\Dec:=3) ;          // 保留 3 位小数、四舍五入, val1=0.867
val2 := Round(reg2) ;                 // 保留整数、四舍五入, val2=1
val3 := Trunc(reg1\Dec:=3) ;          // 保留 3 位小数、舍尾, val3=0.866
val4 := Trunc(reg2) ;                 // 保留整数、舍尾, val4=0
……
```

② 三角函数运算命令。命令 Asin 的计算结果为-90°～90°，Acos 的计算结果为 0°～180°；Atan 的计算结果为-90°～90°。Atan2 可根据 y、x 值确定象限，并利用 Atan (y/x) 求出角度，其计算结果为-180°～180°。例如：

```
VAR num value1 := 1 ;
VAR num value2 := -1 ;
val6 := Atan(value1) ;                // val6=45°
val7 := Atan(value2) ;                // val7=-45°
val8 := Atan2(value1, value1) ;       // val8=45°
val9 := Atan2(value1, value2) ;       // val9=135°
val10 := Atan2(value2, value1) ;      // val10=-45°
val11 := Atan2(value2, value2) ;      // val11=-135°
……
```

③ 多位逻辑运算命令。BitAnd、BitOr、BitXOr、BitNeg、BitLSh、BitRSh、BitCheck 用于字节型数据 byte 的 8 位逻辑操作。例如：

```
VAR byte data1 := 38 ;                // 定义 byte 数据 data1=0010 0110
VAR byte data2 := 40 ;                // 定义 byte 数据 data2=0010 1000
data3 := BitAnd(data1, data2) ;       // 8 位逻辑与运算 data3=0010 0000
data4 := BitOr(data1, data2) ;        // 8 位逻辑或运算 data4=0010 1110
data5 := BitXOr(data1, data2) ;       // 8 位逻辑异或运算 data5=0000 1110
data6 := BitNeg(data1) ;              // 8 位逻辑非运算 data6=1101 1001
data7 := BitLSh(data1, index_bit) ;   // 左移 3 位操作 data7=0011 0000
data8 := BitRSh(data1, index_bit) ;   // 右移 3 位操作 data8=0000 0100
IF BitCheck(data1, index_bit) = TRUE THEN // 检查第 3 位（bit2）的"1"状态
……
```

3. 字符串操作函数

字符串操作命令 StrDigCalc、StrDigCmp 用于纯数字字符串数据 stringdig 的四则运算运算和比较，进行字符串运算的数据必须为纯数字正整数数字符串（stringdig），如果出现运算结果为负、除数为 0 或数据范围超过 2^{32} 的情况，控制系统都将发生运算出错报警。

字符串操作需要使用表 3.2-4 所示的文字型运算符 opcalc、比较符 opnum 进行编程。

表 3.2-4　运算符 opcalc 及比较符 opnum 一览表

运算符 opcalc	OpAdd	OpSub	OpMult	OpDiv	OpMod	
运算	加	减	乘	求商	求余数	
比较符 opnum	LT	LTEQ	EQ	GT	GTEQ	NOTEQ
操作	小于	小于等于	等于	大于	大于等于	不等于

字符串操作命令的编程示例如下，字符串数据在程序中需要用双引号标记。

```
VAR stringdig digits1 := "99988" ;                    // 定义纯数字字符串 1
VAR stringdig digits2 := "12345" ;                    // 定义纯数字字符串 2
res1 := StrDigCalc(str1, OpAdd, str2) ;               // res1="112333"
res2 := StrDigCalc(str1, OpSub, str2) ;               // res2="87643"
res3 := StrDigCalc(str1, OpMult, str2) ;              // res3="1234351860"
res4 := StrDigCalc(str1, OpDiv, str2) ;               // res4="8"
res5 := StrDigCalc(str1, OpMod, str2) ;               // res5="1228"
is_not1 := StrDigCmp(digits1, LT, digits2) ;          // is_not1 为 FALSE
is_not2 := StrDigCmp(digits1, EQ, digits2) ;          // is_not2 为 FALSE
is_not3 := StrDigCmp(digits1, GT, digits2) ;          // is_not3 为 TRUE
is_not4 := StrDigCmp(digits1, NOTEQ, digits2) ;       // is_not4 为 TRUE
……
```

拓展提高

一、程序数据转换命令

1. 命令与功能

RAPID 指令对操作数类型都有规定的要求，当操作数类型与要求不符时，需要通过数据转换函数命令，将其转换为指令所要求的类型。作业程序常用数据格式转换函数命令的功能、编程格式与示例见表 3.2-5。

表 3.2-5　常用的数据转换函数命令说明表

名称	编程格式与示例		
num 数据转换为 dnum 数据	NumToDnum	命令格式	NumToDnum (Value)
		基本参数	Value：需要转换的 num 数据
		可选参数	
		执行结果	dnum 型数据
	简要说明	将数值型数据转换为双精度数值型数据	
	编程示例	Val_dnum:=NumToDnum(val_num) ;	
dnum 数据转换为 num 数据	DnumToNum	命令格式	DnumToNum (Value [\Integer])
		基本参数	Value：需要转换的 dnum 数据
		可选参数	不指定：转换为浮点数； \Integer：转换为整数
		执行结果	num 型数据
	简要说明	将双精度数值型数据转换为数值型数据	
	编程示例	Val_num:= DnumToNum (val_dnum) ;	
num 数据转换为 string 数据	NumToStr	命令格式	NumToStr (Val , Dec [\Exp])
		基本参数	Val：需要转换的 num 数据； Dec：转换后保留的小数位数
		可选参数	不指定：小数形字符串； \Exp：指数形字符串
		执行结果	小数或指数形式的字符串数字，数据类型 string
	简要说明	将数值型数据转换为字符串格式	
	编程示例	str := NumToStr(0.38521, 3) ;	

名称		编程格式与示例	
dnum 数据 转换为 string 数据	DnumToStr	命令格式	DnumToStr (Val, Dec [\Exp])
		基本参数	Val：需要转换的 dnum 数据； Dec：转换后保留的小数位数
		可选参数	不指定：小数形字符串； \Exp：指数形字符串
		执行结果	小数或指数形式的字符串数字，数据类型 string
	简要说明	将双精度数值型数据转换为字符串格式	
	编程示例	str := DnumToStr(val, 2\Exp) ;	
从 string 数 据截取 string 数据	StrPart	命令格式	StrPart (Str, ChPos, Len)
		基本参数	Str：待转换的字符串，数据类型 string； ChPos：截取的首字符位置，数据类型 num； Len：需要截取的字符数量，数据类型 num
		可选参数	
		执行结果	新的字符串，数据类型 string
	简要说明	从指定字符串中截取部分字符，构成新的字符串	
	编程示例	part := StrPart("Robotics",1,5) ;	
byte 数据 转换为 string 数据	ByteToStr	命令格式	ByteToStr (BitData [\Hex] | [\Okt] | [\Bin] | [\Char])
		基本参数	BitData：需转换的 byte 数据，范围 0~255；
		可选参数	不指定：十进制数字字符串（0~255）； \Hex：十六进制数字字符串（00~FF）； \Okt：八进制数字字符串（000~377）； \Bin：二进制数字字符串（00000000~11111111）； \Char：ASCII 字符
		执行结果	参数选定的字符串，数据类型 string
	简要说明	将 1 字节常数 0~255 转换为指定形式的字符	
	编程示例	str := ByteToStr (122 \Hex) ;	
string 数据 转换为 byte 数据	StrToByte	命令格式	StrToByte (ConStr [\Hex] | [\Okt] | [\Bin] | [\Char])
		基本参数	ConStr：需转换的 string 数据
		可选参数	不指定：字符串为十进制数（0~255）； \Hex：字符串为十六进制数（00~FF）； \Okt：字符串为八进制数（000~377）； \Bin：字符串为二进制数（00000000~11111111）； \Char：字符串为 ASCII 字符
		执行结果	1 字节常数 0~255，数据类型 byte
	简要说明	将指定形式的字符串转换为 1 字节常数 0~255	
	编程示例	reg1 := StrToByte (7A \Hex) ;	
任意类型数 据转换为 string 数据	ValToStr	命令格式	ValToStr (Val)
		基本参数	Val：待转换的数据，类型任意
		可选参数	

续表

名称	编程格式与示例		
任意类型数据转换为 string 数据		执行结果	字符串，数据类型 string
		简要说明	将任意类型的程序数据转换为字符串
		编程示例	str := ValToStr(p) ;
string 数据转换为任意类型数据	StrToVal	命令格式	StrToVal (Str, Val)
		基本参数	Str：待转换的字符串，数据类型 string； Val：转换结果，数据类型任意定义
		可选参数	
		执行结果	命令执行情况，转换成功为 TRUE，否则为 FALSE
		简要说明	将指定字符串转换为任意类型的程序数据
		编程示例	ok := StrToVal("3.85",nval) ;
十进制/十六进制字符串转换	DecToHex	命令格式	DecToHex (Str)
		基本参数	Str：十进制数字字符串
		执行结果	十六进制数字字符串
		简要说明	将十进制数字字符串转换为十六进制数字字符串
		编程示例	str := DecToHex("98763548") ;
十六进制/十进制字符串转换	HexToDec	命令格式	HexToDec (Str)
		基本参数	Str：十六进制数字字符串
		执行结果	十进制数字字符串
		简要说明	将十六进制数字字符串转换为十进制数字字符串
		编程示例	str := HexToDec ("5F5E0FF") ;

2. 基本转换命令编程

num、dnum、string 数据的转换是最基本的数据转换操作，函数命令的编程示例如下。

```
VAR num a := 55 ;                        // 程序数据定义
VAR dnum b :=8388609 ;
VAR num val_num ;
VAR dnum val_dnum ;
val_dnum:=NumToDnum( a ) ;               // num→dnum 数据转换
val_num:= DnumToNum ( b ) ;
……
!*********************************************
VAR num a := 0.38521 ;
VAR num b := 0.3852138754655357 ;
str1 := NumToStr( a, 2 ) ;               // num→string 转换，str1 为字符 "0.38"
str2 := NumToStr(a, 2\Exp) ;             // num→string 转换，str2 为字符"3.85E-01"
str3 := DnumToStr(b, 3) ;                // dnum→string 转换，str3 为字符 "0.385"
str4 := DnumToStr(val, 3\Exp) ;          // dnum→string 转换，str4 为字符"3.852E-01"
str5 := DecToHex("99999999") ;           // Dec/Hex 转换，str5 为字符 "5F5E0FF"
str6 := HexToDec("5F5E0FF") ;            // Hex/Dec 转换，str6 为字符 "99999999"
……
!*********************************************
Part1 := StrPart( "Robotics Position", 1, 5 ) ;
                                         // 字符串截取，part1 为字符 "Robot"
```

```
Part2 := StrPart( "Robotics Position", 10, 3 ) ;   // 字符串截取, part2 为字符 "Pos"
......
```

二、特殊格式数据转换

1. byte 数据转换

byte 数据是一种特殊形式的 num 数据, 其十进制数值为正整数 0～255, 它可用来表示 8 位二进制数 00000000～11111111、2 位十六进制数 00~FF、3 位八进制数 00～377, 此外, 还能用来表示 ASCII 字符。

字节转换函数命令的编程示例如下, 为简化程序, 以下程序使用了数组数据。

```
VAR byte data1 := 122 ;              // 待转换数据定义
VAR string data_buf{5} ;             // 保存转换结果的程序数据 (数组) 定义
data_buf{1} := ByteToStr(data1) ;    // num→string 转换, data_buf{1}为字符 "122"
data_buf{2} := ByteToStr(data1\Hex) ;  // data_buf{2}为 Hex 字符 "7A"
data_buf{3} := ByteToStr(data1\Okt) ;  // data_buf{3}为 Okt 字符 "172"
data_buf{4} := ByteToStr(data1\Bin) ;  // data_buf{4}为 Bin 字符 "0111 1010"
data_buf{5} := ByteToStr(data1\Char) ; // data_buf{5}为 ASCII 字符 "z"
!*******************************************************
VAR string data_chg {5} := ["15", "FF", "172", "00001010","A"] ;
                                     // 待转换数据定义
VAR byte data_buf{5};
data_buf{1} := StrToByte(data_chg{1}) ; // string→num 转换, data_buf{1}为 15
data_buf{2} := StrToByte(data_chg{2}\Hex) ;   // data_buf{2}为 255
data_buf{3} := StrToByte(data_chg{3}\Okt) ;   // data_buf{3}为 122
data_buf{4} := StrToByte(data_chg{4}\Bin) ;   // data_buf{4}为 10
data_buf{5} := StrToByte(data_chg{1}\Char) ;  // data_buf{5}为 65
......
```

2. 字符串数据转换

函数命令 ValToStr、StrToVal 可进行字符串 (string 数据) 和其他类型数据间的相互转换, 数据类型可以任意指定。

ValToStr 可将任意类型数据转换为 string 数据。数值型 num 数据转换为 string 数据时, 保留 6 个有效数字 (不包括符号、小数点); dnum 数据转换为 string 数据时, 保留 15 个有效数字。例如:

```
VAR pos p := [100,200,300] ;
VAR num numtype:=1.234567890123456789 ;
VAR dnum dnumtype:=1.234567890123456789 ;
......
Str1 := ValToStr(p) ;                // Str1 为字符 "[100,200,300] "
Str2 := ValToStr(TRUE) ;             // Str2 为字符 "TRUE"
Str3 := ValToStr(numtype) ;          // Str3 为字符 "1.23457"
Str4 := ValToStr(dnumtype) ;         // Str4 为字符 "1.23456789012346"
......
```

StrToVal 可将字符串 (string 数据) 转换为任意类型数据, 命令的执行结果为转换完成标记 (bool 数据)。数据成功转换时, 执行结果为 TRUE, 否则为 FALSE。

例如, 利用以下程序, 可将字符串 "3.85" 转换为 num 型程序数据 nval、字符串 "[600, 500,

225.3]"转换为 pos 型程序数据 pos15，命令执行结果分别保存在 bool 型程序数据 ch_ok1、ch_ok2 中，数据成功转换时，ch_ok1、ch_ok2 状态都为 TRUE。

```
VAR bool ch_ok1 ;                           // 程序数据定义
VAR num nval ;
ch_ok1 := StrToVal("3.85",nval) ;           // 数据转换，并保存命令执行结果
……
!*********************************************************
VAR bool ch_ok2 ;                           // 程序数据定义
VAR pos pos15 ;
VAR string str15 := "[600, 500, 225.3]" ;
ch_ok2 := StrToVal(str15, pos15) ;          // 数据转换，并保存命令执行结果
……
```

技能训练

结合本任务的内容，完成以下练习。

一、不定项选择题

1. 以下对 RAPID 程序数据定义要求理解正确的是（   ）。
   A. 所有程序数据都需要定义　　　　　　　B. 可使用系统预定义数据
   C. 系统预定义数据的值不能改变　　　　　D. 作业程序数据需要用户定义

2. 以下可通过数据声明指令定义的是（   ）。
   A. 使用范围　　B. 数据性质　　C. 数据类型　　D. 初始值

3. 根据数据结构，RAPID 程序数据可以分为（   ）。
   A. 数值型　　B. 复合型　　C. 数组　　D. 基本型

4. 以下对 RAPID 数值型数据 num 理解正确的是（   ）。
   A. 可带符号　　B. 字长 32 位　　C. 最大值 $2^{23}-1$　　D. 最小值$-2^{23}+1$

5. 以下对 RAPID 数值型数据 dnum 理解正确的是（   ）。
   A. 可带符号　　B. 字长 64 位　　C. 最大值 $2^{52}-1$　　D. 最小值$-2^{52}+1$

6. 以下可用 RAPID 数值型数据 num、dnum 表示的是（   ）。
   A. 逻辑状态　　B. 二进制数　　C. 八进制数　　D. 十六进制数

7. 以下不能使用 num、dnum 运算结果的比较操作是（   ）。
   A. 小于　　B. 大于　　C. 等于　　D. 不等于

8. 以下对 RAPID 字节型数据 byte 理解正确的是（   ）。
   A. 可带符号　　B. 可为小数　　C. 只能为正整数　　D. 最大值为 255

9. 以下对 RAPID 逻辑状态型数据 bool 理解正确的是（   ）。
   A. 状态 1 表示为 TRUE　　　　　　　　　B. 状态 0 表示为 FALSE
   C. 可作为 IF 指令条件　　　　　　　　　D. 可进行算术运算

10. 以下对 RAPID 字符串型数据 string 理解正确的是（   ）。
    A. 最大长度为 80 字符　　　　　　　　　B. 不能使用双引号
    C. 不能使用反斜杠　　　　　　　　　　　D. 可进行算术、比较运算

11. 以下对 RAPID 复合型数据的构成元理解正确的是（   ）。

A. 只能是基本型数据　　　　　　　　B. 可以是复合数据

C. 不能超过 4 个　　　　　　　　　　D. 只能整体编程、使用

12. 以下对 RAPID 数组数据的构成元理解正确的是（　　　）。

A. 只能表示同类型数据　　　　　　　B. 只能表示 1 价数组

C. 1 价数组只需要附加"元数"　　　　D. 只能整组编程、使用

13. 以下可通过 RAPID 表达式进行的运算是（　　　）。

A. 四则运算　　　B. 逻辑运算　　　　C. 比较运算　　　D. 三角函数运算

14. 以下可以用于 RAPID 表达式运算的数据是（　　　）。

A. 常数　　　　　　　　　　　　　　B. 常量（CONST）

C. 永久数据（PERS）　　　　　　　　D. 程序变量（VAR）

15. 以下对 RAPID 表达式运算优先级理解正确的是（　　　）。

A. 与通常运算相同　　　　　　　　　B. 可使用括号

C. 运算、比较可混用　　　　　　　　D. 逻辑运算优于比较运算

16. 以下可通过 RAPID 运算指令进行的数据运算是（　　　）。

A. 加法运算　　　B. 减法运算　　　　C. 加/减 1 运算　　　D. 乘除运算

17. 以下对 RAPID 函数命令理解正确的是（　　　）。

A. 需要定义参数　　　　　　　　　　B. 参数类型有规定要求

C. 参数数量有规定要求　　　　　　　D. 功能可由用户定义

18. 以下可通过 RAPID 函数命令进行数据运算的是（　　　）。

A. 幂函数　　　B. 三角函数　　　　C. 反三角函数　　　D. 多位逻辑运算

19. 以下可通过 RAPID 函数命令进行的字符串运算是（　　　）。

A. 四则运算　　　B. 函数运算　　　　C. 逻辑运算　　　D. 比较运算

20. 以下可用于二进制、八进制、十六进制数据转换的函数命令是（　　　）。

A. DnumToStr　　　B. NumToStr　　　　C. StrToByte　　　D. ByteToStr

二、程序分析题

1. 分析说明以下程序段中各指令的功能，并确定程序数据 val1~val4 的值。

```
VAR num reg2 := 30 ;
reg1 := Cos(reg2) ;
val1 := Round(reg1\Dec:=3) ;
val2 := Round(reg2) ;
val3 := Trunc(reg1\Dec:=3) ;
val4 := Trunc(reg2) ;
```

2. 分析说明以下程序段中各指令的功能，并确定程序数据 data3~data8 的值。

```
VAR byte data1 := 39 ;
VAR byte data2 := 41 ;
data3 := BitAnd(data1, data2) ;
data4 := BitOr(data1, data2) ;
data5 := BitXOr(data1, data2) ;
data6 := BitNeg(data1) ;
data7 := BitLSh(data1, index_bit) ;
data8 := BitRSh(data1, index_bit) ;
……
```

任务 3　坐标系与姿态定义

1. 熟悉运动轴、轴组、机械单元等基本概念。
2. 掌握工业机器人基准点、基准线的定义方法。
3. 掌握工业机器人坐标系的定义方法。
4. 掌握工业机器人姿态的定义方法。
5. 了解坐标旋转的四元数定义法。

1. 能正确划分、判定机器人的运动轴、轴组、机械单元。
2. 能确定机器人基准点、基准线。
3. 能设定机器人坐标系。
4. 能定义机器人及工具的姿态。
5. 能判定机器人奇点。

一、机器人基准与轴组

1. 机器人基准

机器人手动操作或程序自动运行时,其目标位置、运动轨迹等都需要有明确的控制对象(控制目标点),再通过相应的坐标系来描述其位置和运动轨迹。为了确定机器人的控制目标点、建立坐标系,就需要在机器人上选择某些特征点、特征线,作为系统运动控制的基准点、基准线,以便建立运动控制模型。

机器人的基准点、基准线与机器人结构形态有关,垂直串联机器人基准点与基准线的定义方法一般如下。

① 基准点。垂直串联机器人的系统运动控制基准点一般有图 3.3-1 所示的工具控制点、工具参考点和手腕中心点 3 个。

工具控制点(Tool Control Point,TCP):又称工具中心点(Tool Center Point)。TCP 就是机器人末端执行器(工具)的实际作业点,它是机器人运动控制的最终目标,机器人手动操作、程序运行时的位置、轨迹都是针对 TCP 而言的。TCP 的位置与作业工具的形状、安装方式等密切相关。例如,弧焊机器人的 TCP 通常为焊枪的枪尖,点焊机器人的 TCP 一般为焊钳固定电极的端点等。

工具参考点(Tool Reference Point,TRP):它是机器人工具安装的基准点,机器人工具坐标系、作业工具的质量和重心位置等数据,都需要以 TRP 为基准定义。TRP 也是确定 TCP 的基准,如不安装工具或未定义工具坐标系,系统将默认 TRP 和 TCP 重合。TRP 通常为机器人手腕上的工具安装法兰中心点。

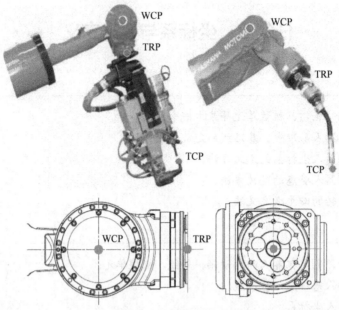

图3.3-1　机器人基准点

机器人手腕中心点（Wrist Center Point，WCP）：它是确定机器人姿态、判别机器人奇点（Singularity）的基准点。垂直串联机器人的 WCP 一般为手腕摆动轴 j5、手回转轴 j6 的回转中心线交点。

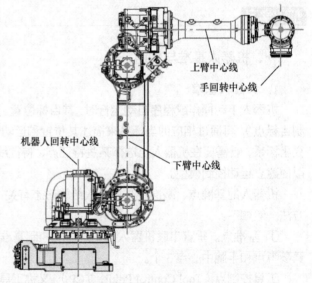

图3.3-2　机器人基准线

② 基准线。垂直串联机器人的基准线有图 3.3-2 所示的机器人回转中心线、下臂中心线、上臂中心线和手回转中心线 4 条，其定义方法如下。

机器人回转中心线：通过腰回转轴 j1 回转中心，且与机器人基座安装底平面垂直的直线。

下臂中心线：机器人下臂上，与下臂摆动轴 j2 中心线和上臂摆动轴 j3 摆动中心线垂直相交的直线。

上臂中心线：机器人上臂上，通过手腕回转轴 j4 回转中心，且与手腕摆动轴 j5 摆动中心线垂直相交的直线。上臂中心线通常就是机器人的手腕回转轴中心线。

手回转中心线：通过手回转轴孔回转中心，且与手腕工具安装法兰端面垂直的直线。

③ 运动控制模型。6 轴垂直串联机器人的本体运动控制模型如图 3.3-3 所示，它需要在控制系统中定义如下结构参数：

基座高度（Height of Foot）：下臂摆动中心线离地面的高度；

下臂（j2）偏移（Offset of Joint 2）：下臂摆动中心线与机器人回转中心线的距离；

下臂长度（Length of Lower Arm）：下臂摆动中心线与上臂摆动中心线的距离；

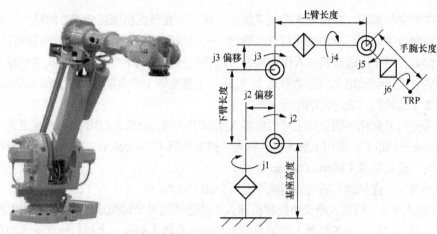

图3.3-3 6轴垂直串联机器人控制模型与结构参数

上臂（j3）偏移（Offset of Joint 3）：上臂摆动中心线与上臂回转中心线的距离；

上臂长度（Length of Upper Arm）：上臂与下臂中心线垂直部分的长度；

手腕长度（Length of Wrist）：TRP 离手腕摆动轴 j5 摆动中心线的距离。

运动控制模型一旦建立，机器人的 TRP 也就被确定。如不安装工具或未定义工具坐标系，系统就将以 TRP 替代 TCP，作为控制目标点控制机器人运动。

2. 控制轴组

机器人作业需要通过机器人 TCP 和工件（或基准）的相对运动实现，这一运动，既可通过机器人本体的关节回转实现，也可通过机器人整体移动（基座运动）、工件运动实现。机器人系统的回转轴、摆动轴、直线运动轴统称为关节轴，其数量众多、组成形式多样。

例如，对于机器人（基座）和工件固定不动的单机器人简单系统，只能通过控制机器人本体的关节轴运动来改变机器人 TCP 和工件的相对位置；而对于有机器人变位器、工件变位器等辅助部件的双机器人（或多机器人）复杂系统（见图3.3-4），则有机器人1、机器人2、机器人变位器、工件变位器 4 个运动单元，只要机器人（1 或 2）或其他任何一个单元产生运动，就可改变对应机器人（1 或 2）TCP 和工件的相对位置。

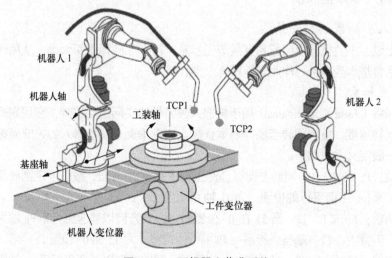

图3.3-4 双机器人作业系统

　　为便于控制与编程，在机器人控制系统上，通常需要根据机械运动部件的组成与功能，对需要系统控制位置的伺服驱动轴实行分组管理，将伺服驱动轴划分为若干个具有独立功能的运动单元。例如，对于上述双机器人作业系统，可将机器人 1 的 6 个运动轴定义为运动单元 1、机器人 2 的 6 个运动轴定义为运动单元 2、机器人 1 基座的 1 个运动轴定义为运动单元 3、工件变位器的 2 个运动轴定义为运动单元 4 等。

　　运动单元的名称在不同公司生产的机器人上有所不同。例如，ABB 机器人称之为"机械单元（Mechanical Unit）"；安川机器人将其称为"控制轴组（Control Axis Group）"；FANUC 机器人则称之为"运动群组（Motion Group）"等。

　　一般而言，工业机器人系统的运动单元可分如下 3 类。

　　① 机器人单元。机器人单元由控制机器人本体运动的关节轴组成，它将直接使机器人 TCP 和基座产生相对运动。在多机器人控制系统上，每一机器人都是一个相对独立的运动单元。机器人单元一旦选定，对应的机器人就可进行手动操作或程序自动运行。

　　② 基座单元。基座单元由控制机器人基座运动的关节轴组成，基座单元的运动可实现机器人整体变位，使机器人 TCP 和大地产生相对运动。基座单元一旦选定，对应的机器人变位器就可进行手动操作或程序自动运行。

　　③ 工装单元。工装单元由控制工件运动的关节轴组成，工装单元的运动可实现工件整体变位，使机器人 TCP 和工件产生相对运动。工装单元一旦选定，对应的工件变位器就可进行手动操作或程序自动运行。

　　机器人单元是任何机器人系统必需的基本运动单元，基座单元、工装单元是机器人系统的辅助设备，只有在系统配置有变位器时才具备。由于基座单元、工装单元的控制轴通常较少，因此，在大多数机器人上，将基座运动轴、工装运动轴统称为"外部轴"或"外部关节"，并进行集中管理。如果作业工具（如伺服焊钳等）含有系统控制的伺服驱动轴，它也属于外部轴的范畴。

　　机器人手动操作或程序运行时，运动单元可利用控制指令生效或撤销。生效的运动单元的全部运动轴都处于实时控制状态；被撤销的运动单元将处于相对静止的"伺服锁定"状态，其位置通过伺服驱动系统的闭环调节功能保持不变。

二、机器人本体坐标系

1. 机器人坐标系

从形式上说，工业机器人坐标系有关节坐标系、笛卡儿坐标系两大类；从用途上说，工业机器人坐标系有基本坐标系、作业坐标系两大类。

2. 关节坐标系

关节坐标系（Joint Coordinates）用于机器人关节轴的实际运动控制，它用来规定机器人各关节的最大回转速度、最大回转范围等基本参数。6 轴垂直串联机器人的关节坐标轴名称、方向、原点的一般定义方法如下。

腰回转轴：J1 或 S、j1。回转方向以基座坐标系+z 轴为基准，按右手定则确定；上臂中心线与基座坐标系+xz 平面平行的位置，为 J1 轴 0° 位置。

下臂摆动轴：J2 或 L、j2。当 J1 在 0° 位置时，回转方向以基座坐标系+y 轴为基准，按右手定则确定。下臂中心线与基座坐标系+z 轴平行的位置，为 J2 轴 0° 位置。

上臂摆动轴：J3 或 U、j3。当 J1 在 0° 位置时，回转方向以基座坐标系–y 轴为基准，按右手定则确定。上臂中心线与基座坐标系+x轴平行的位置，为J3轴0°位置。

腕回转轴：J4 或 R、j4。当J1、J2、J3均在0°位置时，回转方向以基座坐标系–x为基准，按右手定则确定。手回转中心线与基座坐标系+xz平面平行的位置，为J4轴0°位置。

腕摆动轴：J5 或 B、j5。当J1 在0°位置时，回转方向以基座坐标系–y轴为基准，按右手定则确定。手回转中心线与基座坐标系+x轴平行的位置，为J5轴0°位置。

手回转轴：J6 或 T、j6。J1、J2、J3、J5 在0°位置时，回转方向以基座坐标系–x轴为基准，按右手定则确定。J6轴通常可无限回转，其原点位置一般通过工具安装法兰的基准孔确定。

机器人的关节坐标系是实际存在的坐标系，它与伺服驱动系统一一对应，也是控制系统能真正实施控制的坐标系，因此，所有机器人都必须（必然）有唯一的关节坐标系。关节坐标系是机器人的基本坐标系之一。

3. 笛卡儿坐标系

机器人的笛卡儿坐标系是为了方便操作、编程而建立的虚拟坐标系，垂直串联机器人一般有多个，坐标系的名称、数量及定义方法在不同机器人上稍有不同。例如，ABB 机器人有 1 个基座坐标系、1 个大地坐标系，并可根据需要设定任意多个工具坐标系、用户坐标系和工件坐标系；安川机器人则有 1 个基座坐标系、1 个圆柱坐标系，并可根据需要设定最多 64 个工具坐标系、63 个用户坐标系；而 FANUC 机器人则有 1 个全局坐标系，并可根据需要设定最多 9 个工具坐标系、9 个用户坐标系、5 个手动（JOG）坐标系。

在众多的笛卡儿坐标系中，基座坐标系（Base Coordinates）是用来描述机器人 TCP 相对于基座进行三维空间运动的基本坐标系，有时直接称之为机器人坐标系；工具坐标系、工件坐标系等是用来确定作业工具 TCP 位置及安装方位，描述机器人和工件相对运动的坐标系，以方便操作和编程，因此，它们是机器人作业所需的坐标系，故称作业坐标系。作业坐标系可根据需要设定、选择。

垂直串联机器人的基座坐标系通常如图 3.3-5 所示，坐标轴方向、原点的定义方法一般如下。

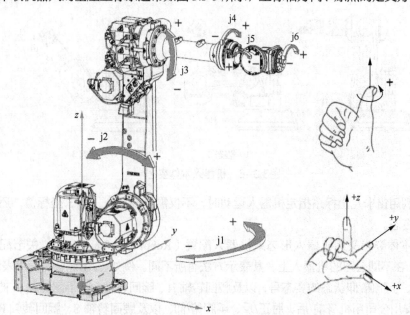

图3.3-5 基座坐标系、关节坐标系定义

原点：机器人基座安装底平面与机器人回转中心线的交点。

*z*轴：机器人回转中心线，垂直底平面向上方向为+*z*方向。

*x*轴：垂直基座前侧面向外方向为+*x*方向。

*y*轴：右手定则决定。

三、机器人本体姿态

1. 机身位置与姿态

机器人 TCP 在三维空间位置可通过两种方式描述：一是以各关节轴的原点为基准，直接通过关节坐标位置来描述；二是通过 TCP 在虚拟笛卡儿坐标系的 *x*、*y*、*z* 值描述。

机器人的关节坐标位置（简称关节位置）实际就是伺服电机所转过的绝对角度，它通过伺服电机内置的脉冲编码器进行检测，利用编码器转过的脉冲计数来描述，因此，关节位置又称"脉冲型位置"。由于工业机器人伺服电机所采用的编码器都具有断电保持功能（绝对编码器），其计数基准（原点）一旦设定，在任何时刻，电机所转过的脉冲数都是一个确定值。因此，关节位置是与机器人结构、笛卡儿坐标系设定无关的唯一位置，也不存在奇点（Singularity，见下述）。

利用基座等虚拟笛卡儿坐标系定义的位置，称为"*xyz* 型位置"。由于机器人采用的逆运动学，对于垂直串联机器人，具有相同坐标值（*x*，*y*，*z*）的 TCP 位置，可通过多种形式的关节运动实现。

例如，对于图 3.3-6 所示的 TCP 位置 p1，即便 J4、J6 位置不变，也可通过如下 3 种本体姿态实现定位。

图 3.3-6（a）中的机器人采用 J1 轴朝前、J2 轴向上、J3 轴前伸、J5 轴下俯姿态，机器人直立。

图 3.3-6（b）中的机器人采用 J1 轴朝前、J2 轴前倾、J3 轴后仰、J5 轴下俯姿态，机器人俯卧。

图 3.3-6（c）中的机器人采用 J1 轴朝后、J2 轴后倒、J3 轴后仰、J5 轴上仰姿态，机器人仰卧。

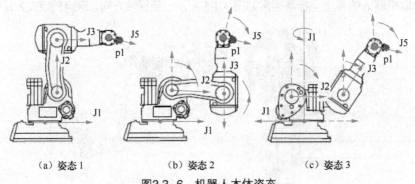

（a）姿态 1　　　（b）姿态 2　　　（c）姿态 3

图 3.3-6　机器人本体姿态

因此，利用笛卡儿坐标系指定机器人运动时，不仅需要规定 *x*、*y*、*z* 坐标值，还必须规定机器人本体姿态。

机器人本体姿态又称机器人形态或机器人配置（Robot Configuration）、关节配置（Joint Placement），在不同公司的机器人上，其表示方法有所不同。例如，ABB 公司利用表示机身前/后、肘正/反、手腕俯/仰状态的姿态号，以及腰回转轴 j1、腕回转轴 j4、手回转轴 j6 的位置（区间）表示；安川公司用机身前/后、肘正/反、手腕俯/仰，以及腰回转轴 S、腕回转轴 R、手回转轴 T 的位置（范围）表示；而 FANUC 公司则用机身前/后、肘上/下、手腕俯/仰，以及腰回转轴 J1、腕回转轴 J4、手回转轴 J6 的位置（区间）表示等。

以上定义方法虽然形式有所不同，但实质一致，说明如下。

2. 本体姿态定义

① 机身前/后。机器人的机身状态用前（Front）/后（Back）描述，定义方法如图 3.3-7 所示。通过基座坐标系 z 轴，且与 J1 轴当前位置（角度线）垂直的平面，是定义机身前后状态的基准面。如机器人手腕中心点（WCP）位于基准平面的前侧，称为"前"；如 WCP 位于基准平面后侧，称为"后"。WCP 位于基准平面时，为机器人"臂奇点"。

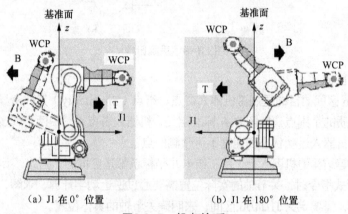

（a）J1 在 0° 位置　　　　　　（b）J1 在 180° 位置

图3.3-7　机身前/后

例如，当 J1 轴处于图 3.3-7（a）所示的 0° 位置时，如果 WCP 位于基座坐标系的 $+x$ 方向，就是机身前位（T）；如果 WCP 位于 $-x$ 方向，就是机身后位（B）。而当 J1 轴处于图 3.3-7（b）所示的 180° 位置时，如果 WCP 位于基座坐标系的 $+x$ 方向，为机身后位；如果 WCP 位于 $-x$ 方向，则为机身前位。

② 肘正/反。机器人的上、下臂摆动轴 J3、J2 的状态用肘正/反或上（UP）/下（DOWN）描述，定义方法如图 3.3-8 所示。

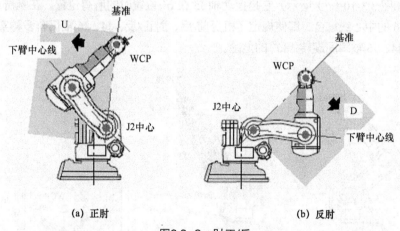

（a）正肘　　　　　　　　　　（b）反肘

图3.3-8　肘正/反

连接手腕中心点 WCP 与下臂摆动轴 J2 中心的连线，是定义肘正/反状态的基准线。从机器人的正侧面看，如果下臂中心线位于基准线逆时针旋转方向，称为"正肘"；如果下臂中心线位于基准线顺时针旋转方向，称为"反肘"；下臂中心线与基准线重合的位置为特殊的"肘奇点"。

③ 手腕俯/仰。机器人手腕摆动轴 J5 状态用俯（Noflip）/仰（Flip）描述，定义方法如图 3.3-9 所示。摆动轴 J5 俯仰以 J5 在 0° 位置时为基准，如果 J5 轴角度为负，称为"俯"；如果 J5 轴角度为正，称为"仰"；J5 在 0° 位置时为特殊的"腕奇点"。

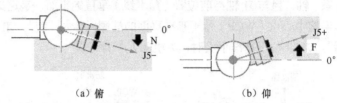

（a）俯 　　　　　　　　　　　　　　（b）仰

图3.3-9　手腕俯/仰

3. J1/J4/J6 区间定义

定义 J1/J4/J6 区间的目的是规避机器人奇点。奇点（Singularity）又称奇异点，其数学意义是不满足整体性质的个别点。按照 RIA 标准定义，机器人奇点是"由两个或多个机器人轴共线对准所引起的、机器人运动状态和速度不可预测的点"。

在垂直串联等结构的机器人上，由于笛卡儿坐标系都是虚拟的，因此，当机器人 TCP 位置以 (x, y, z) 形式指令时，关节轴的实际位置需要通过逆运动学计算、求解，且存在多种实现的可能性，为此，需要定义 J1/J4/J6 区间，来明确关节轴的具体位置。

6 轴垂直串联机器人工作范围内的奇点主要有图 3.3-10 所示的臂奇点、肘奇点和腕奇点 3 类。

臂奇点如图 3.3-10（a）所示，它是机器人手腕中心点（WCP）正好处于判别机身前后的基准平面时的所有情况。在臂奇点上，即使确定了肘正/反、手腕俯/仰状态，但机器人的 J1、J4 轴仍有多种实现的可能，机器人存在 J1、J4 轴瞬间旋转 180° 的危险。

肘奇点如图 3.3-10（b）所示，它是下臂中心线正好与判别肘正/反的基准线重合的所有位置。在肘奇点上，机器人手臂的伸长已到达极限，可能会导致机器人运动的不可控。

腕奇点如图 3.3-10（c）所示，它是摆动轴 J5 在 0° 位置时的所有位置。在腕奇点上，由于回转轴 J4、J6 的中心线重合，即使规定了机身前/后、肘正/反，J4、J6 轴仍有多种实现的可能，机器人存在 J4、J6 轴瞬间旋转 180° 的危险。

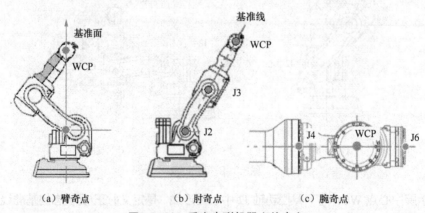

（a）臂奇点 　　　　　（b）肘奇点 　　　　　（c）腕奇点

图3.3-10　垂直串联机器人的奇点

为了防止机器人在以上的奇点出现不可预见的运动，就必须在机器人姿态参数中进一步明确 J1、J4、J6 轴的实际位置。

机器人 J1、J4、J6 轴的实际位置定义方法在不同机器人上稍有不同。例如，ABB 公司以象限代号表示角度范围、以正/负号表示转向；安川机器人则以 < 180°、≥180° 的简单方法定义；而 FANUC 机器人则划分为（−539.999° ～−180°）、（−179.999° ～+179.999°）和（+180° ～ +539.999°）3 个区间等。

实践指导

一、工具坐标系及姿态

1. 作业坐标系

大地坐标系、工具坐标系、工件坐标系等是用来确定机器人、作业工具、工件的基准点及安装方位，描述机器人、工具、工件相对运动的坐标系，它们是机器人作业所需的坐标系，故称为作业坐标系。

垂直串联机器人常用的作业坐标系如图 3.3-11 所示。

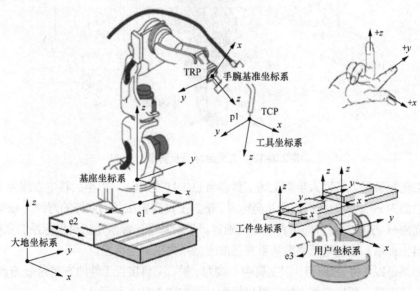

图3.3-11　机器人作业坐标系

2. 工具坐标系作用

工具坐标系具有定义工具控制点（TCP）位置和规定工具方向（姿态）两方面作用，每一作业工具都需要有自己的工具坐标系。工具坐标系一旦设定，当机器人需要用不同工具、通过同一程序进行同样作业时，操作者只需要改变工具坐标系，就能保证所有工具的 TCP 都能按照程序所指定的轨迹运动，而无须对程序进行其他修改。

在机器人上，TCP 的位置需要通过虚拟笛卡儿坐标系（工具坐标系，Tool Coordinates）的 (x, y, z) 坐标值定义，但是，对于利用逆运动学确定 TCP 空间位置的垂直串联机器人来说，对于三维空间的同一 TCP 位置，机器人的关节轴可通过多种方式实现。例如，对于图 3.3-12 所示的弧焊焊枪、点焊焊钳，在 TCP 三维空间位置不变的前提下，关节轴可以通过多种方式定位

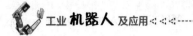

工具。

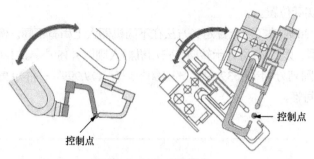

控制点

控制点

图3.3-12　工具姿态

因此,机器人的工具坐标系不仅需要定义 TCP 的位置,而且还需要规定工具的方向(姿态)。

3. 工具坐标系设定

机器人工具坐标系通过图 3.3-13 所示的手腕基准坐标系(基准坐标系)变换定义。

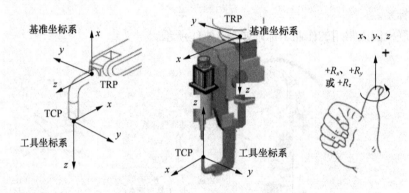

图3.3-13　工具坐标系及基准

手腕基准坐标系是以机器人手腕上的工具参考点 TRP 为原点,以手回转中心线为 z 轴,以工具安装法兰面为 xy 平面的虚拟笛卡儿坐标系。垂直工具安装法兰面向外的方向为+z 方向;手腕上仰的方向为+x 方向;+y 方向用右手定则确定。手腕基准坐标系是工具坐标系的变换基准,如不设定工具坐标系,控制系统将默认手腕基准坐标系为工具坐标系。

工具坐标系是以 TCP 为原点、以工具中心线为 z 轴、工具接近工件的方向为+z 方向的虚拟笛卡儿坐标系,点焊、弧焊机器人的工具坐标系一般如图 3.3-13 所示。

工具坐标系需要通过手腕基准坐标系的原点偏移、坐标旋转定义,TCP 在手腕基准坐标系上的位置就是工具坐标系的原点偏离。坐标旋转可用四元数法(Quaternion,见本任务拓展提高)、基准坐标系 $z/x/y$ 轴旋转角 $R_z/R_x/R_y$ 等方法定义。

二、其他作业坐标系

大地坐标系、用户坐标系、工件坐标系是用来确定机器人基座、工件基准点及安装方位的坐标系,它们可根据机器人系统结构及实际作业要求,有选择地定义。

1. 大地坐标系

大地坐标系(World Coordinates,亦称世界坐标系)如图 3.3-14 所示。

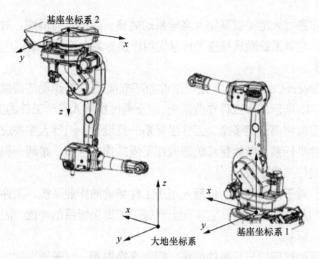

图3.3-14 大地坐标系

大地坐标系是以地面为基准、z 轴向上的三维笛卡儿坐标系。在使用机器人变位器或多机器人协同作业的系统上，为了确定机器人的基座位置和运动状态，需要建立大地坐标系。此外，在图 3.3-14 所示的倒置或倾斜安装的机器人上，也需要通过大地坐标系来确定基座坐标系的原点及方向。

对于垂直地面安装、不使用变位器的单机器人系统，控制系统将默认基座坐标系为大地坐标系，无须进行大地坐标系设定。

2. 用户坐标系

用户坐标系（User Coordinates）是用来定义工装安装位置的虚拟笛卡儿坐标系，用于配置有工件变位器的机器人协同作业系统或多工位、多工件作业系统。用户坐标系可根据实际需要设定多个，用户坐标系一旦设定，对于图 3.3-15 所示的多工位、多工件相同作业，只需要改变用户坐标系，就能保证机器人在不同的作业区域，按同一程序所指令的轨迹运动，而无须对作业程序进行其他修改。

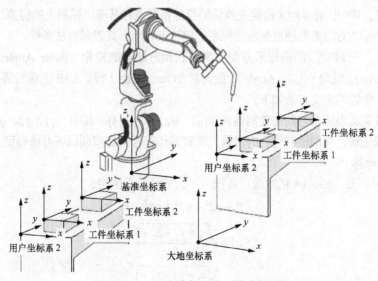

图3.3-15 用户坐标系和工件坐标系

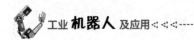

用户坐标系通常通过大地（或基座）坐标系的偏移、旋转变换得到。对于无工件变位器的单机器人作业系统，控制系统默认基座坐标系为用户坐标系，无须设定用户坐标系。

3. 工件坐标系

工件坐标系（Object Coordinates）是以工件为基准描述 TCP 运动的虚拟笛卡儿坐标系。工件坐标系用于图 3.3-15 所示的多工件作业系统，以及通过机器人移动工件的工具固定作业系统。工件坐标系可根据实际需要设定多个，工件坐标系一旦设定，机器人需要进行多工件相同作业时，只需要改变工件坐标系，就能保证机器人在不同的作业区域，按同一程序所指令的轨迹运动，而无须对程序进行其他修改。

需要注意的是：对于工具固定、机器人用于工件移动的作业系统，工件坐标系需要以机器人手腕基准坐标系为基准进行设定，它实际上代替了工具坐标系的功能，因此，固定工具作业系统必须设定工件坐标系。

工件坐标系通常通过用户坐标系的偏移、旋转变换得到。对于通常的工具移动、单工件作业系统，系统将默认用户坐标系为工件坐标系，如不设定用户坐标系，则基座坐标系就是系统默认的用户坐标系和工件坐标系，无须设定工件坐标系。

4. JOG 坐标系

FANUC 机器人可以设定 JOG（手动）坐标系，JOG 坐标系仅仅是为了在三维空间进行机器人手动 x、y、z 轴运动而建立的临时坐标系，对机器人的程序运行无效，因此，操作者可根据自己的需要任意设定。

JOG 坐标系通常以机器人基座（全局）坐标系为基准设定，如不设定 JOG 坐标系，控制系统将以基座（全局）坐标系作为默认的 JOG 坐标系。

拓展提高

一、坐标旋转四元数

在工业机器人上，工具坐标系、工件坐标系等坐标系，都需要通过相应的基准坐标系偏移、旋转变换定义。其中，偏移用来指定变换后的坐标系原点在基准坐标系上的位置，其定义简单；但变换后的坐标轴方向需要通过基准坐标系的旋转来表示，其表示方法多样。

在数学上，三维空间的坐标系方向的常用表示方法有欧拉角（Euler Angles）、旋转矩阵（Rotation Matrix）、轴角（Axial Angle）、四元数（Quaternion）等。ABB 工业机器人采用的是四元数表示法，参数的定义方法如下。

用四元数定义坐标系方向的数据格式为[$q1$，$q2$，$q3$，$q4$]。其中，$q1$、$q2$、$q3$、$q4$ 为表示坐标旋转的四元素，它们是带符号的常数，其数值和符号需要按照以下方法确定。

1. 数值计算

四元数 $q1$、$q2$、$q3$、$q4$ 的数值，可按以下公式计算后确定：

$$q1^2 + q2^2 + q3^2 + q4^2 = 1$$

$$q1 = \frac{\sqrt{x_1 + y_2 + z_3 + 1}}{2}$$

$$q2 = \frac{\sqrt{x_1 - y_2 - z_3 + 1}}{2}$$

$$q3 = \frac{\sqrt{y_2 - x_1 - z_3 + 1}}{2}$$

$$q4 = \frac{\sqrt{z_3 - x_1 - y_2 + 1}}{2}$$

式中的 (x_1, x_2, x_3)、(y_1, y_2, y_3)、(z_1, z_2, z_3) 分别为图 3.3-16 所示的旋转坐标系 x'、y'、z' 轴单位向量在基准坐标系 x、y、z 轴上的投影。

2. 符号规定

四元数 $q1$、$q2$、$q3$、$q4$ 的符号按下述方法确定。

$q1$：符号总是为正；

$q2$：符号由计算式 y_3-z_2 确定，$y_3-z_2 \geq 0$ 则 $q2$ 为 "+"，否则为 "–"；

$q3$：符号由计算式 z_1-x_3 确定，$z_1-x_3 \geq 0$ 则 $q3$ 为 "+"，否则为 "–"；

$q4$：符号由计算式 x_2-y_1 确定，$x_2-y_1 \geq 0$ 则 $q4$ 为 "+"，否则为 "–"。

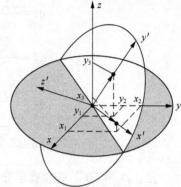

图3.3-16　四元数数值计算

二、四元数计算实例

坐标系旋转四元数[$q1$、$q2$、$q3$、$q4$]的计算较为复杂，以下将以机器人常用的典型工具坐标系为例，介绍四元数的计算方法。其他坐标系旋转的四元数计算方法相同，可参照示例计算、确定。

【例 3-1】假设机器人工具坐标系如图 3.3-17 所示，方向与手腕基准坐标系相同，则旋转坐标系 x'、y'、z' 轴单位向量在基准坐标系 x、y、z 轴上的投影分别为

$$(x_1, x_2, x_3) = (1, 0, 0)$$
$$(y_1, y_2, y_3) = (0, 1, 0)$$
$$(z_1, z_2, z_3) = (0, 0, 1)$$

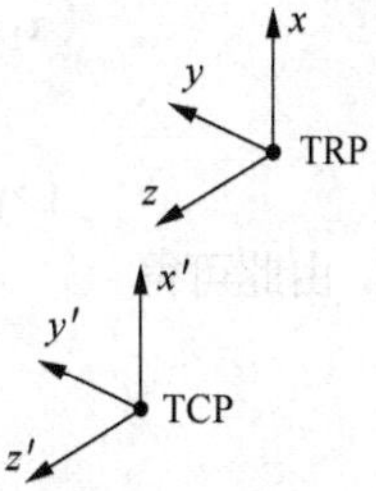

由此可得

图3.3-17　方向和基准
坐标系相同

$$q1 = \frac{\sqrt{x_1 + y_2 + z_3 + 1}}{2} = 1$$

$$q2 = \frac{\sqrt{x_1 - y_2 - z_3 + 1}}{2} = 0$$

$$q3 = \frac{\sqrt{y_2 - x_1 - z_3 + 1}}{2} = 0$$

$$q4 = \frac{\sqrt{z_3 - x_1 - y_2 + 1}}{2} = 0$$

由于 $q2$、$q3$、$q4$ 均为 "0"，无须确定符号，因此，工具坐标系旋转四元数为[1, 0, 0, 0]。

【例 3-2】假设机器人工具坐标系如图 3.3-18 所示，坐标系方向为回绕手腕基准坐标系 z 轴逆时针旋转 180°（$R_z = +180°$），旋转坐标系 x'、y'、z' 轴单位向量在基准坐标系 x、y、z 轴上的

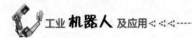

投影分别为

$$(x_1, x_2, x_3) = (-1, 0, 0)$$
$$(y_1, y_2, y_3) = (0, -1, 0)$$
$$(z_1, z_2, z_3) = (0, 0, 1)$$

由此可得

$$q1 = \frac{\sqrt{x_1 + y_2 + z_3 + 1}}{2} = 0$$

$$q2 = \frac{\sqrt{x_1 - y_2 - z_3 + 1}}{2} = 0$$

$$q3 = \frac{\sqrt{y_2 - x_1 - z_3 + 1}}{2} = 0$$

$$q4 = \frac{\sqrt{z_3 - x_1 - y_2 + 1}}{2} = 1$$

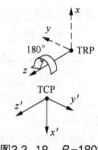

图3.3-18　$R_z = 180°$

$q2$、$q3$ 为 "0"，无须确定符号；计算式 $x_2 - y_1 = 0$，$q4$ 符号为 "+"，因此，工具坐标系旋转四元数为 [0，0，0，1]。

【例3-3】假设机器人工具坐标系如图 3.3-19 所示，坐标系方向为回绕基准坐标系 y 轴逆时针旋转 30°（ $R_y = 30°$ ），旋转坐标系 x'、y'、z' 轴单位向量在基准坐标系 x、y、z 轴上的投影分别为

$$(x_1, x_2, x_3) = (\cos30°, 0, -\sin30°)$$
$$(y_1, y_2, y_3) = (0, 1, 0)$$
$$(z_1, z_2, z_3) = (\sin30°, 0, \cos30°)$$

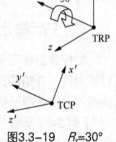

图3.3-19　$R_y = 30°$

由此可得

$$q1 = \frac{\sqrt{x_1 + y_2 + z_3 + 1}}{2} \approx 0.966$$

$$q2 = \frac{\sqrt{x_1 - y_2 - z_3 + 1}}{2} = 0$$

$$q3 = \frac{\sqrt{y_2 - x_1 - z_3 + 1}}{2} \approx 0.259$$

$$q4 = \frac{\sqrt{z_3 - x_1 - y_2 + 1}}{2} = 0$$

$q2$、$q4$ 为 "0"，无须确定符号；计算式 $z_1 - x_3 = 1$，$q3$ 为 "+"，因此，工具坐标系旋转四元数为 [0.966，0，0.259，0]。

【例3-4】假设机器人工具坐标系如图 3.3-20 所示，坐标系方向为先回绕基准坐标系 z 轴逆时针旋转 180°（ $R_z = 180°$ ），再回绕旋转后的 y 轴逆时针旋转 90°（ $R_y = 90°$ ），旋转坐标系 x'、y'、z' 轴单位向量在基准坐标系 x、y、z 轴上的投影分别为

$$(x_1, x_2, x_3) = (0, 0, -1)$$
$$(y_1, y_2, y_3) = (0, -1, 0)$$

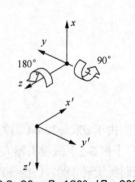

图3.3-20　$R_z = 180°$ / $R_y = 90°$

$$(z_1, z_2, z_3) = (-1, 0, 0)$$

由此可得

$$q1 = \frac{\sqrt{x_1 + y_2 + z_3 + 1}}{2} = 0$$

$$q2 = \frac{\sqrt{x_1 - y_2 - z_3 + 1}}{2} \approx 0.707$$

$$q3 = \frac{\sqrt{y_2 - x_1 - z_3 + 1}}{2} = 0$$

$$q4 = \frac{\sqrt{z_3 - x_1 - y_2 + 1}}{2} \approx 0.707$$

$q3$ 为 "0"，无须确定符号；计算式 $y_3-z_2=0$，$q2$ 为 "+"；计算式 $x_2-y_1=0$，$q4$ 为 "+"，因此，工具坐标系旋转四元数为[0，0.707，0，0.707]。

技能训练

结合本任务的内容，完成以下练习。

一、不定项选择题

1. 以下对工业机器人 TCP 理解正确的是（   ）。
   A. 工具中心点   B. 工具安装基准点   C. 手腕中心点   D. 工具控制点

2. 以下对工业机器人 TRP 理解正确的是（   ）。
   A. 工具中心点   B. 工具安装基准点   C. 手腕中心点   D. 工具控制点

3. 以下对工业机器人 WCP 理解正确的是（   ）。
   A. 工具中心点   B. 工具安装基准点   C. 手腕中心点   D. 工具控制点

4. 如果机器人不安装工具，以下理解正确的是（   ）。
   A. TCP 与 WCP 重合   B. TCP 与 TRP 重合
   C. TRP 与 WCP 重合   D. 3 点都不重合

5. 以下可以作为机器人手动操作、程序指令控制目标的点是（   ）。
   A. TRP   B. TCP   C. WCP   D. TCP 或 TRP

6. 以下对 6 轴串联机器人回转中心线理解正确的是（   ）。
   A. 下臂回转中心线   B. 上臂回转中心线
   C. 腰回转中心线   D. 手腕回转中心线

7. 以下对 6 轴串联机器人下臂中心线理解正确的是（   ）。
   A. 下臂摆动中心线   B. 上臂摆动中心线
   C. 腰回转中心线   D. 与上/下臂摆动中心线垂直相交的直线

8. 以下对 6 轴串联机器人上臂中心线理解正确的是（   ）。
   A. 通过手腕回转轴中心，且与手腕摆动轴中心线垂直相交的直线
   B. 上臂摆动中心线
   C. 手腕摆动轴中心线
   D. 手腕回转中心线

9. 以下对 6 轴串联机器人手回转中心线理解正确的是（   ）。

    A. 通过手回转中心，且与手腕工具安装法兰端面垂直的直线

    B. 手回转轴的 0° 线

    C. 手腕摆动轴中心线

    D. 手腕回转中心线

10. 以下对机器人系统控制轴组理解正确的是（   ）。

    A. 按运动单元划分　　　　　　　　　B. 又称机械单元

    C. 又称运动群组　　　　　　　　　　D. 只包含伺服轴

11. 以下对机器人系统"外部轴"理解正确的是（   ）。

    A. 就是基座轴　　　　　　　　　　　B. 就是工装轴

    C. 就是工具轴　　　　　　　　　　　D. A、B、C 都是

12. 没有生效的运动单元，其伺服驱动电机的状态为（   ）。

    A. 实时控制　　　B. 闭环位置调节　　　C. 伺服锁定　　　D. 完全自由

13. 以下属于实际存在、控制系统能真正实施控制的坐标系是（   ）。

    A. 基座坐标系　　B. 关节坐标系　　　　C. 工具坐标系　　D. 工件坐标系

14. 以下属于机器人基本坐标系的是（   ）。

    A. 基座坐标系　　B. 关节坐标系　　　　C. 工具坐标系　　D. 工件坐标系

15. 以下机器人坐标系中，可以设定多个的是（   ）。

    A. 关节坐标系　　B. 基座坐标系　　　　C. 工具坐标系　　D. 工件坐标系

16. 以下对机器人基座坐标系理解正确的是（   ）。

    A. 笛卡儿坐标系　　　　　　　　　　B. 基本坐标系

    C. 虚拟、但必需　　　　　　　　　　D. 就是大地坐标系

17. 以下对机器人工具坐标系理解正确的是（   ）。

    A. 笛卡儿坐标系　　　　　　　　　　B. 基本坐标系

    C. 手动操作必需　　　　　　　　　　D. 程序作业必需

18. 以下对机器人工件坐标系理解正确的是（   ）。

    A. 笛卡儿坐标系　　B. 基本坐标系　　C. 手动操作必需　　　D. 程序作业必需

19. 以下对机器人关节位置理解正确的是（   ）。

    A. 用脉冲数表示　　　　　　　　　　B. 可断电保持

    C. 位置唯一　　　　　　　　　　　　D. 没有奇点

20. 以下对机器人笛卡儿坐标系位置理解正确的是（   ）。

    A. 用 x、y、z 值表示　　　　　　　B. 与坐标系有关

    C. 位置唯一　　　　　　　　　　　　D. 没有奇点

21. 以下用于机器人本体姿态定义的参数是（   ）。

    A. 机身前/后　　B. 肘正/反或上/下　　C. 手腕俯/仰　　D. J1/J4/J6 轴位置

22. 以下用于机器人本体姿态参数中，用来规避奇点的参数是（   ）。

    A. 机身前/后　　B. 肘正/反或上/下　　C. 手腕俯/仰　　D. J1/J4/J6 轴位置

23. 用来判定机器人机身前/后位置的判别点是（   ）。

    A. TCP　　　　　　B. TRP　　　　　　C. WCP　　　　　D. 臂奇点

24. 用来判定机器人肘反/正位置的判别线是（   ）。

    A. 机器人回转中心线   B. 下臂中心线

    C. 上臂中心线   D. 手回转中心线

25. 机器人手腕俯/仰的判别依据是（   ）。

    A. J4 轴位置   B. J5 轴位置   C. J6 轴位置   D. J1/J4/J6 轴位置

26. 在机器人臂奇点上，运动不可控的轴是（   ）。

    A. J1   B. J4   C. J6   D. J1 和 J4

27. 在机器人腕奇点上，运动不可控的轴是（   ）。

    A. J1   B. J4   C. J6   D. J4 和 J6

28. 以下机器人系统中必须设定大地坐标系的是（   ）。

    A. 多机器人作业   B. 带机器人变位器

    C. 机器人倒置或倾斜   D. 带工件变位器

29. 以下机器人系统中必须设定用户坐标系的是（   ）。

    A. 多工件作业   B. 多工位、多工件作业

    C. 多机器人作业   D. 工具固定作业

30. 以下机器人系统中必须设定工件坐标系的是（   ）。

    A. 多工件作业   B. 多工位、多工件作业

    C. 多机器人作业   D. 工具固定作业

二、简答题

1. ABB 机器人的本体姿态可通过机器人配置参数 cfx 定义，试根据图 3.3-21 所示的 6 轴垂直串联机器人典型配置参数，在表 3.3-1 中填写机器人姿态。

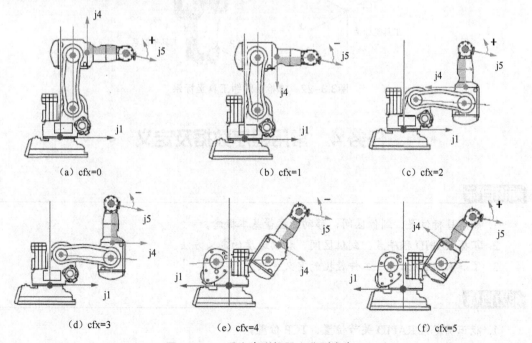

      （a）cfx=0   （b）cfx=1   （c）cfx=2

      （d）cfx=3   （e）cfx=4   （f）cfx=5

图3.3-21   垂直串联机器人典型姿态

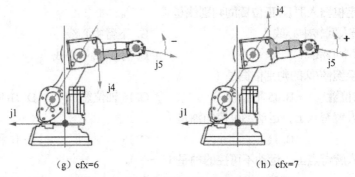

（g）cfx=6   （h）cfx=7

图3.3-21　垂直串联机器人典型姿态（续）

表 3.3-1　垂直串联机器人姿态

cfx 参数值	0	1	2	3	4	5	6	7
机身状态（前、后）								
肘状态（正、反）								
手腕状态（俯、仰）								

2. 试计算、确定图 3.3-22 所示的弧焊机器人焊枪、点焊机器人焊钳的工具坐标系旋转四元数。

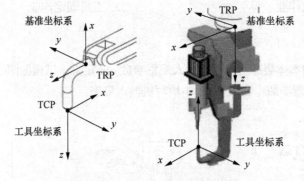

图3.3-22　焊枪、焊钳工具坐标系

●●● 任务 4　常用程序数据及定义 ●●●

知识目标

1. 熟悉目标位置、到位区间、移动速度等基本概念。

2. 掌握 RAPID 程序点、到位区间、移动速度的定义方法。

3. 了解 RAPID 工具、工件数据的定义方法。

能力目标

1. 能正确定义 RAPID 关节位置、TCP 位置。

2. 能正确定义 RAPID 到位区间。

3. 能正确定义 RAPID 移动速度。

4. 能看懂 RAPID 工具、工件数据。

基础学习

一、机器人定位位置

1. 移动要素

机器人程序自动运动时，需要通过移动指令来控制机器人、外部轴运动，为此，需要定义移动目标位置、到位区间、运动轨迹、移动速度等基本的移动要素。

① 定位位置。定位位置就是移动指令的目标位置。移动指令的起点总是在指令执行前机器人的当前位置，移动目标位置可以直接在程序中给定，也可以通过机器人的示教操作设定，因此，它又称程序点、示教点。

机器人的目标位置可以是机器人、外部轴关节坐标系的绝对位置，也可是机器人 TCP 在基座、用户、工件等笛卡儿坐标系上的 x、y、z 值，以笛卡儿坐标系 xyz 方式定义的目标位置，需要同时规定机器人的姿态。

② 到位区间。到位区间又称定位等级（Positioning Level）、定位类型（Continuous Termination）、定位允差等，它是控制系统用来判断机器人是否到达目标位置的依据，如果机器人已经到达目标位置的到位区间范围内，控制系统便认为当前的移动指令已经执行完成，系统将执行下一程序指令。需要注意的是：采用闭环位置控制系统（伺服驱动系统）的到位区间并不是运动轴最终的定位误差，即使运动轴到达了到位区间，伺服系统仍能够通过闭环自动调节功能，进一步消除误差，直至达到系统可能的最小值。

③ 移动轨迹。移动轨迹就是机器人 TCP 在三维空间的运动路线，它需要通过不同的移动指令代码来规定。例如，ABB 机器人的绝对位置定位指令代码为 MoveAbsJ，关节插补指令代码为 MoveJ、直线插补指令代码为 MoveL、圆弧插补指令代码为 MoveC 等，有关内容将在项目四中学习。

④ 移动速度。移动速度用来定义机器人、外部轴的运动速度。移动速度可用两种形式指定：关节坐标系的绝对位置定位运动，直接指定各关节的回转或直线移动速度；关节、直线、圆弧插补时，需要指定机器人 TCP 在笛卡儿坐标系的移动速度，它是各关节轴运动合成后的移动速度。

2. 关节位置及定义

关节位置又称绝对位置，它是以各关节轴自身的计数零位（原点）为基准，直接用回转角度或直线位置描述的机器人关节轴、外部轴位置。关节位置是机器人绝对位置定位指令的目标位置，它无须考虑机器人、工具的姿态。

例如，对于图 3.4-1 所示的机器人系统，其机器人关节轴的绝对位置为 j1、j2、j3、j4、j6 为 0°，j5 为 30°；外部轴的绝对位置为 e1 为 682mm，e2 为 45° 等。

关节位置（绝对位置）是真正由机器人伺服驱动系统实施控制的位置。在机器人控制系统上，关节位置一般通过位置检测编码器的脉冲计数得到，故又称"脉冲型位置"。机器人的位置检测编码器一般直接安装在伺服电机内（称内置编码器），并与电机输出轴同轴，因此，编码器的输出脉冲数直接反映了电机轴的回转角度。

现代机器人所使用的位置编码器都带有后备电池，它可以在断电状态下保持脉冲计数值，因此，编码器的计数零位（原点）一经设定，在任何时刻，电机轴所转过的脉冲计数值都是一个确定的值，它既不受机器人、工具、工件等坐标系设定的影响，也与机器人、工具的姿态无关（不存在奇点）。

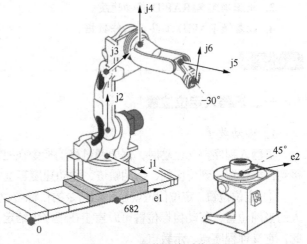

图3.4-1 关节轴绝对位置

3. TCP 位置与定义

利用虚拟笛卡儿坐标系定义的机器人 TCP 位置，是以指定坐标系的原点为基准，通过三维空间的位置值（x，y，z）描述的 TCP 位置，故又称 xyz 位置。在机器人程序中，指令 TCP 进行关节、直线、圆弧插补移动的指令，其移动目标位置都需要以 TCP 位置的形式指定。

机器人的 TCP 位置与所选择的坐标系有关。如选择基座坐标系，它就是机器人 TCP 相对于基座坐标系原点的位置值；如选择工件坐标系，它就是机器人 TCP 相对于工件坐标系原点的位置值等。

例如，对于图 3.4-2 所示的控制系统默认的机器人 TCP 位置，利用基座坐标系指定的位置值为（800，0，1000），大地坐标系的位置值为（600，682，1200），工件坐标系的位置值为（300，200，500）。

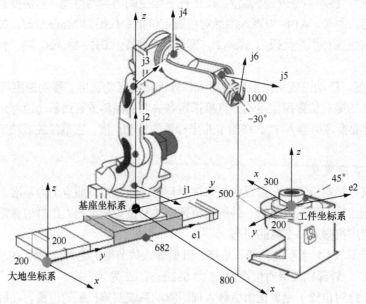

图3.4-2 机器人TCP位置

在垂直串联等结构的机器人上，由于笛卡儿坐标系是虚拟坐标系，因此，当机器人 TCP 位置以（x，y，z）形式指定时，控制系统需要通过逆运动学计算、求解关节轴的位置，且存在多组解，因此，必须同时规定机器人、工具的姿态，以便获得唯一解。由于不同机器人的姿态定义方式有所不同，因此，机器人的 TCP 位置格式也有所区别。

二、机器人到位区间

1. 到位区间的作用

到位区间是控制系统判别机器人移动指令是否执行完成的依据。在程序自动运行时，它是系统结束当前指令、启动下一指令的条件，如果机器人 TCP 到达了目标位置的到位区间范围内，就认为指令的目标位置到达，系统随即开始执行后续指令。

到位区间并不是机器人 TCP 的实际定位误差，因为，当 TCP 到达目标位置的到位区间后，伺服驱动系统还将通过闭环位置调节功能，自动消除误差，尽可能地向目标位置接近。正因为如此，当机器人连续执行移动指令时，在指令转换点上，控制系统一方面通过闭环调节功能，消除上一移动指令的定位误差，同时，又开始了下一移动指令的运动。这样，在两指令的运动轨迹连接处，将产生图 3.4-3（a）所示的抛物线轨迹，由于轨迹近似圆弧，故俗称"圆拐角"。

机器人 TCP 的目标位置定位是一个减速运动过程，越接近目标点，机器人的移动速度就越低。因此，到位区间越大，移动指令的执行时间就越短，运动连续性就越好；但是，机器人 TCP 的运动轨迹偏离指令目标点就越远，轨迹精度也就越低。

例如，如到位区间足够大，机器人执行图 3.4-3（b）所示的 p1→p2→p3 连续移动指令时，可能直接从 p1 点连续运动至 p3 点，而不再经过 p2 点。

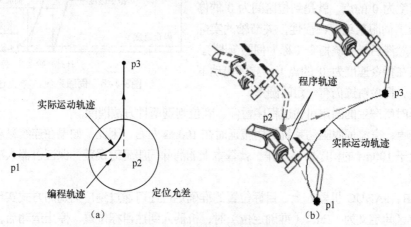

图3.4-3 到位区间与连续移动

2. 到位区间的定义

到位区间有不同的名称和定义方法，在不同机器人上有所不同。例如，ABB 机器人称为到位区间（Zone），系统预定义到位区间为 z0～z200，z0 为准确定位，z200 为半径 200mm 范围内的定位。如需要，也可通过程序数据 zonedata，直接在程序指令中自行定义。

安川机器人的到位区间称为定位等级（Positioning Level，PL），区间范围有 PL=0～8 共 9 级，PL=0 为准确定位，PL=8 的区间半径最大；PL=0～8 的区间半径值，通过系统参数设定。

FANUC 机器人的定位区间定义方法与 ABB、安川机器人都不同，它需要通过定位类型参数 CNT 在移动指令中定义，定位类型又称定位中断（Continuous Termination，CNT），参数含义如图 3.4-4 所示。

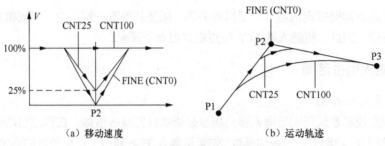

（a）移动速度 　　　　　　　　　（b）运动轨迹

图3.4-4　CNT与拐角自动减速

定位类型实际上是一种拐角减速功能，指令中的 CNT 参数用来定义拐角减速倍率，定义范围为 CNT0～CNT100。CNT0 为减速停止定位，机器人需要在每一移动指令的终点减速停止，才能启动下一指令。如指定 CNT100，机器人将在拐角处执行不减速的连续运动，形成最大的圆角。

3. 准确定位

通过到位区间 Zone（或定位等级 PL、定位类型 CNT）的设定，机器人连续移动时的拐角半径得到了有效控制，但是，即使将到位区间定义为 z0 或 PL=0、CNT=0，由于伺服系统的位置跟随误差，轨迹转换处实际还会产生圆角。

图 3.4-5 为伺服系统的实际停止过程。运动轴停止时，控制系统的指令速度将按加减速要求下降，指令速度为 0 的点，就是到位区间为 0 的停止位置。由于伺服系统存在惯性，关节轴的实际运动速度必然滞后于系统指令（称为伺服延时）。因此，如果在指令速度为 0 的点上，立即启动下一移动指令，拐角轨迹仍有一定的圆角。

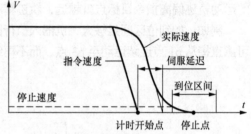

图3.4-5　伺服系统的停止过程

伺服延时所产生的圆角可通过程序暂停、到位判别两种方法消除。

一般而言，交流伺服驱动系统的伺服延时在 100ms 左右，因此，如果在连续移动的指令中添加一个大于 100ms 的程序暂停动作，就基本上能消除伺服延时误差，保证机器人准确到达指令目标位置。

在 ABB、FANUC 机器人上，目标位置的准确定位还可通过到位判别的方式实现。当移动指令的到位区间定义为"fine"（准确定位）时，机器人到达目标位置、停止运动后，控制系统还需要对运动轴的实际位置进行检测，只有所有运动轴的实际位置均到达目标位置的准确定位允差范围，才能启动下一指令的移动。利用到位区间自动实现的机器人准确定位，是由控制系统自动完成、确保实际位置到达的定位方式，与使用程序暂停指令比较，其定位精度、终点暂停时间的控制更加准确、合理。在 ABB、FANUC 机器人上，目标位置的到位检测还可进一步增加移动速度、停顿时间、拐角半径等更多的判断条件。

三、机器人移动速度

机器人系统的运动控制方式可分为各关节轴独立控制的运动（回转、直线）、通过多轴联动控制的机器人 TCP 插补运动、TCP 保持不变的工具定向运动 3 类。3 类运动的速度定义方式有所区别，具体如下。

1. 关节速度及定义

关节速度一般用于机器人手动操作,以及关节位置绝对定位、关节插补指令的速度控制。机器人系统的关节速度是各关节轴独立的回转或直线运动速度,回转轴/摆动轴的速度基本单位为 (°/s),直线运动轴的速度基本单位为 mm/s。

机器人样本中所提供的最大速度(Maximum Speed),就是各关节轴的最大移动速度。最大速度是关节轴的极限速度,在任何情况下都不允许超过。当机器人以 TCP 速度、工具定向速度等方式指定速度时,如某一轴或某几轴的关节速度超过了最大速度,控制系统将自动超过最大速度的关节轴限定为最大速度,并以此为基准,调整其他关节轴速度,以保证运动轨迹的准确。

关节速度通常以最大速度倍率(百分率)的形式定义。关节速度(百分率)一旦定义,对于 TCP 定位运动,系统中所有需要运动的轴,都将按统一的倍率,调整各自的速度,进行独立的运动。关节轴的实际移动速度为关节速度(百分率)与该轴关节最大速度的乘积。

关节速度不能用于机器人 TCP 运动速度的定义。机器人执行多轴同时运动的手动操作或关节位置绝对定位、关节插补指令时,其 TCP 的线速度为各关节轴运动的合成。

例如,假设机器人腰回转轴 J1、下臂摆动轴 J2 的最大速度分别为 250°/s、150°/s,如定义关节速度为 80%,则 J1、J2 轴的实际速度将分别为 200°/s、120°/s;当 J1、J2 轴同时进行定位运动时,机器人 TCP 的最大线速度将为

$$V_{tcp} = \sqrt{200^2 + 120^2} \approx 233 \ (°/s)$$

在部分机器人(如 ABB)上,关节速度也可用移动时间的方式定义,此时,各关节轴的移动距离除以移动时间所得的商,就是关节速度。

2. TCP 速度及定义

TCP 速度用于机器人 TCP 的线速度控制,对于需要控制 TCP 运动轨迹的直线插补、圆弧插补等指令,都应定义 TCP 速度。在 ABB 等具有绝对定位功能的机器人上,关节插补指令的速度需要用 TCP 速度进行定义。

TCP 速度是系统中所有参与插补的关节轴运动合成后的机器人 TCP 运动速度,它需要通过控制系统的多轴同时控制(联动)功能实现,TCP 速度的基本单位一般为 mm/s。在机器人移动指令上,TCP 速度不但可用速度值的形式直接定义(如 800mm/s 等),而且,还可用移动时间的形式间接定义(如 5s 等)。利用移动时间定义 TCP 速度时,机器人 TCP 的空间移动距离(轨迹长度)除以移动时间所得的商,就是 TCP 速度。

机器人的 TCP 速度是多关节轴运动合成的速度,参与运动的各关节轴的实际关节速度,需要通过 TCP 速度的逆向求解得到,由 TCP 速度求解得到的关节轴回转速度,均不能超过关节轴的最大速度,否则,控制系统将自动限制TCP 速度,以保证 TCP 运动轨迹准确。

3. 工具定向速度

工具定向速度用于图 3.4-6 所示的、机器人工具方向调整运动的速度控制,运动速度的基本单位为°/s。

工具定向运动多用于机器人作业开始、作业结束或轨迹转换处。在这些作业部位,为了避免机器人运动过程可

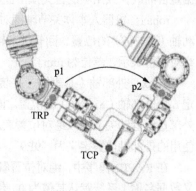

图3.4-6 工具定向运动

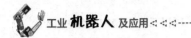

能出现的运动部件干涉，经常需要改变工具方向，才能接近、离开工件或转换轨迹。在这种情况下，就需要对作业工具进行 TCP 位置保持不变的工具方向调整运动，这样的运动称为工具定向运动。

工具定向运动一般需要通过机器人工具参考点 TRP 绕 TCP 的回转运动实现，因此，工具定向速度实际上用来定义机器人 TRP 的回转速度。

工具定向速度同样是系统中所有参与运动的关节轴运动合成后的机器人 TRP 回转速度，它也需要通过控制系统的多轴同时控制（联动）功能实现，由于工具定向是 TRP 绕 TCP 的回转运动，故其速度基本单位为°/s。由工具定向速度求解得到的各关节轴回转速度，同样不能超过关节轴的最大速度，否则，控制系统将自动限制工具定向速度，以保证 TRP 运动轨迹的准确。

机器人的工具定向速度，同样可采用速度值（°/s）或移动时间（s）两种定义形式。利用移动时间定义工具定向速度时，机器人 TRP 的空间移动距离（轨迹长度）除以移动时间所得的商，就是工具定向速度。

实践指导

一、RAPID程序点定义

1. 关节位置定义

在 RAPID 程序中，机器人的移动目标位置（程序点）可通过以下两种方式定义：用关节轴绝对位置形式定义的 RAPID 程序点数据，称为关节位置数据（jointtarget）。关节位置数据属于 RAPID 复合型数据（recode），不同的程序点数据可用数据名称区分。

定义关节位置数据（jointtarget）的指令格式如下，指令中的":="为 RAPID 运算符，作用与"="号相同。

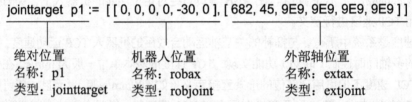

jointtarget p1 := [[0, 0, 0, 0, -30, 0], [682, 45, 9E9, 9E9, 9E9, 9E9]]

绝对位置	机器人位置	外部轴位置
名称：p1	名称：robax	名称：extax
类型：jointtarget	类型：robjoint	类型：extjoint

关节位置数据（jointtarget）由机器人本体关节位置（robax）和外部轴位置（extax）两组数据复合而成，数据项的含义如下。

robax：机器人本体关节轴绝对位置数据（robjoint），标准编程软件允许一次性指定 6 个运动轴（j1~j6）的位置；回转关节轴的位置以绝对角度表示，单位为（°）；直线运动关节轴以绝对位置表示，单位为 mm。

extax：外部轴（基座轴、工装轴）绝对位置数据（extjoint），标准编程软件允许一次性指定 6 个外部轴（e1~e6）的位置。同样，外部回转关节轴的位置以绝对角度表示，单位为（°）；外部直线运动关节轴以绝对位置表示，单位为 mm；不使用外部轴，或外部轴少于 6 轴时，未使用的外部轴位置定义为"9E9"。

在 RAPID 程序中，绝对位置既可完整定义，也可只对其中的部分进行定义或修改，如仅定义数据名称，系统默认其值为 0。绝对位置的定义示例如下，程序指令中的 VAR 用来规定数据的属性，有关内容将在项目四介绍（下同）。

```
VAR jointtarget p0 ;                    // 定义程序点 p0, 初始值为 0
p0 := [[0,0,0,0,0,0],[ 0,0,9E9,9E9,9E9,9E9]] ;   // 完整定义程序点 p0
p0.robax := [0, 45, 30, 0, -30, 0];     // 定义程序点 p0 的机器人本体位置
p0.extax := [-500, -180, 9E9,9E9,9E9,9E9];  // 定义程序点 p0 的外部轴位置
……
```

2. TCP 位置定义

TCP 位置是以笛卡儿坐标系三维空间的位置值（x, y, z）描述的机器人工具控制点（TCP）位置，它不仅需要定义坐标值，而且还需要定义机器人姿态、工具姿态。用来 TCP 位置形式定义的 RAPID 程序点数据，称为机器人位置数据（robtarget），或直接称 TCP 位置数据。TCP 位置数据属于 RAPID 复合型数据（recode），不同的程序点数据同样可用数据名称区分。

定义 TCP 位置数据的指令格式如下。

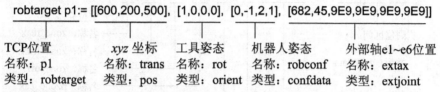

TCP 位置数据（robtarget）由空间位置（trans）、工具方位（rot）、机器人姿态（robconf）、外部轴位置（extax）4 组数据复合而成，数据项的含义如下。

trans: xyz 位置数据（pos），机器人 TCP 在指定坐标系上的（x, y, z）值。

rot: 工具姿态数据（orient），用四元数法表示的工具坐标系方向（见本项目任务 3）。

robconf: 机器人姿态数据（confdata），格式为 [cf1, cf4, cf6, cfx]; 数据项 cf1、cf4、cf6 分别为机器人 j1、j4、j6 轴的区间号，设定值的含义如图 3.4-7 所示; cfx 为机器人的姿态号，设定范围为 0～7，姿态号的含义可参见本项目任务 3 技能训练的"二、简答题"的第 1 题。

extax: 外部轴（基座轴、工装轴）e1～e6 绝对位置数据（extjoint），定义方法与关节位置数据（jointtarget）相同。

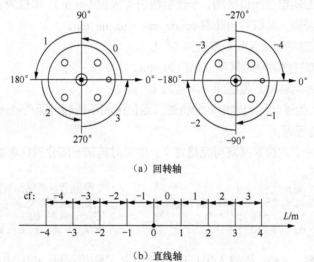

（a）回转轴

（b）直线轴

图3.4-7 区间号cf1、cf4、cf6的定义

在 RAPID 程序中，TCP 位置既可完整定义，也可只对其中的部分进行定义或修改，如仅定义数据名称，系统默认其值为 0。TCP 位置的定义示例如下。

```
VAR robtarget p1 ;                           // 定义程序点 p1，初始值为 0
p1 := [[0,0,0],[1,0,0,0],[0,1,0,0],[0,0,9E9,9E9,9E9,9E9]] ; // 完整定义程序点 p1
p1.pos := [50, 100, 200];                    // 定义程序点 p1 的 x、y、z 值
p1.pos.z := 200;                             // 仅定义程序点 p1 的 z 值
……
```

二、RAPID到位区间定义

1. 到位区间定义

在 RAPID 程序中，到位区间可通过区间数据（zonedata）定义，在此基础上，还可通过添加项（\Inpos）增加到位检测条件。区间数据属于 7 元数组，不同的定位区间可用数据名称区分。

定义到位区间数据的指令格式如下。

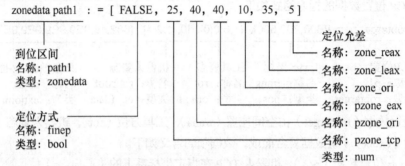

区间数据由 7 个不同格式的数据构成，数据项含义如下。

finep：定位方式，布尔型数据（bool）。"TRUE"为目标位置暂停，"FALSE"为机器人连续运动。

pzone_tcp：TCP 到位区间，十进制数值型数据（num），单位为 mm。

pzone_ori：工具姿态到位区间，十进制数值型数据（num），单位为 mm。其设定值应大于等于 pzone_tcp，否则，系统将自动取 pzone_ori = pzone_tcp。

pzone_eax：外部轴定位到位区间，十进制数值型数据（num），单位为 mm。其设定值应大于等于 pzone_tcp，否则，系统将自动取 pzone_eax = pzone_tcp。

zone_ori：工具定向到位区间，单位为（°）。

zone_leax：外部直线轴到位区间，单位为 mm。

zone_reax：外部回转轴到位区间，单位为（°）。

为了确保机器人能够到达程序指令的轨迹，定位区间不能超过运动轨迹长度的 1/2，否则，系统将自动缩小到位区间。

在 RAPID 程序中，到位区间既可完整定义，也可对其某一部分进行单独修改或设定。到位区间的定义示例如下。

```
VAR zonedata path1 ;                     // 定义到位区间 path1，初始值为 0
path1 := [ FALSE,25,35,40,10,35,5 ] ;    // 完整定义到位区间 path1
Path1. pzone_tcp :=30 ;                   // 定义 path1 的 TCP 到位区间
Path1. pzone_ori :=40 ;                   // 定义 path1 的工具姿态到位区间
……
```

为便于用户编程，ABB 机器人出厂时已预定义了到位区间 z0/1/5/10/15/20/30/40/50/60/80/100/150/200，其 pzone_tcp 的设定值分别为 0.3/1/5/10/15/20/30/40/50/60/80/100/150/200mm；pzone_ori、pzone_eax、zone_leax 的设定值为 $1.5 \times$（pzone_tcp）mm；zone_ori、zone_reax 的设定值为 $0.15 \times$（pzone_tcp）（°）；选择 z0 为准确定位（fine）。

2. 到位检测定义

为了保证机器人能够准确到达目标位置，在 RAPID 程序中，机器人的目标位置可增加到位检测条件，机器人只有满足目标位置的检测条件，控制系统才启动下一指令的执行。到位检测条件需要以添加项\Inpos 的形式，添加在到位区间之后。

RAPID 程序的到位检测条件，需要通过停止点数据（stoppointdata）定义，停止点数据是复合型数据，不同的停止点数据可用数据名称区分。定义停止点数据的指令格式如下。

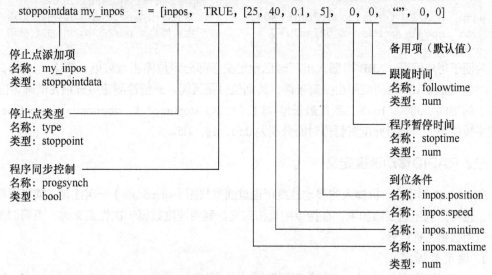

停止点数据由多个不同类型的数据构成，数据项含义如下。

type：定位方式定义，可用数值或文字形式定义，设定值如下。

0（fine）：准确定位，定位区间为 z0。

1（inpos）：到位停止，到位检测条件由数据项 inpos.position、inpos.speed、inpos.mintime、inpos.maxtime 设定。

2（stoptime）：程序暂停，暂停时间由数据项 stoptime 设定。

3（followtime）：跟随停止，仅用于协同作业同步控制，跟随时间由数据项 followtime 设定。

progsynch：程序同步控制，布尔型数据。"TRUE"为到位检测，机器人只有满足到位检测条件，才能执行下一条指令；"FALSE"为连续运动，机器人只要到达目标位置到位区间，便可执行后续指令。

inpos.position：到位检测区间，十进制数值型数据（num），设定到位区间 z0（fine）的百分率。

inpos.speed：到位检测速度条件，十进制数值型数据（num），设定到位区间 z0（fine）的移动速度百分率。

inpos.mintime：到位最短停顿时间，十进制数值型数据（num），单位为 s。在设定的时间内，即使到位检测条件满足，也必须等到该时间到达，才能执行后续指令。

inpos.maxtime：到位最长停顿时间，十进制数值型数据（num），单位为 s。如果设定时间到达，即使检测条件未满足，也将启动后续指令。

stoptime：程序暂停时间，十进制数值型数据（num），单位为 s。定位方式 stoptime 的目标位置暂停时间。

followtime：跟随时间，十进制数值型数据（num），单位为 s。定位方式 followtime 的目标

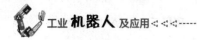

位置暂停时间。

signal、**relation**、**checkvalue**：这些数据项目前不使用，可直接设定为[""，0，0]。

在 RAPID 程序中，停止点数据既可完整定义，也可对其某一部分进行单独修改或设定。停止点数据的定义示例如下。

```
VAR stoppointdata path_inpos1;              // 定义停止点 path_inpos1，默认值 0
path_inpos1 := [inpos, TRUE, [25,40,1,3], 0, 0, "", 0, 0] ;
                                            //完整定义停止点 path_inpos1
path_inpos1. inpos.position :=40 ;          // 定义停止点 path_inpos1 的数据项
path_inpos1. inpos.stoptime :=3 ;           // 定义停止点 path_inpos1 的数据项
……
```

为便于用户编程，ABB 机器人出厂时已预定义了部分到位停止点数据，其中，inpos 20、inpos 50、inpos 100 为到位停止检测条件，其到位检测区间、到位检测速度分别为准确定位 z0（fine）的 20%、50%、100%，到位最长停顿时间为 2s；stoptime0_5、stoptime1_0、stoptime1_5 为程序暂停条件，其目标位置暂停时间分别为 0.5s、1s、1.5s。

三、RAPID移动速度定义

在 RAPID 程序中，机器人的移动速度可通过速度数据（speeddata）一次性定义或在程序中引用，也可以利用速度添加项，在指令中直接定义。利用速度数据一次性定义时，不同的速度数据可用数据名称区分。

1. 速度数据定义

RAPID 速度数据为四元十进制数值型数据，格式为[v_tcp，v_ori，v_leax，v_reax]，数据项的含义如下。

v_tcp：TCP 速度定义，单位为 mm/s；

v_ori：工具定向速度定义，单位为° /s；

v_leax：外部直线轴移动速度定义，单位为 mm/s；

v_reax：外部回转轴回转速度定义，单位为° /s。

在 RAPID 程序中，速度数据既可完整定义，也可对其某一部分进行修改或设定。定义速度数据的指令格式如下。

```
VAR speeddata v_work ;            // 定义速度数据 v_work，初始值为 0
v_work := [500,30,250,15] ;       // 完整定义速度数据
v_work. v_tcp :=200 ;             // 定义数据项 v_tcp
v_work. v_ori :=12 ;              // 定义数据项 v_ori
……
```

为便于用户编程，ABB 机器人出厂时控制系统已预定义了如下速度数据。

TCP 速度：v5/10/20/30/40/50/60/80/100/150/200/300/400/500/600/800/1000/1500/2000/2500/3000/4000/5000/6000/7000。利用系统预定义 TCP 速度指定机器人移动速度时，数据名 v5 ~ v7000 中的数值，就是 TCP 速度 v_tcp（mm/s）；工具定向速度 v_ori 统一为 500° /s，外部轴回转速度 v_reax 统一为 1000° /s，外部直线轴速度 v_leax 值统一为 5000mm/s。例如，移动指令的速度定义为 v100 时，机器人 TCP 速度为 100mm/s，工具定向速度为 500° /s，外部轴回转速度为 1000° /s，外部直线轴速度为 5000mm/s。

回转速度：vrot1/2/5/10/20/50/100。回转速度只能用于工具定向、外部回转轴的回转运动速度定义，其 TCP 速度 v_tcp、直线运动速度 v_leax 均为 0。数据名称中的数值就是回转速度

（°/s）。例如，移动指令的速度定义为 vrot10 时，工具定向、外部回转轴的回转速度为 10°/s，TCP 速度、外部直线轴速度均为 0。

直线运动速度：vlin10/20/50/100/200/ 500/1000。直线运动速度一般只用于外部直线轴速度 v_leax 的定义，其 TCP 速度 v_tcp、工具定向回转速度 v_ori、外部轴回转速度 v_reax 均为 0。数据名称中的数值就是直线运动速度 v_leax（单位为 mm/s）。例如，移动指令的速度定义为 vlin100 时，外部轴直线运动速度为 100mm/s，TCP 速度、工具定向速度、外部回转轴速度均为 0。

2. 速度直接定义

RAPID 移动速度也可在指令上直接定义，直接定义的速度可通过附加在系统预定义速度后的添加项\V 或\T 指定。例如，v200\V:=250、vrot10\T:=6 等。但是，在同一移动指令中，不能同时使用添加项\V 和\T。

速度添加项\V 和\T 的含义与定义方法如下。

① 添加项\V。直接定义 TCP 速度，单位为 mm/s。添加项\V 可替代 v_tcp，直接设定机器人 TCP 的移动速度。例如，指令 v200\V:=250，可直接定义机器人 TCP 移动速度为 250mm/s，此时，系统预定义速度 v200 中的数据项 v_tcp 速度（200mm/s）将无效。

添加项\V 只能定义 TCP 速度，以取代 RAPID 速度数据的数据项 v_tcp，它对工具定向、外部轴定位无效。

② 添加项\T。移动时间定义，单位为 s。添加项\T 可规定移动指令的执行时间，从而间接定义机器人移动速度。例如，v100\T:=4，可定义机器人 TCP 从指令起点到目标位置的移动时间为 4s，此时，系统预定义速度 v100 中的 v_tcp 速度（100mm/s）将无效。

利用添加项\T 定义 TCP 速度时，机器人 TCP 的实际移动速度与移动距离（轨迹长度）有关。例如，对于速度 v100\T:=4，如 TCP 移动距离为 500mm，则 TCP 速度为 125mm/s；如 TCP 移动距离为 200mm，则 TCP 速度为 50mm/s 等。

RAPID 添加项\T 可用来定义 TCP 速度、工具定向速度，以及外部轴回转、直线运动速度（关节速度）。例如，利用 vrot10\T:=6，可定义工具定向或外部轴回转的时间为 6s，此时，系统预定义速度 vrot10 中的 v_reax 速度（10°/s）将无效；而利用 vlin100\T:=6，可定义外部轴直线运动的时间为 6s，此时，系统预定义速度 vlin100 中的 v_leax 速度（100mm/s）将无效。

利用添加项\T 定义工具定向、外部轴回转、外部轴直线运动速度时，机器人 TRP 或外部轴的实际移动速度同样与移动距离（回转角度、直线轴行程）有关。例如，对于速度 vrot10\T:=6，如外部轴回转角度为 90°，则其关节回转速度为 15°/s。

拓展提高

一、RAPID工具数据定义

1. 数据格式

当机器人用于多工具、多工件、复杂作业时，为了使作业程序能适应不同工具、工件的需要，在更换工具、改变工件位置后，仍能利用同样的程序，完成相同的作业，就需要定义工具坐标系、工件坐标系等数据。

在 RAPID 程序中，工具数据是用来全面描述作业工具特性的程序数据，它不仅包括了工具坐标系（TCP 位置、姿态）数据，而且还可定义工具安装方式、工具质量和重心等参数。RAPID

工件数据是用来描述工件安装特性的程序数据，它可用来定义工件安装方式、用户坐标系、工件坐标系等参数。工具、工件数据的定义方法如下。

RAPID 工具数据定义指令的格式如下。

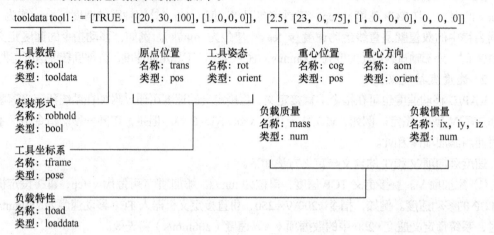

to	ooldata tool1: = [TRUE, [[20, 30, 100], [1, 0, 0, 0]], [2.5, [23, 0, 75], [1, 0, 0, 0], 0, 0, 0]]

工具数据　　　　原点位置　　工具姿态　　　重心位置　　重心方向
名称：tool1　　　名称：trans　名称：rot　　　名称：cog　　名称：aom
类型：tooldata　　类型：pos　　类型：orient　　类型：pos　　类型：orient

安装形式　　　　　　　　　　　　　　　　　　负载质量　　　　　　负载惯量
名称：robhold　　　　　　　　　　　　　　　　名称：mass　　　　　名称：ix，iy，iz
类型：bool　　　　　　　　　　　　　　　　　类型：num　　　　　类型：num

工具坐标系
名称：tframe
类型：pose

负载特性
名称：tload
类型：loaddata

2. 定义方法

RAPID 工具数据是由多种格式数据复合而成的多元数组，不同的工具数据可用数据名称区分。工具数据的数据项定义方法如下。

① robhold：工具安装形式，布尔型数据。机器人的工具安装有图 3.4-8 所示的两种形式，设定"TRUE"，为图 3.4-8（a）所示的、机器人安装工具的工具移动作业；设定"FALSE"，为图 3.4-8（b）所示的、机器人移动工件的工具固定作业。

② tframe：工具坐标系，姿态型数据，由原点位置数据（trans）、坐标系方位数据（rot）复合而成。其中，trans 是以[x, y, z]坐标值表示的工具坐标系原点位置数据（pos）；rot 是以[$q1$，$q2$，$q3$，$q4$]四元数表示的坐标轴方向数据。

工具安装形式不同时，工具坐标系的定义基准有所区别，在图 3.4-8（a）所示的、机器人安装工具的场合，工具坐标系的定义基准为机器人手腕基准坐标系；对于图 3.4-8（b）所示的、工具固定的场合，工具坐标系的定义基准为大地（或基座）坐标系。

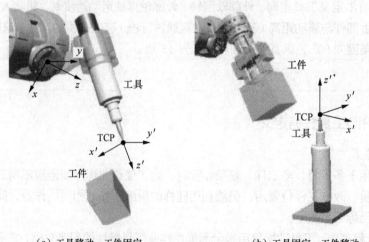

（a）工具移动、工件固定　　　　　　　　（b）工具固定、工件移动

图3.4-8　工具、工件安装形式

③ tload: 负载特性，负载型数据，用来定义图 3.4-9 所示的、安装在机器人手腕上的负载（工具或工件）质量、重心和惯量，它由如下数据复合而成。

mass: 负载质量，十进制数值型数据，用来定义负载（工具或工件）质量，单位为 kg。

cog: 重心位置，位置型数据，用来定义负载（工具或工件）重心在手腕基准坐标系上的坐标值（x, y, z）。

aom: 重心方向，坐标轴方向数据，以手腕基准坐标系为基准，用[$q1$, $q2$, $q3$, $q4$]四元数表示的负载重心方向。

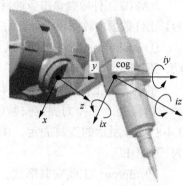

I_x、I_y、I_z: 转动惯量，十进制数值型数据。I_x、I_y、I_z 依次为负载在手腕基准坐标系 x、y、z 方向的负载转动惯量，单位为 kg · m^2。如定义 I_x、I_y、$I_z = 0$，控制系统将视负载为质点。

图3.4-9 负载特性数据

在 RAPID 程序中，负载特性数据（tload）也可通过移动指令添加项\TLoad 直接定义，添加项\TLoad 一旦指定，工具数据（tooldata）中所定义的负载特性数据项（tload）将无效。

在 RAPID 程序中，工具数据既可完整定义，也可对其某一部分进行修改或设定。定义工具数据的指令格式如下，程序指令中的 PERS 用来规定数据的属性，有关内容将在项目四介绍。

```
PERS tooldata tool1 ;                    // 定义工具数据，初值为 tool0
tool1:= [TRUE, [ [97.4, 0, 223.1], [0.966, 0,0.259 ,0] ], [ 5, [23, 0, 75],
        [1, 0, 0, 0], 0, 0, 0] ] ;       // 工具数据完整定义
tool1.tframe.trans := [100, 0, 220] ;    // 仅定义 tool1 的工具坐标系原点
tool1.tframe.trans.z := 300 ;            // 仅定义 tool1 的工具坐标系原点 z 坐标
……
```

由于工具数据的计算较为复杂，为了便于用户编程，ABB 机器人可直接使用工具数据自动测定指令，由控制系统自动测试并设定工具数据。

二、RAPID工件数据定义

1. 数据格式

RAPID 工件数据是用来描述工件安装特性的程序数据，可用来定义工件安装方式、用户坐标系、工件坐标系等参数。工件数据定义指令格式如下。

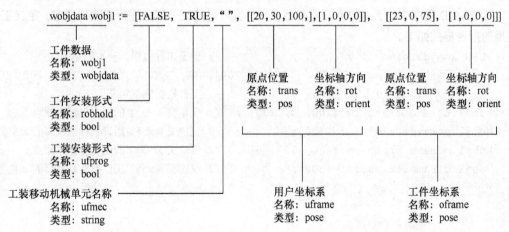

159

2. 定义方法

RAPID 工件数据是由多种格式数据复合而成的多元数组，不同的工件数据可用数据名称区分。工件数据中数据项的含义如下。

① robhold：工件安装形式，布尔型数据，设定值为"TRUE""FALSE"，分别代表工件移动、工件固定。

机器人的工件安装有图 3.4-8 所示的两种形式，对于前述图 3.4-8（a）所示的机器人移动工具作业，工件为固定安装，工件安装形式数据（robhold）定义为"FALSE"；对于图 3.4-8（b）所示的工具固定、由机器人移动工件作业，工件安装形式数据（robhold）定义为"TRUE"。

② ufprog：工装安装形式，布尔型数据，设定值为"TRUE""FALSE"，分别代表工装固定、工装移动。工装移动仅用于带工件变位器的协同作业系统（MultiMove）。在工装移动（ufprog 定义为"FALSE"）的系统上，还需要在数据项 ufmec 上，定义用于工装移动的机械单元名称。

③ ufmec：工装移动机械单元名称，文本（字符串）型数据（string），定义工装移动系统的工装移动机械单元名称。RAPID 文本（字符串）型数据（string）需要加双引号标识；在工装固定的作业系统上，也将保留双引号。

④ uframe：用户坐标系，姿态型数据（pose），由原点位置数据（trans）、坐标系方位数据（rot）复合而成。其中，trans 是以[x，y，z]坐标值表示的用户坐标系原点位置数据（pos）；rot 是以[$q1$，$q2$，$q3$，$q4$]四元数表示的坐标轴方向数据（orient）。

用户坐标系的设定基准与工件安装形式有关。对于工件固定、机器人移动工具作业（工件安装形式（robhold）设定为 FALSE），用户坐标系以大地（或基座）坐标系为基准设定；对于工具固定、机器人移动工件作业（工件安装形式（robhold）设定为 TRUE），用户坐标系需要以手腕基准坐标系为基准设定。

⑤ oframe：工件坐标系，姿态型数据（pose），由原点位置数据（trans）、坐标系方位数据（rot）复合而成。其中，trans 是以[x，y，z]坐标值表示的工件坐标系原点位置数据（pos）；rot 是以[$q1$，$q2$，$q3$，$q4$]四元数表示的坐标轴方向数据（orient）。工件坐标系需要以用户坐标系为基准定义。对于单工件固定作业，系统默认用户坐标系、工件坐标系重合，无须另行设定工件坐标系。

在 RAPID 程序中，工件数据既可完整定义，也可对其某一部分进行修改或设定。定义工件数据的指令格式如下。

```
PERS wobjdata wobj1 ;                    // 定义工件数据，初始值 wobj0
wobj1 := [ FALSE, TRUE, "", [ [0, 0, 200], [1, 0,0 ,0] ], [ [100, 200, 0],
          [1, 0, 0 ,0] ] ] ;            // 工件数据完整定义
Wobj1.uframe.trans := [100, 0, 200] ;   // 仅定义 wobj1 的用户坐标系原点
Wobj1.uframe.trans.z := 300 ;           // 仅定义 wobj1 用户坐标系原点的 z 位置
Wobj1.oframe.trans := [100, 200, 0] ;   // 仅定义 wobj1 的工件坐标系原点
Wobj1.oframe.trans.z := 300 ;           // 仅定义 wobj1 工件坐标系原点的 z 位置
……
```

技能训练

结合本任务的内容，完成以下练习。

一、不定项选择题

1. 工业机器人移动指令必须定义的要素是（　　）。
   A. 移动目标　　　　　　　　　　B. 到位区间
   C. 移动速度　　　　　　　　　　D. 运动轨迹

2. 以下对工业机器人移动指令目标位置理解正确的是（　　）。
   A. 运动起点　　　　　　　　　　B. 运动终点
   C. 必须是关节位置　　　　　　　D. 必须是 TCP 位置

3. 以下对工业机器人程序点理解正确的是（　　）。
   A. 是机器人的定位点　　　　　　B. 必须是关节绝对位置
   C. 可以通过示教操作设定　　　　D. 必须通过程序指令定义

4. 以下对工业机器人到位区间理解正确的是（　　）。
   A. 就是机器人的实际定位误差
   B. 减小定位区间可提高机器人定位精度
   C. 只用来判别指令是否执行完成
   D. 减小定位区间可提高程序执行速度

5. 以下对工业机器人到位区间编程理解正确的是（　　）。
   A. 只要移动指令就必须定义
   B. 有的机器人用定位等级定义
   C. 有的机器人用定位类型定义
   D. 定位区间越大，运动连续性越好

6. 以下对工业机器人移动速度理解正确的是（　　）。
   A. 是机器人关节的回转速度　　　B. 是机器人 TCP 的运动速度
   C. 是机器人外部轴的速度　　　　D. 以上 A、B、C 都有可能

7. 以下对工业机器人关节位置定义理解正确的是（　　）。
   A. 是机器人的绝对位置　　　　　B. 与编程坐标系有关
   C. 与机器人的姿态有关　　　　　D. 与作业工具有关

8. 以下对工业机器人关节位置数据理解正确的是（　　）。
   A. 通过编码器计数得到　　　　　B. 肯定用角度表示
   C. 有时称为脉冲型位置　　　　　D. 数据可断电保持

9. 以下对工业机器人 TCP 位置定义理解正确的是（　　）。
   A. 是机器人的绝对位置　　　　　B. 与编程坐标系有关
   C. 与机器人的姿态有关　　　　　D. 与作业工具有关

10. 以下对工业机器人 TCP 位置数据理解正确的是（　　）。
    A. 只需要 x、y、z 坐标值　　　B. 需要包含机器人姿态
    C. 需要包含工具姿态　　　　　　D. 需要包含外部轴位置

11. 以下对工业机器人到位区间定义理解正确的是（　　）。

    A. 只能以区间半径的形式定义　　　　　　B. 只能以拐角速度的方式定义

    C. 只能以到位检测的形式定义　　　　　　D. 以上 A、B、C 都有可能

12. 以下措施中，可确保工业机器人在目标点准确定位的是（　　）。

    A. 将区间半径定义为 0　　　　　　　　　B. 将拐角速度定义为 0

    C. 增加暂停指令　　　　　　　　　　　　D. 添加到位检测条件

13. 以下对工业机器人"关节速度"理解正确的是（　　）。

    A. 是电机的回转速度

    B. 是回转/摆动关节的回转速度

    C. 可以是直线运动速度

    D. 样本中的最大速度就是关节速度

14. 以下对工业机器人"关节速度"编程理解正确的是（　　）。

    A. 不能用来指定 TCP 速度　　　　　　　B. 通常只用于机器人定位

    C. 可以用倍率的形式编程　　　　　　　　D. 可用来规定工具定向速度

15. 以下对工业机器人"TCP 速度"理解正确的是（　　）。

    A. 用来规定 TCP 运动速度　　　　　　　B. 用来规定工具定向速度

    C. 是多轴运动的合成速度　　　　　　　　D. 圆弧插补时为 TCP 线速度

16. 以下对工业机器人"TCP 速度"编程理解正确的是（　　）。

    A. 可用倍率的形式编程　　　　　　　　　B. 可通过移动时间指定

    C. 可用于关节插补编程　　　　　　　　　D. 可用于绝对定位编程

17. 以下对工业机器人"工具定向速度"理解正确的是（　　）。

    A. 是机器人 TCP 运动速度　　　　　　　B. 是机器人 TRP 运动速度

    C. 是多轴运动合成速度　　　　　　　　　D. 以回转速度的形式定义

18. 以下对工业机器人"工具定向速度"编程理解正确的是（　　）。

    A. 可用倍率的形式编程　　　　　　　　　B. 可通过移动时间指定

    C. 一般不改变 TCP 位置　　　　　　　　D. 单位通常为°/s

19. 以下对 RAPID 工具数据理解正确的是（　　）。

    A. 可规定 TCP 位置　　　　　　　　　　B. 可规定工具姿态

    C. 可规定工具安装形式　　　　　　　　　D. 可规定工具质量、重心

20. 以下对 RAPID 工件数据理解正确的是（　　）。

    A. 可规定用户坐标系　　　　　　　　　　B. 可规定工件坐标系

    C. 可规定工件安装形式　　　　　　　　　D. 可规定工装安装形式

二、简答题

试按以下要求，写出 ABB 工业机器人的 RAPID 程序数据。

（1）在 8 轴机器人系统上，假设 p1 点的机器人本体轴 j1~j6 绝对位置为（0°，0°，45°，0°，−90°，0°），机器人变位器 e1 轴绝对位置为 500mm，工件变位器 e2 轴绝对位置为 180°，试定义该点的关节位置数据 jointtarget。

（2）在 6 轴机器人系统上，假设 p1 点的机器人 TCP 位置为（800，0，100），j1、j4、j6 轴

均在 0° 位置，机器人未安装工具，试定义该点的 TCP 位置数据 robtarget。

（3）假设机器人到位区间 zone_work 的要求为连续运动，TCP 到位区间半径为 15mm，工具姿态及定向到位区间半径为 25mm，外部直线轴到位区间为 30mm，外部回转轴到位区间为 5°，试定义该到位区间数据 zonedata。

（4）假设机器人运动速度 v_work 的要求为 TCP 速度达 350mm/s，工具定向速度为 25° /s，外部直线轴速度为 100mm/s，外部回转轴到位区间为 5° /s，试定义该速度数据（speeddata）。

机器人作业程序编制

●●● **任务 1 运动控制指令编程** ●●●

知识目标

1. 掌握 RAPID 移动指令的编程方法。
2. 熟悉程序点偏移指令的编程格式与要求。
3. 熟悉程序点偏置与镜像函数命令的编程格式与要求。
4. 熟悉程序点读入与转换函数命令。
5. 了解速度、加速度控制指令的编程格式与要求。

能力目标

1. 能熟练编制机器人基本移动指令。
2. 能使用程序点偏移指令编制作业程序。
3. 能编制程序点偏置与镜像作业程序。
4. 知道速度、加速度控制指令的作用。

基础学习

一、基本移动指令格式

1. 指令格式

工业机器人的作业需要通过工具与作业对象的相对运动实现，基本移动指令是用来控制工具控制点（TCP）、作业对象运动的指令，包括绝对定位、外部轴绝对定位、关节插补、直线插补、圆弧插补等，指令名称、编程格式与示例的说明见表 4.1-1。

表 4.1–1 RAPID 基本移动指令编程说明表

名称		编程格式与示例	
绝对定位	MoveAbsJ	程序数据	ToJointPos, Speed, Zone, Tool
		指令添加项	\Conc
		数据添加项	\ID、\NoEOffs、\V | \T、\Z、\Inpos、\WObj、\TLoad

续表

名称		编程格式与示例	
绝对定位	编程示例	MoveAbsJ j1, v500, fine, grip1; MoveAbsJ\Conc, j1\NoEOffs, v500, fine\Inpos:=inpos20, grip1; MoveAbsJ j1, v500\V:=580, z20\Z:=25, grip1\WObj:=wobjTable;	
外部轴绝对定位	MoveExtJ	程序数据	ToJointPos, Speed, Zone
		指令添加项	\Conc
		数据添加项	\ID、\NoEOffs, \T, \Inpos
	编程示例	MoveExtJ j1, vrot10, fine; MoveExtJ\Conc, j2, vlin100, fine\Inpos:=inpos20; MoveExtJ j1, vrot10\T:=5, z20;	
关节插补	MoveJ	程序数据	ToPoint, Speed, Zone, Tool
		指令添加项	\Conc
		数据添加项	\ID, \V | \T, \Z、\Inpos, \WObj、\TLoad
	编程示例	MoveJ p1, v500, fine, grip1; MoveJ\Conc, p1, v500, fine\Inpos:=inpos50, grip1; MoveJ p1, v500\V:=520, z40\Z:=45, grip1\WObj:=wobjTable;	
直线插补	MoveL	程序数据	ToPoint, Speed, Zone, Tool
		指令添加项	\Conc
		数据添加项	\ID, \V | \T, \Z、\Inpos, \WObj、\Corr、\TLoad
	编程示例	MoveL p1, v500, fine, grip1; MoveL\Conc, p1, v500, fine\Inpos:=inpos50, grip1\Corr; MoveJ p1, v500\V:=520, z40\Z:=45, grip1\WObj:=wobjTable;	
圆弧插补	MoveC	程序数据	CirPoint, ToPoint, Speed, Zone, Tool
		指令添加项	\Conc
		数据添加项	\ID, \V | \T, \Z、\Inpos, \WObj、\Corr、\TLoad
	编程示例	MoveC p1, p2, v300, fine, grip1; MoveL\Conc, p1, p2, v300, fine\Inpos:=inpos20, grip1\Corr; MoveJ p1, p2, v300\V:=320, z20\Z:=25, grip1\WObj:=wobjTable;	

2. 程序数据

基本移动指令的程序数据主要有目标位置 ToJointPos 或 ToPoint、移动速度 Speed、到位区间 Zone、作业工具 Tool 等，其含义和编程要求如下。其他个别程序数据及添加项的含义与编程要求，将在相关指令中说明。

① 目标位置 ToJointPoint、ToPoint。目标位置 ToJointPoint 是机器人、外部轴的关节坐标系位置，其数据类型为 jointtarget；关节位置是机器人、外部轴的绝对位置，与编程坐标系、作业工具无关。目标位置 ToPoint 是机器人 TCP 在三维笛卡儿坐标系上的位置值，其数据类型为 robtarget。TCP 位置是以指定坐标系为基准，通过 x、y、z 坐标值描述的机器人 TCP 位置，它与程序所选择的坐标系、工具、机器人姿态、外部轴位置等均有关。

关节位置 ToJointPoint、TCP 位置 ToPoint 通常用已定义的程序点编程。如程序点需要用示教操作等方式输入，在指令中可用 "*" 代替程序点编程。机器人的 TCP 位置 ToPoint，还可通过后述的工具偏移 RelTool、程序偏移 Offs 等函数命令指定，函数命令可直接替代程序数据 ToPoint 在指令中编程。

② 移动速度 Speed。移动速度 Speed 用来规定机器人 TCP 或外部轴的运动速度，其数据类型为 speeddata。移动速度既可直接使用系统预定义的速度，如 v1000（机器人 TCP 速度）、vrot10（外部轴回转定位速度）、vlin50（外部轴直线定位速度）等，也可通过速度数据的添加项\V 或\T，在指令中直接设定。

③ 到位区间 Zone。到位区间用来规定移动指令到达目标位置的判定条件，其数据类型为 zonedata。到位区间可为系统预定义的区间名称，如 z50、fine 等，也可通过数据添加项\Z、\Inpos，在指令中直接指定到位允差、规定到位检测条件。

④ 作业工具 Tool。用来指定作业工具，其数据类型为 tooldata。作业工具用来确定机器人的工具控制点（TCP）位置、工具安装方向、负载特性等参数。如机器人未安装工具时，作业工具可选择系统预定义的 tooldata 数据初始值 Tool0。如果需要，作业工具还可通过添加项\WObj、\TLoad、\Corr 等，进一步规定工件数据、工具负载、轨迹修整等参数。对于工具固定、机器人移动工件的作业系统，必须使用添加项\WObj 规定工件数据 wobjdata。

3. 添加项

添加项属于指令选项，可用，也可不用。RAPID 基本移动指令的添加项可用来调整指令的执行方式和程序数据，常用的添加项作用及编程方法如下。

① \Conc。连续执行添加项，数据类型为 switch。\Conc 可附加在移动指令之后，使系统在移动机器人的同时，启动并执行后续程序中的非移动指令。添加项\Conc 和程序数据需要用逗号"，"分隔，例如：

```
MoveJ\Conc,p1,v1000,fine,grip1;
Set do1,on;
```

指令 MoveJ\Conc 可使机器人在执行关节插补指令 MoveJ 的同时，启动并执行后续的非移动指令"Set do1, on ;"，使开关量输出 do1 的状态成为 ON。如果不使用添加项\Conc，控制系统将在机器人移动到达目标位置 p1 后，才启动并执行非移动指令"Set do1, on ;"。

使用添加项\Conc，系统能够连续执行的非移动指令最多为 5 条。另外，对于需要利用指令 StorePath、RestoPath，存储或恢复轨迹的移动指令，也不能使用添加项\Conc 编程。

② \ID。同步移动添加项，数据类型为 identno。添加项\ID 仅用于多机器人协同作业（MultiMove）系统，它可附加在目标位置 ToJointPoint、ToPoint 后，用来指定同步移动的指令编号，实现不同机器人的同步移动、协同作业。

③ \V 或\T。用户自定义的移动速度添加项，数据类型为 num。\V 可用于 TCP 移动速度的直接编程；\T 可通过运动时间，间接指定移动速度。有关\V 和\T 的编程方法，可参见项目三。

④ \Z、\Inpos。用户自定义的到位区间和到位检测条件，\Z 的数据类型为 num，\Inpos 的数据类型为 stoppointdata。

添加项\Z 可直接指定目标位置的到位区间。如"z40\Z:=45"表示目标位置的到位区间为 45mm。添加项\Inpos 可对目标位置的停止点类型、到位区间、停止速度、停顿时间等检测条件作进一步的规定。如"fine\Inpos:=inpos20"为使用系统预定义停止点数据 inpos20，停止点类型为"到位停止"，程序同步控制有效，到位区间为 fine 设定值的 20%，停止速度为 fine 设定值的 20%，最短停顿时间为 0s，最长停顿时间为 2s。有关\Inpos 的编程方法，可参见项目三。

⑤ \WObj。工件数据，数据类型为 wobjdata。\WObj 的添加可在工具数据 Tool 后，以选择工件坐标系、用户坐标系等工件数据。对于机器人移动工件（工具固定）作业系统，工件数据将直接影响机器人本体运动，故必须指定添加项\WObj；对于通常的机器人移动工具（工件固定）作业系统，可根据实际需要选择或省略添加项\WObj。添加项\WObj 可以和添加项\TLoad、\Corr 同时编程。

⑥ \TLoad。机器人负载，数据类型为 loaddata。添加项\TLoad 可直接指定机器人的负载参数，使用添加项\TLoad 时，工具数据 tooldata 中的负载特性项 tload 将无效；省略添加项\TLoad，或指定系统默认的负载参数 load0，则工具数据 tooldata 所定义的负载特性项 tload 有效。添加项\TLoad 可和添加项\WObj、\Corr 同时使用。

二、基本移动指令编程

RAPID 基本移动指令有定位和插补两大类。所谓定位，是通过机器人本体轴、外部轴（基座轴、工装轴）的运动，使运动轴移动到目标位置的操作，它只能保证目标位置的准确，而不对运动轨迹进行控制。所谓插补，是通过若干运动轴的位置同步控制，使得控制对象（机器人TCP）沿指定的轨迹连续移动，并准确到达目标位置。

1. 定位指令编程

绝对定位指令可将机器人、外部轴（基座、工装）定位到指定的关节坐标系绝对位置上，目标位置不受编程坐标系的影响。但是，由于工具、负载等参数与机器人安全、伺服驱动控制密切相关，因此，绝对定位指令也需要指定工具、工件数据。

绝对定位是"点到点"定位运动，它不分机器人 TCP 移动、工具定向运动、变位器运动，也不控制运动轨迹。执行绝对定位指令，机器人的所有运动轴可同时到达终点，机器人 TCP 的移动速度大致与指令速度一致。

RAPID 定位指令有绝对定位、外部轴绝对定位两条，其编程格式分别如下。

① 绝对定位。绝对定位指令 MoveAbsJ 用于机器人定位，指令的编程格式如下。

```
MoveAbsJ [\Conc,] ToJointPoint [\ID] [\NoEOffs], Speed [\V]|[\T], Zone [\Z]
        [\Inpos], Tool [\WObj] [\TLoad];
```

指令中的程序数据 ToJointPoint、Speed、Zone、Tool，以及添加项\Conc、\ID、\V、\T、\Z、\Inpos、\WObj、\TLoad 的含义及编程方法可参见前述。添加项\NoEOffs 用来取消外部偏移，使用添加项\NoEOffs 时可自动取消目标位置的外部轴偏移量。

绝对定位指令 MoveAbsJ 的编程示例如下。

```
MoveAbsJ  p1, v1000,fine,grip1;                    // 使用系统预定义数据定位
MoveAbsJ  p2, v500\V:=520,z30\Z:=35,tool1;         //指定移动速度和到位区间
MoveAbsJ  p3, v500\T:=10,fine\Inpos:=inpos20,tool1; // 指定移动时间和到位条件
MoveAbsJ\Conc, p4[\NoEOffs],v1000,fine,tool1;      // 使用指令添加项
Set do1,on;                                        // 连续执行指令
……
```

② 外部轴绝对定位。外部轴绝对定位指令 MoveExtJ 用于机器人基座轴、工装轴的独立定位。外部轴绝对定位时，机器人 TCP 相对于基座不产生运动，因此，无须考虑工具、负载的影响，指令不需要指定工具、工件数据。

外部轴绝对定位指令 MoveExtJ 的编程格式如下。

```
MoveExtJ [\Conc,] ToJointPoint [\ID] [\UseEOffs],Speed [\T],Zone [\Inpos];
```

指令中的程序数据 ToJointPoint、Speed、Zone，以及添加项\Conc、\ID、\T、\Inpos 的含义及编程方法可参见前述。添加项用来指定外部轴偏移，使用添加项\UseEOffs 时，目标位置可通过指令 EOffsSet 进行偏移。

外部轴绝对定位指令的编程示例如下。

```
VAR extjoint eax_ap4 := [100, 0, 0, 0, 0, 0] ; // 定义外部轴偏移量 eax_ap4
……
MoveExtJ  p1,vrot10,z30;                      // 使用系统预定义数据定位
MoveExtJ  p2,vrot10\T:=10,fine\Inpos:=inpos20; // 指定移动时间和到位条件
MoveExtJ\Conc, p3,vrot10,fine;               // 使用指令添加项
Set do1,on;                                   // 连续执行指令
……
EOffsSet eax_ap4 ;                            // 生效外部轴偏移量 eax_ap4
MoveExtJ, p4\UseEOffs,vrot10,fine;           // 使用外部轴偏移改变目标位置
……
```

2. 插补指令编程

插补指令可使得机器人的 TCP 沿指定的轨迹移动到目标位置，插补指令的目标位置都需要以 TCP 位置（robtarget 数据）的形式指定。执行插补指令时，参与插补运动的全部运动轴将同步运动，并同时到达终点。RAPID 插补有关节插补、直线插补和圆弧插补 3 类，指令的功能及编程格式、要求分别如下。

① 关节插补。关节插补指令又称关节运动指令，指令的编程格式如下。

```
MoveJ [\Conc,] ToPoint[\ID],Speed[\V]|[\T],Zone[\Z][\Inpos],Tool[\WObj]
     [\TLoad];
```

执行关节插补指令时，机器人将以当前位置作为起点，以指令指定的目标位置为终点，进行插补运动。指令中的程序数据及添加项含义可参见前述。

关节插补运动可包含机器人系统的所有运动轴，故可用来实现 TCP 定位、工具定向、外部轴定位等操作。执行关节插补指令时，参与插补运动的全部运动轴将同步运动，并同时到达终点，机器人 TCP 的运动轨迹为各轴同步运动的合成，它通常不是直线。

关节插补的机器人 TCP 移动速度可使用系统预定义的 speeddata 数据，也可通过添加项\V 或\T 设定。TCP 的实际移动速度与指令速度大致相同。

关节插补指令 MoveJ 的编程示例如下。

```
MoveJ  p1,v1000,fine,grip1;                  // 使用系统预定义数据插补
MoveJ  p2,v500\V:=520,z30\Z:=35,tool1;       // 直接指定速度和到位区间
MoveJ  p3,v1000\T:=5,fine\Inpos:=inpos20,tool1; // 直接移动时间和到位条件
MoveJ\Conc, p4,v1000,fine,tool1;             // 使用指令添加项
Set do1,on;                                   // 连续执行指令
……
MoveJ p5,v1000,fine,grip2\WObj:=fixture;      // 使用工件数据
……
```

② 直线插补。直线插补指令又称直线运动指令。执行直线插补指令，不但可保证全部运动轴同时到达终点，还能够保证机器人 TCP 的移动轨迹为连接起点和终点的直线。

直线插补指令的编程格式如下。

```
MoveL [\Conc,] ToPoint[\ID],Speed[\V]|[\T],Zone[\Z] [\Inpos],Tool[\WObj]
     [\Corr] [\TLoad];
```

指令中的程序数据、添加项含义及编程方法可参见前述。添加项\Corr 用来附加轨迹校准功

能，用于带轨迹校准器的智能机器人。

直线插补指令 MoveL 与关节插补指令 MoveJ 的编程方法相同，编程示例如下。

```
MoveL  p1,v500,z30,Tool1;                              // 使用系统预定义数据插补
MoveL  p2,v1000\T:=5,fine\Inpos:=inpos20,tool1;        // 使用数据添加项
MoveL\Conc, p3,v1000,fine,tool1;                       // 使用指令添加项
Set do1,on;                                            // 连续执行指令
……
```

③ 圆弧插补。圆弧插补指令又称圆周运动指令，它可使机器人 TCP 沿指定的圆弧，从当前位置移动到目标位置。工业机器人的圆弧插补指令，需要通过起点（当前位置）、中间点（CirPoint）和终点（目标位置）3 点定义圆弧，指令 MoveC 的编程格式如下：

```
MoveC [\Conc,] CirPoint,ToPoint [\ID],Speed [\V]|[\T],Zone [\Z] [\Inpos],
      Tool [\WObj] [\Corr] [\TLoad];
```

指令中的程序数据、添加项含义及编程方法可参见前述。程序数据 CirPoint 用来指定圆弧的中间点，其数据类型同样为 robtarget。理论上说，中间点 CirPoint 可以是圆弧上位于起点和终点之间的任意一点，但是，为了获得正确的轨迹，中间点 CirPoint 应尽可能选择在接近圆弧的中间位置，并保证起点、中间点、终点满足图 4.1-1 所示的条件。

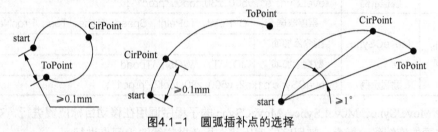

图4.1-1　圆弧插补点的选择

圆弧插补指令 MoveC 的编程示例如下。

```
MoveC  p1,p2,v500,z30,Tool1;                           // 使用系统预定义数据插补
MoveC  p2,p3,v500\V:=550,z30\Z:=35,Tool1;              // 直接指定速度和到位区间
MoveC\Conc, p4,p5,v200,fine\Inpos:=inpos20,tool1;      // 指令使用添加项
Set do1,on;                                            // 连续执行指令
……
```

圆弧插补指令不能用于终点和起点重合的 360° 全圆移动。全圆插补需要通过两条或以上的圆弧插补指令实现，程序示例如下。

```
MoveL  p1,v500,fine,Tool1;
MoveC  p2,p3,v500,z20,Tool1;
MoveC  p4,p1,v500,fine,Tool1;
```

执行以上指令时，首先，将 TCP 以系统预定义速度 v500，直线移动到 p1 点；然后，按照 p1、p2、p3 所定义的圆弧，移动到 p3（第 1 段圆弧的终点）；接着，按照 p3、p4、p1 定义的圆弧，移动到 p1 点，使两段圆弧闭合。这样，如指令中的 p1、p2、p3、p4 点均位于同一圆弧上，便可得到图 4.1-2（a）所示的 360° 全圆轨迹；否则，将得到图 4.1-2（b）所示的两段闭合圆弧。

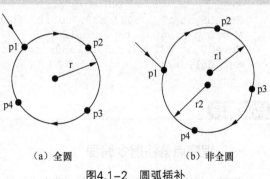

（a）全圆　　　　　（b）非全圆

图4.1-2　圆弧插补

3. 子程序调用插补指令

RAPID 插补指令可附加子程序调用功能。对于普通程序（PROC）的调用，可在关节、直线、圆弧插补的移动目标位置进行。这一功能可直接通过后缀 Sync 的基本移动指令 MoveJSync、MoveLSync、MoveCSync 实现。RAPID 普通子程序调用插补指令的名称、编程格式与示例见表 4.1-2。

表 4.1-2 普通子程序调用插补指令编程说明表

名称	编程格式与示例		
关节插补调用程序	MoveJSync	程序数据	ToPoint, Speed, Zone, Tool, ProcName
		指令添加项	
		数据添加项	\ID, \T, \WObj, \TLoad
	编程示例	MoveJSync p1, v500, z30, tool2, "proc1" ;	
直线插补调用程序	MoveLSync	程序数据	ToPoint, Speed, Zone, Tool, ProcName
		指令添加项	
		数据添加项	\ID, \T, \WObj, \TLoad
	编程示例	MoveLSync p1, v500, z30, tool2, "proc1" ;	
圆弧插补调用程序	MoveCSync	程序数据	CirPoint, ToPoint, Speed, Zone, Tool, ProcName
		指令添加项	
		数据添加项	\ID, \T, \WObj, \TLoad
	编程示例	MoveCSync p1, p2, v500, z30, tool2, "proc1" ;	

指令 MoveJSync、MoveLSync、MoveCSync 的子程序调用在移动目标位置进行，对于不经过目标位置的连续移动指令，其程序的调用将在拐角抛物线的中间点进行。

指令 MoveJSync、MoveLSync、MoveCSync 的编程方法与基本移动指令 MoveJ、MoveL、MoveC 类似，但可使用的添加项较少，指令格式如下：

```
MoveJSync ToPoint [\ID],Speed [\T],Zone,Tool [\WObj],ProcName[\TLoad];
MoveLSync ToPoint [\ID],Speed [\T],Zone,Tool [\WObj],ProcName[\TLoad];
MoveCSync CirPoint,ToPoint[\ID],Speed[\T],Zone,Tool[\WObj],ProcName[\TLoad];
```

指令中的基本程序数据及添加项的含义、编程要求均与基本移动指令相同。程序数据（ProcName）为需要调用的子程序（PROC）名称。

普通程序调用控制移动指令的编程示例如下。

```
MoveJSync p1, v800, z30, tool2, "proc1";    // 关节插补终点 p1 调用程序 proc1
Set do1,on;                                  // 非连续移动
……
MoveLSync p2, v500, z30, tool2, "proc2" ;   // 直线插补拐角中点 p2 调用程序 proc2
MoveL p3, v500, z30, tool2 ;                 // 连续移动
MoveCSync p4, p5, v500, z30, tool2, "proc3" ; // 圆弧插补终点p5调用程序proc3
Set do1,off;                                  // 非连续移动
……
```

实践指导

一、程序点偏移指令编程

在工业机器人中，关节、直线、圆弧插补的目标位置通常称为"程序点"。TCP 位置型数据

（robtarget）程序点，可使用程序偏移、位置偏置、镜像、机器人姿态控制等指令，通过编程调整与改变，指令的功能及编程方法如下。

1. 程序偏移与设定

RAPID 程序偏移与设定指令，可一次性调整与改变所有程序点 TCP 位置数据的（x，y，z）坐标数据（pos）、工具方位数据（orient）、外部轴绝对位置数据（extjoint）。其中，机器人本体运动轴和外部运动轴的偏移与设定可分别指令。

RAPID 程序偏移与设定指令的名称、编程格式与示例见表 4.1-3。

表 4.1–3　程序偏移与设定指令编程说明表

名称	编程格式与示例		
机器人程序 偏移生效	PDispOn	编程格式	PDispOn [\Rot] [\ExeP,] ProgPoint, Tool [\WObj] ;
		指令添加项	\Rot：工具偏移功能选择，数据类型为 switch； \ExeP：程序偏移目标位置，数据类型为 robtarget
		程序数据 与添加项	ProgPoint：程序偏移参照点，数据类型为 robtarget； Tool：工具数据，数据类型为 tooldata； \WObj：工件数据，数据类型为 wobjdata
	功能说明	生效程序偏移功能	
	编程示例	PDispOn\ExeP := p10，　p20，　tool1 ;	
机器人程序 偏移设定	PDispSet	编程格式	PDispSet DispFrame ;
		程序数据	DispFrame：程序偏移量，数据类型为 pose
	功能说明	设定机器人程序偏移量	
	编程示例	PDispSet xp100 ;	
机器人偏移 撤销	PDispOff	编程格式	PDispOff ;
		程序数据	
	功能说明	撤销机器人程序偏移	
	编程示例	PDispOff ;	
外部轴程序 偏移生效	EOffsOn	编程格式	EOffsOn [\ExeP,]　ProgPoint ;
		指令添加项	\ExeP：程序偏移目标点，数据类型为 robtarget
		程序数据	ProgPoint：程序偏移参照点，数据类型为 robtarget
	功能说明	生效外部轴程序偏移功能	
	编程示例	EOffsOn \ExeP:=p10, p20 ;	
外部轴程序 偏移设定	EOffsSet	编程格式	EoffsSet EAxOffs ;
		程序数据	EaxOffs：外部轴程序偏移量，数据类型为 extjoint
	功能说明	设定外部轴程序偏移量	
	编程示例	EOffsSet eax _p100 ;	
外部轴偏移 撤销	EOffsOff	编程格式	EOffsOff ;
		程序数据	
	功能说明	撤销外部轴程序偏移	
	编程示例	EOffsOff ;	
程序偏移量 清除	ORobT	命令参数	OrgPoint
		可选参数	\InPDisp | \InEOffs
	编程示例	p10 := ORobT(p10\InEOffs) ;	

程序偏移通常用来改变机器人的作业区。例如，当机器人需要进行图 4.1-3（a）所示的多工件作业时，可通过机器人偏移指令，改变机器人 TCP 的（x, y, z）坐标值，从而通过同一程序，完成作业区 1、作业区 2 的相同作业。

程序偏移不仅可改变机器人 TCP 的（x, y, z）坐标数据 pos，如果需要，还可在指令中添加工具偏移、旋转功能，使编程的坐标系产生图 4.1-3（b）所示的偏移。

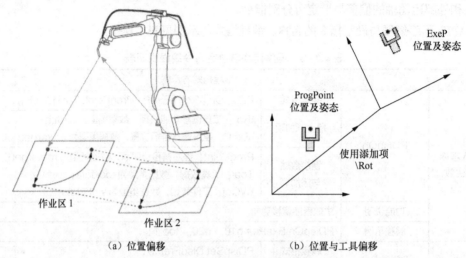

（a）位置偏移　　　　　　　　　　　　　（b）位置与工具偏移

图4.1−3　机器人的程序偏移

在作业程序中，机器人、外部轴的程序偏移，可分别利用指令 PDispOn、EOffsOn 实现。指令 PDispOn、EoffsOn 的偏移量，可通过指令中的参照点和目标点，由系统自动计算生成。指令 PDispOn、EoffsOn 可在程序中同时使用，所产生的偏移量可自动叠加。

由指令 PDispOn、EoffsOn 生成的程序偏移，可分别通过指令 PDispOff、EOffsOff 撤销，或利用程序偏移量清除函数命令 ORobT 清除。如果程序中使用了程序偏移设定指令 PDispSet、EoffsSet，直接指定程序偏移量，指令 PDispOn、EoffsOn 所设定的程序偏移也将清除。

程序偏移生效指令 PDispOn、EOffsOn 的添加项、程序数据作用如下。

\Rot：工具偏移功能选择，数据类型为 switch。使用添加项\Rot，可使机器人在 x, y, z 位置偏移的同时，按目标位置数据的要求，调整与改变工具姿态。

\ExeP：程序偏移目标位置，TCP 位置数据 robtarget。用来定义参照点 ProgPoint 经程序偏移后的目标位置；如不使用添加项\ExeP，则以机器人当前的 TCP 位置（停止点 fine）作为程序偏移后的目标位置。

ProgPoint：程序偏移参照点，TCP 位置数据 robtarget。参照点是用来计算机器人、外部轴程序偏移量的基准位置，目标位置与参照点的差值就是程序偏移量。

Tool：工具数据 tooldata。指定程序偏移所对应的工具数据。

\WObj：工件数据 wobjdata。增加添加项后，程序数据 ProgPoint、\ExeP 将为工件坐标系的 TCP 位置；否则，为大地（或基座）坐标系的 TCP 位置。

机器人程序偏移生效/撤销指令的编程示例如下，程序的移动轨迹如图 4.1-4 所示。

```
MoveL p0, v500, z10, tool1 ;                          // 无偏移运动
MoveL p1, v500, z10, tool1 ;
......
```

```
PDispOn\ExeP := p1, p10, tool1 ;              // 机器人偏移生效
MoveL p20, v500, z10, tool1 ;                 // 偏移运动
MoveL p30, v500, z10, tool1 ;
PDispOff ;                                    // 机器人偏移撤销
MoveL p40, v500, z10, tool1 ;
……
```

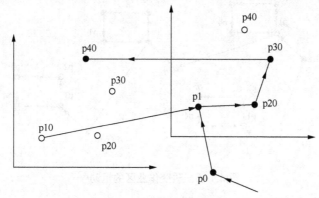

图4.1-4　程序偏移运动

外部轴程序偏移仅用于配置有外部轴的机器人系统，指令的编程示例如下。

```
MoveL p1, v500, z10, tool1 ;                  // 无偏移运动
EOffsOn \ExeP := p1, p10 ;                     // 外部轴程序偏移生效
MoveL p20, v500, z10, tool1 ;
……
EOffsOff ;                                    // 外部轴偏移撤销
```

如机器人当前位置是以停止点（fine）形式指定的准确位置，该点可直接作为程序偏移的目标位置，此时，指令中无须使用添加项\ExeP，编程示例如下。

```
MoveJ p1, v500, fine \Inpos := inpos50, tool1 ;   // 停止点定位
PDispOn p10, tool1 ;                              // 机器人偏移，目标点 p1
……
MoveJ p2, v500, fine \Inpos := inpos50, tool1 ;   // 停止点定位
EOffsOn p20 ;                                     // 外部轴偏移，目标点 p2
……
```

机器人程序偏移指令还可结合子程序调用使用，使程序的运动轨迹整体偏移，以达到改变作业区域的目的。例如，实现图 4.1-5 所示几个作业区变换的程序如下。

```
MoveJ p10, v1000, fine\Inpos := inpos50, tool1 ;  // 第 1 偏移目标点定位
draw_square ;                                     // 调用子程序轨迹
MoveJ p20, v1000, fine \Inpos := inpos50, tool1 ; // 第 2 偏移目标点定位
draw_square ;                                     // 调用子程序轨迹
MoveJ p30, v1000, fine \Inpos := inpos50, tool1 ; // 第 3 偏移目标点定位
draw_square ;                                     // 调用子程序轨迹
……
!*****************************************
PROC draw_square()
PDispOn p0, tool1 ;                // 生效程序偏移，参照点 p0、目标点为当前位置
MoveJ p1, v1000, z10, tool1 ;                     // 需要偏移的轨迹
MoveL p2, v500, z10, tool1 ;
MoveL p3, v500, z10, tool1 ;
```

```
MoveL p4, v500, z10, tool1 ;
MoveL p1, v500, z10, tool1 ;
PDispOff ;                                    // 程序偏移撤销
ENDPROC
!********************************************
```

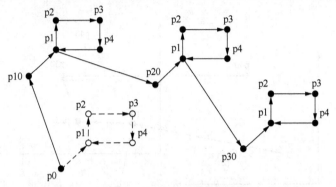

图4.1-5　改变作业区的运动

2. 程序偏移设定与撤销

在作业程序中，机器人、外部轴的程序偏移也可通过机器人、外部轴程序偏移设定指令实现。PDispSet、EOffsSet 指令可直接定义机器人、外部轴的程序偏移量，而无须利用参照点和目标位置计算偏移量。因此，对于只需要进行坐标轴偏移的作业（如搬运、堆垛等），可利用指令实现位置平移，以简化编程与操作。

指令 PDispSet、EOffsSet 所生成的程序偏移，可分别通过偏移撤销指令 PDispOff、EOffsOff 撤销，或利用程序偏移指令 PDispOn、EOffsOn 清除。此外，对于同一程序点，只能利用 PDispSet、EOffsSet 指令设定一个偏移量，而不能通过指令的重复使用叠加偏移。

机器人、外部轴程序偏移设定指令的程序数据含义如下。

DispFrame：机器人程序偏移量，数据类型为 pose。机器人的程序偏移量需要通过坐标系姿态型数据 pose 定义，pose 数据中的位置数据项 pos，用来指定坐标原点的偏移量；方位数据项 orient，用来指定坐标系旋转的四元数，如不需要旋转坐标系，数据项 orient 应设定为 [1, 0, 0, 0]。

EAxOffs：外部轴程序偏移量，数据类型为 extjoint。直线轴偏移量的单位为 mm，回转轴的单位为（°）。

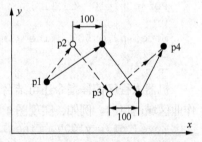

图4.1-6　程序偏移设定与运动

对于图 4.1-6 所示的简单程序偏移运动，程序偏移设定/撤销指令的编程示例如下。

```
VAR pose xp100 := [ [100, 0, 0], [1, 0, 0, 0] ] ;// 程序数据 xp100（偏移量）定义
MoveJ p1, v1000, z10, tool1 ;                 // 无偏移运动
......
PDispSet xp100 ;                              // 程序偏移生效
MoveL p2, v500, z10, tool1 ;                  // 偏移运动
MoveL p3, v500, z10, tool1 ;
PDispOff ;                                    // 撤销程序偏移
MoveJ p4, v1000, z10, tool1 ;                 // 无偏移运动
......
```

外部轴程序偏移设定仅用于配置有外部轴的机器人系统，指令的编程示例如下。

```
VAR extjoint eax_p100 := [100, 0, 0, 0, 0, 0] ;//程序数据 eax_p100（偏移量）定义
MoveJ p1, v1000, z10, tool1 ;                    // 无偏移运动
……
EOffsSet eax_p100 ;                              // 程序偏移生效
MoveL p2, v500, z10, tool1 ;                     // 偏移运动
EOffsOff ;                                       // 程序偏移撤销
MoveJ p3, v1000, z10, tool1 ;                    // 无偏移运动
……
```

3. 程序偏移量清除

RAPID 程序偏移量清除函数命令 OrobT 可用来清除指令 PDispOn、EOffsOn 及指令 PDispSet、EOffsSet 所生成的机器人、外部轴程序偏移量。命令的执行结果为偏移量清除后的 TCP 位置数据（robtarget）。

程序偏移量清除函数命令 ORobT 的编程格式及命令参数要求如下。

```
ORobT (OrgPoint [\InPDisp] | [\InEOffs])
```

OrgPoint：需要清除偏移量的程序点，数据类型为 robtarget。

\InPDisp 或**\InEOffs**：需要保留的偏移量，数据类型为 switch。不指定添加项时，命令将同时清除 PDispOn 指令生成的机器人程序偏移量和 EOffsOn 指令生成的外部轴偏移量；选择添加项\InPDisp，执行结果将保留清除 EOffsOn 指令生成的外部轴偏移量；选择添加项\InEOffs，执行结果将保留 EOffsOn 指令生成的外部轴偏移量。

程序偏移量清除函数命令 ORobT 的编程示例如下。

```
p10 := ORobT(p1) ;              // p10 为无偏移的 p1 位置
p11 := ORobT(p1 \InPDisp) ;     // p11 为保留机器人偏移的 p1 位置
p12 := ORobT(p1 \InEOffs) ;     // p12 为保留外部轴偏移的 p1 位置
……
```

二、程序点偏置与镜像函数

1. 指令与功能

作业程序中的程序点不仅可利用前述的程序偏移生效、设定指令，进行一次性调整与改变，而且，还可利用位置偏置、工具偏置、程序点镜像等 RAPID 函数命令，来独立改变指定程序点的位置。

在作业程序中，位置偏置函数命令 Offs，用来改变指定程序点 TCP 位置数据 robtarget 中的 x、y、z 坐标数据项 pos，但不改变工具姿态数据项 orient；利用工具偏置函数命令 RelTool，可改变指定程序点的工具姿态数据项 orient，但不改变 x、y、z 坐标数据项 pos；利用镜像函数命令 MirPos，可改变指定程序点的 x、y、z 坐标数据项 pos，并将其转换为 xz 平面或 yz 平面的对称点。

RAPID 位置、工具偏置及镜像函数命令的名称、编程格式与示例见表 4.1-4。

表 4.1-4　RAPID 位置、工具偏置及镜像函数命令说明表

名称	编程格式与示例		
位置偏置函数	Offs	命令参数	Point, XOffset, YOffset, ZOffset
		可选参数	
	编程示例	p1 := Offs (p1, 5, 10, 15) ;	

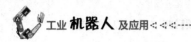

续表

名称	编程格式与示例		
工具偏置函数	RelTool	命令参数	Point, Dx, Dy, Dz
		可选参数	\Rx、\Ry、\Rz
	编程示例		MoveL RelTool (p1, 0, 0, 0 \Rz:= 25), v100, fine, tool1;
程序点镜像函数	MirPos	命令参数	Point, MirPlane
		可选参数	\WObj、\MirY
	编程示例		p2 := MirPos(p1, mirror) ;

2. 位置偏置函数

RAPID 位置偏置函数命令 Offs，可改变程序点 TCP 位置数据 robtarget 中的 (x, y, z) 坐标数据 pos，偏移程序点的 (x, y, z) 坐标值，但不能用于工具姿态的调整；命令的执行结果同样为 TCP 位置数据 robtarget。函数命令的编程格式及命令参数要求如下。

```
Offs ( Point, XOffset, YOffset, ZOffset )
```

Point：需要偏置的程序点名称，数据类型为 robtarget。

XOffset、YOffset、ZOffset：x、y、z 坐标偏移量，数据类型为 num，单位为 mm。

位置偏置函数命令 Offs 可用来改变指定程序点的 x、y、z 坐标值，定义新程序点或直接替代移动指令程序点数据，命令的编程示例如下。

```
p1 := Offs (p1, 0, 0, 100) ;              // 改变程序点坐标值
p2 := Offs (p1, 50, 100, 150) ;           // 定义新程序点
MoveL Offs(p2, 0, 0, 10), v1000, z50, tool1 ;   // 替代移动指令的程序点数据
……
```

位置偏置函数命令 Offs 可结合子程序调用功能使用，用来实现不需要调整工具姿态的分区作业（如搬运、码垛等），以简化编程和操作。

例如，对于图 4.1-7 所示的机器人搬运作业，如使用如下子程序 PROC pallet，只要在主程序中改变列号参数 cun、行号参数 row 和间距参数 dist，系统便可利用位置偏置函数命令 Offs，自动计算偏移量，调整目标位置 ptpos 的 x、y 坐标值，并将机器人定位到目标点，从而简化作业程序。

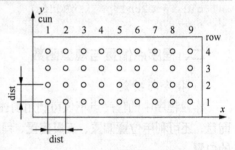

图4.1-7　位置偏置命令应用

```
PROC pallet (num cun, num row, num dist, PERS tooldata tool, PERS wobjdata wobj )
VAR robtarget ptpos:=[[0, 0, 0], [1, 0, 0, 0], [0, 0, 0, 0],[9E9, 9E9, 9E9,
9E9, 9E9, 9E9]] ;
ptpos := Offs (ptpos, cun*dist, row*dist , 0 ) ;
MoveL ptpos, v100, fine, tool\WObj:=wobj ;
ENDPROC
```

3. 工具偏置函数

工具偏置函数命令 RelTool 可用来调整程序点的工具姿态，包括工具坐标原点的 x、y、z 坐标值及工具坐标系方向，命令的执行结果同样为 TCP 位置数据 robtarget。函数命令的编程格式及命令参数要求如下。

```
RelTool ( Point, Dx, Dy, Dz [\Rx] [\Ry] [\Rz] )
```

Point：需要工具偏置的程序点名称，数据类型为 robtarget。

Dx、Dy、Dz：工具坐标系的原点偏移量，数据类型为 num，单位为 mm。

\Rx、\Ry、\Rz：工具坐标系的方位，即工具绕 x、y、z 轴旋转的角度，数据类型为 num，单位为（°）。当添加项 \Rx、\Ry、\Rz 同时指定时，工具坐标系方向按绕 x 轴、绕 y 轴、绕 z 轴依次回转。

工具偏置函数命令 RelTool 可用来改变指定程序点的工具姿态、定义新程序点或直接替代移动指令程序点数据，命令的编程示例如下。

```
p1 := RelTool (p1, 0, 0, 100 \Rx:=30) ;              // 改变程序点工具姿态
p2 := RelTool (p1, 50, 100, 150 \Rx:=30 \Ry:= 45) ;  // 定义新程序点
MoveL RelTool (p2, 0, 0, 100 \Rz:=90), v1000, z50, tool1 ;
                                                     // 替代移动指令程序点数据
……
```

4. 程序点镜像函数

镜像函数命令 MirPos 可将指定程序点转换为 xz 平面或 yz 平面的对称点，以实现机器人的对称作业功能。例如，对于图 4.1-8 所示的作业，如果源程序的运动轨迹为 p0→p1→p2→p0，如果生效 xz 平面对称的镜像功能，机器人的运动轨迹可转换成 p0′→p1′→p2′→p0′。

RAPID 镜像函数命令 MirPos 通常用于作业程序中某些特定程序点的对称编程。如果作业程序或任务、模块的全部程序点都需要进行镜像变换，可利用 RAPID 镜像程序编辑操作，直接通过程序编辑器生成一个新的镜像作业程序或任务、模块。

RAPID 镜像函数命令 MirPos 的编程格式及命令参数要求如下。

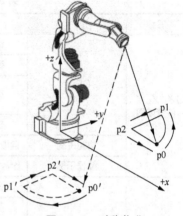

图4.1-8 对称作业

```
MirPos (Point, MirPlane [\WObj] [\MirY])
```

Point：需要进行镜像转换的程序点名称，数据类型为 robtarget。如程序点为工件坐标系位置，其工件坐标系名称由添加项 \WObj 指定。

MirPlane：用来实现镜像变换的工件坐标系名称，数据类型为 wobjdata。

\WObj：程序点 Point 所使用的工件坐标系名称，数据类型为 wobjdata。不使用添加项时为大地坐标系或机器人基座坐标系数据。

\MirY：xz 平面对称，数据类型为 switch。不使用添加项时为 yz 平面对称。

由于机器人基座坐标系、工具坐标系的镜像，受机器人的结构限制，因此，程序点的镜像，一般需要在工件坐标系上进行。例如，如果在机器人基座坐标系上进行镜像转换时，由于坐标系的 Z 原点位于机器人安装底平面，故不能实现 xy 平面对称作业；如进行 yz 平面对称作业，则机器人必须增加腰回转动作等。此外，由于机器人的工具坐标系原点位于手腕工具安装法兰基准面上，程序转换不能改变工具安装，故一般也不能使用工具坐标镜像功能。

镜像函数命令 MirPos 一般用来改变定义新程序点或直接替代移动指令程序点，命令的编程示例如下。

```
PERS wobjdata mirror := [……] ;          // 定义镜像转换坐标系
p2 := MirPos(p1, mirror) ;               // 定义新程序点
```

```
MoveL RelTool MirPos(p1, mirror), v1000, z50, tool1 ; // 替代移动指令程序点
......
```

三、程序点读入与转换函数

1. 程序点读入函数

在作业程序中，控制系统信息、机器人和外部轴移动数据、系统 I/O 信号状态等，均可通过程序指令或函数命令读入到程序中，以便在程序中对相关部件的工作状态进行监控，或进行相关参数的运算和处理。

机器人和外部轴移动数据包括当前位置、移动速度，以及所使用的工具、工件数据等。移动数据不仅可用于机器人、外部轴工作状态的监控，还可直接或间接在程序中使用，因此，有时需要通过 RAPID 函数命令，在程序中读取。

RAPID 程序点读入函数命令的名称、编程格式与示例见表 4.1-5。

表 4.1-5　程序点读入函数命令说明表

名称			编程格式与示例
x、*y*、*z* 位置读取	CPos	命令格式	CPos ([\Tool] [\WObj])
		基本参数	
		可选参数	\Tool：工具数据，未指定时为当前工具； \WObj：工件数据，未指定时为当前工件
		执行结果	机器人当前的 *x*、*y*、*z* 位置，数据类型为 pos
	功能说明		读取当前的 *x*、*y*、*z* 位置值，到位区间要求：inpos50 以下的停止点 fine
	编程示例		pos1 := CPos(\Tool:=tool1 \WObj:=wobj0) ;
TCP 位置 读取	CRobT	命令格式	CRobT ([\TaskRef] | [\TaskName] [\Tool] [\WObj])
		基本参数	
		可选参数	\TaskRef | \TaskName：任务代号或名称，未指定时为当前任务； \Tool：工具数据，未指定时为当前工具； \WObj：工件数据，未指定时为当前工件
		执行结果	机器人当前的 TCP 位置，数据类型为 robtarget
	功能说明		读取当前的 TCP 位置值，到位区间要求：inpos50 以下的停止点 fine
	编程示例		p1 := CRobT(\Tool:=tool1 \WObj:=wobj0) ;
关节位置 读取	CJointT	命令格式	CJointT ([\TaskRef] | [\TaskName])
		基本参数	
		可选参数	\TaskRef | \TaskName：同 CRobT 命令
		执行结果	机器人当前的关节位置，数据类型为 jointtarget
	功能说明		读取机器人及外部轴的关节位置，到位区间要求：停止点 fine
	编程示例		joints := CJointT() ;
电机转角 读取	ReadMotor	命令格式	ReadMotor ([\MecUnit],　Axis)
		基本参数	Axis：轴序号 1~6
		可选参数	\MecUnit：机械单元名称，未指定时为机器人
		执行结果	电机当前的转角，数据类型为 num，单位弧度

名称			编程格式与示例	
电机转角 读取	功能说明		读取指定机械单元、指定轴的电机转角	
	编程示例		motor_angle := ReadMotor(\MecUnit:=STN1, 1) ;	
工具数据 读取	CTool	命令格式	CTool ([\TaskRef] | [\TaskName])	
		基本参数		
		可选参数	\TaskRef | \TaskName：同 CRobT 命令	
		执行结果	当前有效的工具数据，数据类型为 tooldata	
	功能说明		读取当前有效的工具数据	
	编程示例		temp_tool := CTool() ;	
工件数据 读取	CWobj	命令格式	CWobj ([\TaskRef] | [\TaskName])	
		基本参数		
		可选参数	\TaskRef | \TaskName：同 CRobT 命令	
		执行结果	当前有效的工件数据，数据类型为 wobjdata	
	功能说明		读取当前有效的工件数据	
	编程示例		temp_wobj := CWobj() ; myspeed := MaxRobSpeed() ;	

RAPID 程序点数据读入函数命令的编程示例如下。

```
VAR pos pos1 ;                                      // 程序数据定义
VAR robtarget p1 ;
VAR jointtarget joints1 ;
PERS tooldata temp_tool ;
PERS wobjdata temp_wobj ;
……
MoveL *, v500, fine\Inpos := inpos50, grip2\WObj:=fixture; // 定位到程序点
pos1 := CPos(\Tool:=tool1 \WObj:=wobj0) ;  // 当前的（x, y, z）坐标读入到 pos1
p1 := CRobT(\Tool:=tool1 \WObj:=wobj0) ;   // 当前的 TCP 位置读入到 p1
joints1 := CJointT() ;                      // 当前的关节位置读入到 joints1
temp_tool := CTool() ;                      // 当前的工具数据读入到 temp_tool
temp_wobj := CWobj() ;                      // 当前的工件数据读入到 temp_wobj
……
```

2. 程序点转换函数

RAPID 程序点转换函数命令，可用于机器人的 TCP 位置数据 robtarget 和关节位置数据 jointtarget 的相互转换，或者用来进行空间距离计算等处理。

程序点转换函数命令的名称、编程格式与示例见表 4.1-6。

表 4.1-6　程序点转换函数命令说明表

名称			编程格式与示例
TCP 位置 转换为 关节位置	CalcJointT	命令格式	CalcJointT ([\UseCurWObjPos], Rob_target, Tool [\WObj] [\ErrorNumber])
		基本参数	Rob_target：需要转换的机器人 TCP 位置； Tool：指定工具

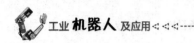

工业**机器人**及应用 ◁◁◁

续表

名称	编程格式与示例		
TCP 位置 转换为 关节位置	CalcJointT	可选参数	\UseCurWObjPos：用户坐标系位置（switch 型），未指定时为工件坐标系位置； \WObj：工件数据，未指定时为 WObj0； \ErrorNumber：存储错误的变量名称
		执行结果	程序点 Rob_target 的关节位置，数据类型为 jointtarget
	功能说明		将机器人的 TCP 位置转换为关节位置
	编程示例		jointpos1 := CalcJointT(p1, tool1 \WObj:=wobj1) ;
关节位置 转换为 TCP 位置	CalcRobT	命令格式	CalcRobT(Joint_target, Tool [\WObj])
		命令参数	Joint_target：需要转换的机器人关节位置； Tool：工具数据
		可选参数	\WObj：工件数据，未指定时为 WObj0；
		执行结果	程序点 Joint_target 的 TCP 位置，数据类型为 robtarget
	功能说明		将机器人的关节位置转换为 TCP 位置
	编程示例		p1 := CalcRobT(jointpos1, tool1 \WObj:=wobj1) ;

函数命令 CalcJointT 可根据指定点的 TCP 位置数据 robtarget，计算出机器人在使用指定工具、工件时的关节位置数据 jointtarget。计算关节位置时，机器人的姿态将按 TCP 位置数据 robtarget 的定义确定，它不受插补姿态控制指令 ConfL、ConfJ 的影响。如指定点为机器人奇点，则 j4 轴的位置规定为 0°。如果执行命令时，机器人、外部轴程序偏移有效，则转换结果为程序偏移后的机器人、外部轴关节位置。

例如，计算 TCP 位置 p1 在使用工具 tool1、工件 wobj1 时的机器人关节位置 jointpos1 的程序如下。

```
VAR jointtarget jointpos1 ;                        // 程序数据定义
CONST robtarget p1 ;
jointpos1 := CalcJointT(p1, tool1 \WObj:=wobj1) ;  // 关节位置计算
……
```

命令 CalcRobT 可将指定的机器人关节位置数据 jointtarget，转换为使用指定工具、工件数据时的 TCP 位置数据 robtarget。如执行命令时，机器人、外部轴程序偏移有效，则转换结果为程序偏移后的机器人 TCP 位置。

例如，计算机器人关节位置 jointpos1 在使用工具 tool1、工件 wobj1 时的 TCP 位置 p1 的程序如下。

```
VAR robtarget p1 ;                                 // 程序数据定义
CONST jointtarget jointpos1;
p1 := CalcRobT(jointpos1, tool1 \WObj:=wobj1) ;    // TCP 位置计算
……
```

拓展提高

一、速度控制指令编程

1. 指令及编程格式

移动速度及加速度是机器人运动的基本要素。为了方便操作、提高作业可靠性，在作业程

序中，可通过速度控制指令，对程序中的移动速度进行倍率、最大值进行设定和限制。

RAPID 速度控制指令的名称、编程格式与示例见表 4.1-7。如速度设定指令（VelSet）与轴速度限制指令（SpeedLimAxis）、检查点速度限制指令（SpeedLimCheckPoint）同时编程，系统将取其中的最小值，作为机器人移动速度的限制值。

表 4.1-7　RAPID 速度控制指令编程说明表

名称		编程格式与示例	
速度设定	VelSet	编程格式	VelSet Override, Max ;
		程序数据	Override：速度倍率（单位为%），数据类型为 num； Max：最大速度（mm/s），数据类型为 num
	功能说明		移动速度倍率、最大速度设定
	编程示例		VelSet 50，800 ;
速度倍率 调整	SpeedRefresh	编程格式	SpeedRefresh Override ;
		程序数据	Override：速度倍率（单位为%），数据类型为 num
	功能说明		调整移动速度倍率
	编程示例		SpeedRefresh speed_ov1 ;
轴速度限制	SpeedLimAxis	编程格式	SpeedLimAxis MechUnit, AxisNo , AxisSpeed ;
		程序数据	MechUnit：机械单元名称，数据类型为 mecunit； AxisNo：轴序号，数据类型为 num； AxisSpeed：速度限制值，数据类型为 num
	功能说明		限制指定机械单元、指定轴的最大移动速度
	编程示例		SpeedLimAxis ROB_1, 1, 10 ;
检查点速度 限制	SpeedLimCheck Point	编程格式	SpeedLimCheckPoint RobSpeed ;
		程序数据	RobSpeed：
	功能说明		限制机器人 4 个检查点的最大移动速度
	编程示例		SpeedLimCheckPoint　Lim_ speed1 ;

2. 速度设定和倍率调整指令

RAPID 速度设定指令 VelSet 用来调节速度数据 speeddata 的倍率，设定关节、直线、圆弧插补的机器人 TCP 最大移动速度。

利用 VelSet 指令设定的速度倍率 Override，对全部移动指令、所有形式编程的移动速度均有效，但它不能改变机器人作业参数所规定的速度。例如，利用焊接数据 welddata 所规定的焊接速度等。速度倍率 Override 一经设定，所有运动轴的实际移动速度，将成为指令值和倍率的乘积，直至利用新的设定指令重新设定或进行恢复系统默认值的操作。

利用 VelSet 指令设定的最大移动速度 Max，仅对关节、直线和圆弧插补指令中直接编程的速度有效。Max 设定既不能改变绝对定位、外部轴绝对定位的移动速度，也不能改变利用添加项\T，间接指定移动速度。

RAPID 速度设定指令 VelSet 的编程示例如下。

```
VelSet 50,800;                    //指定速度倍率 50%、最大插补速度 800mm/s
MoveJ *,v1000,z20,tool1;          //倍率有效，实际速度 500mm/s
MoveL *,v2000,z20,tool1;          //速度限制有效,实际速度 800mm/s
MoveL *,v2000\V:=2400,z10,tool1;  //速度限制有效,实际速度 800mm/s
```

```
MoveAbsJ  *,v2000,fine,grip1;        //倍率有效、速度限制无效,实际速度1000mm/s
MoveExtJ  j1,v2000,z20;              //倍率有效、速度限制无效,实际速度1000mm/s
MoveL  *,v1000\T:=5,z20,tool1;       //倍率有效,实际移动时间10s
MoveL  *,v2000\T:=6,z20,tool1;       //倍率有效、速度限制无效,实际移动时间12s
……
```

移动速度也可通过速度倍率调整指令 SpeedRefresh 改变,指令允许调整的倍率范围为0～100%。编程示例如下。

```
VAR num speed_ov1 := 50;            // 定义速度倍率speed_ov1为50%
MoveJ  *,v1000,z20,tool1;           // 移动速度1000mm/s
MoveL  *,v2000,z20,tool1;           // 移动速度2000mm/s
SpeedRefresh speed_ov1 ;            // 速度倍率更新为speed_ov1(50%)
MoveJ  *,v1000,z20,tool1;           // 速度倍率speed_ov1有效,实际速度500mm/s
MoveL  *,v2000,z20,tool1;           // 速度倍率speed_ov1有效,实际速度1000mm/s
……
```

3. 轴速度限制指令

轴速度限制指令 SpeedLimAxis 可用来限制指定机械单元、指定轴的最大移动速度。指令所规定的速度限制值,在系统 DI 信号"LimitSpeed"为"1"时生效,此时,如运动轴的实际移动速度超过了限制值,系统将自动限制为指令规定的速度限制值。

为了保证运动轨迹的正确,对于关节、直线、圆弧插补指令,如果其中的一个运动轴速度被限制,参与插补运动的其他运动轴速度也将同步下降,插补轨迹保持不变。

轴速度限制指令 SpeedLimAxis 中的程序数据 MechUnit 为机械单元(控制轴组)名称,其数据类型为 mecunit;程序数据 AxisNo 为轴序号,数据类型为 num;程序数据 AxisSpeed 为速度限制值,数据类型为 num,回转轴的单位为° /s;直线轴的单位为 mm/s。指令中的机械单元名称应按系统定义设定,如 ROB_1 等;轴序号应按系统伺服系统配置的次序设定,例如,对于6 轴垂直串联机器人,其 j1、j2、…、j6 的序号依次为 1、2、…、6。

轴速度限制指令 SpeedLimAxis 的编程示例如下。

```
SpeedLimAxis ROB_1, 1, 10;
SpeedLimAxis ROB_1, 2, 15;
SpeedLimAxis ROB_1, 3, 15;
SpeedLimAxis ROB_1, 4, 30;
SpeedLimAxis ROB_1, 5, 30;
SpeedLimAxis ROB_1, 6, 30;
SpeedLimAxis STN_1, 1, 20;
SpeedLimAxis STN_1, 2, 25;
……
```

执行以上指令,如系统 DI 信号"LimitSpeed"的输入状态为"1",机械单元 ROB_1(机器人 1)的腰回转轴 j1 的最大移动速度将被限制为 10° /s,上、下臂摆动轴 j2、j3 的最大移动速度将被限制为 15° /s,腕回转、摆动轴 j4、j5、j6 的最大移动速度将被限制为 30° /s。机械单元 STN_1(工件变位器)的第一回转轴 e1 的最大移动速度将被限制为 20° /s,第二回转轴 e2 的最大移动速度将被限制为 25° /s。

4. 检查点速度限制指令

RAPID 检查点速度限制指令 SpeedLim CheckPoint,可用来限制图 4.1-9 所示的 6 轴垂直串联机器人上臂端点、手腕中心点(WCP)、工具参考点(TRP)、工具控制点(TCP)4 个检查点的最大移动速度。任意 1 个点的移动速度超过了指令规定的限制值,相关运动轴的移动速度将被自动限制在指令设定的速度上。

检查点速度限制指令 SpeedLimCheckPoint 同样只有在系统 DI 信号"LimitSpeed"为"1"时才生效。指令中的程序数据 RobSpeed，用来设定检查点的速度限制值，其数据类型为 num，单位为 mm/s。

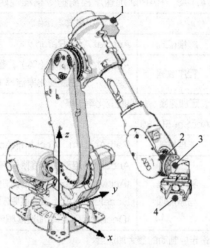

1—上臂端点；2—WCP；3—TRP；4—TCP

图4.1-9 机器人的速度检查点

检查点速度限制指令 SpeedLimCheckPoint 的编程示例如下。

```
MoveJ p1,v1000,z20,tool1;
……
VAR num Lim_ speed := 200;            // 设定检查点速度限制在 200mm/s
SpeedLimCheckPoint  Lim_ speed;       // 生效检查点速度限制
MoveJ p2,v1000,z20,tool1;             // 检查点速度限制在 200mm/s
……
```

二、加速度控制指令编程

1. 指令及编程格式

ABB 机器人采用 S 形加减速。S 形加减速是一种图 4.1-10 所示的、加速度变化率 da/dt 保持恒定的加减速方式，加减速时的加速度、速度将分别呈线性、S 形曲线变化，运动轴在加减速开始、结束点的速度平稳变化，机械冲击小。

ABB 机器人的加速度、加速度变化率以及 TCP 加速度等，均可通过作业程序中的加速度设定、加速度限制指令进行规定。加速度控制指令对程序中的全部移动指令均有效，直至利用新的设定指令重新设定或进行恢复系统默认值的操作。

RAPID 加速度控制指令的名称、编程格式

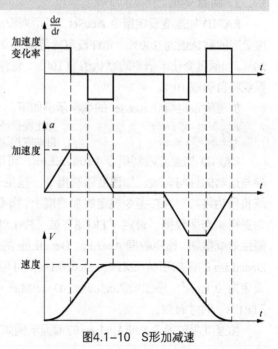

图4.1-10 S形加减速

与示例见表 4.1-8。如果加速度设定指令 AccSet、TCP 加速度限制指令 PathAccLim、大地坐标系 TCP 加速度限制指令 WorldAccLim，在程序中同时编程，系统将取其中的最小值，作为机器人加速度的限制值。

表 4.1-8　RAPID 加速度控制指令编程说明表

名称	编程格式与示例		
加速度设定	AccSet	编程格式	AccSet Acc, Ramp ;
		程序数据	Acc：加速度倍率（%），数据类型为 num
			Ramp：加速度变化率倍率（%），数据类型为 num
	功能说明		设定加速度、加速度变化率倍率
	编程示例		AccSet 50, 80 ;
加速度限制	PathAccLim	编程格式	PathAccLim　AccLim [AccMax], DecelLim [\DecelMax] ;
		程序数据与添加项	AccLim：启动加速度限制有/无，数据类型为 bool；
			\AccMax：启动加速度限制值（m/s^2），数据类型为 num；
			DecelLim：停止加速度限制有/无，数据类型为 bool；
			\DeceMax：启动加速度限制值（m/s^2），数据类型为 num
	功能说明		设定启制动的最大加速度
	编程示例		PathAccLim TRUE \AccMax := 4, TRUE \DecelMax := 4 ;
大地坐标系加速度限制	WorldAccLim	编程格式	WorldAccLim [\On]	[\Off] ;
		程序数据与添加项	\On：设定加速度限制值，数据类型为 num；
			\Off：使用最大加速度值，数据类型为 switch
	功能说明		设定大地坐标系的最大加速度
	编程示例		WorldAccLim \On := 3.5 ;

2. 编程示例

RAPID 加速度设定指令 AccSet，可用来设定运动轴的加速度与加速度变化率的倍率。加速度倍率的默认值为 100%，允许设定的范围为 20%~100%；如设定值小于 20%，系统将自动取 20%。加速度变化率倍率的默认值为 100%，允许设定的范围为 10%~100%；如设定值小于 10%，系统将自动取 10%。

加速度设定指令 AccSet 的编程示例如下。

```
AccSet 50,80;          // 加速度倍率 50%，加速度变化率倍率 80%
AccSet 15,5;           // 自动取加速度倍率 20%，加速度变化率倍率 10%
```

RAPID 加速度限制指令 PathAccLim，可用来限制机器人 TCP 的最大加速度，它对所有参与运动的轴均有效。加速度限制指令一旦生效，只要机器人 TCP 的加速度超过限制值，系统将自动将其限制在指令规定的加速度上。指令 PathAccLim 中的程序数据 AccLim、DecelLim 为逻辑状态型数据，设定 "TRUE" 或 "FALSE"，可使机器人启动、停止时的加速度限制功能生效或撤销；程序数据 AccLim、DecelLim 的默认值为 "FALSE（无效）"。程序数据 AccLim、DecelLim 的添加项\AccMax、\DecelMax，可用来设定启动、停止时的加速度限制值，其最小设定为 0.1m/s^2；添加项\AccMax、\DecelMax 只有在程序数据 AccLim、DecelLim 设定值为 "TRUE" 时才有效。

加速度限制指令 PathAccLim 的编程示例如下。

```
MoveL p1, v1000, z30, tool0 ;            // TCP 按系统默认加速度移动到 p1 点
PathAccLim TRUE\AccMax := 4, FALSE ;     // 启动加速度限制为 4 m/s²
MoveL p2, v1000, z30, tool0 ;               // TCP 以 4 m/s² 启动,并移动到 p2 点
PathAccLim FALSE, TRUE\DecelMax := 3 ;   // 停止加速度限制为 3 m/s²
MoveL p3, v1000, fine, tool0 ;           // TCP 移动到 p3 点,并以 3 m/s² 停止
PathAccLim FALSE, FALSE ;                // 撤销启/停加速度限制功能
……
```

大地坐标系加速度限制指令 WorldAccLim,可用来设定机器人 TCP 在大地坐标系上的最大加速度,它对机器人本体运动和基座运动均有效。WorldAccLim 指令生效时,如果机器人 TCP 的加速度超过了限制值,系统将自动将其限制在指令规定的加速度上。大地坐标系加速度限制功能在指令添加项选择\On 时有效,加速度限制值可在添加项\On 上设定;如果指令添加项选择\OFF,将撤销大地坐标系加速度限制功能,此时,运动轴将按系统设定的最大加速度加速。

大地坐标系加速度限制指令 WorldAccLim 的编程示例如下。

```
VAR robtarget p1 := [[800,-100,750],[1,0,0,0],[0,-2,0,0],[45,9E9,9E9,9E9,
      9E9,9E9]] ;
WorldAccLim \On := 3.5 ;         // 大地坐标系加速度限制为 3.5 m/s²
MoveJ p1, v1000, z30, tool0 ;    // 机器人移动到 p1 点,TCP 加速度不超过 3.5 m/s²
WorldAccLim \Off ;               // 撤销大地坐标系加速度限制功能
MoveL p2, v1000, z30, tool0 ;    // 机器人移动到 p2 点
……
```

技能训练

结合本任务的内容,完成以下练习。

一、不定项选择题

1. 以下可以通过基本移动指令控制运动的是(   )。
   A. 机器人机身   B. 机器人手腕   C. 机器人 TCP   D. 作业对象
2. 以下属于工业机器人基本移动指令的是(   )。
   A. 绝对定位   B. 关节插补   C. 直线插补   D. 圆弧插补
3. 以下对工业机器人基本移动指令目标位置编程理解正确的是(   )。
   A. 必须是关节坐标位置   B. 必须是机器人 TCP 位置
   C. 定位指令为关节位置   D. 插补指令为 TCP 位置
4. 以下对工业机器人基本移动指令移动速度编程理解正确的是(   )。
   A. 可规定机器人 TCP 速度   B. 可规定外部轴速度
   C. 可规定工具定向速度   D. 可用移动时间定义
5. 以下对工业机器人基本移动指令到位区间编程理解正确的是(   )。
   A. 可指定到位区间   B. 可指定停止速度
   C. 可规定停顿时间   D. 可改变实际定位精度
6. 以下对工业机器人基本移动指令作业工具编程理解正确的是(   )。
   A. 不使用工具时可直接省略   B. 不使用工具时指定 Tool0
   C. 必须添加工件数据\WObj   D. 工具固定作业必须添加\WObj

7. 以下对 RAPID 机器人本体绝对定位指令理解正确的是（　　　　）。
  A. 是点到点的定位运动   B. 与笛卡儿坐标系无关
  C. 与机器人姿态、奇点无关   D. 不需要指定工具、工件数据

8. 以下对 RAPID 外部轴绝对定位指令理解正确的是（　　　　）。
  A. 是点到点的定位运动   B. 与笛卡儿坐标系无关
  C. 与工具、工件坐标系无关   D. 不需要指定工具、工件数据

9. 以下对 RAPID 关节插补指令理解正确的是（　　　　）。
  A. 目标位置是关节绝对位置   B. 是关节轴同步插补运动
  C. TCP 轨迹肯定为直线   D. TCP 速度与编程速度一致

10. 以下对 RAPID 直线插补指令理解正确的是（　　　　）。
  A. 目标位置是关节绝对位置   B. 是关节轴同步插补运动
  C. TCP 轨迹肯定为直线   D. TCP 速度与编程速度一致

11. 以下对 RAPID 圆弧插补指令的圆弧定义方法理解正确的是（　　　　）。
  A. 用起点、终点、圆心定义   B. 用起点、终点、半径定义
  C. 用起点、终点、中间点定义   D. 不能直接实现全圆插补

12. 以下对 RAPID 圆弧插补指令的中间点选择理解正确的是（　　　　）。
  A. 应尽可能接近圆弧起点   B. 应尽可能接近圆弧终点
  C. 尽可能接近圆弧中点   D. 必须在圆弧轨迹上

13. 以下对 RAPID 圆弧插补指令的程序点选择理解正确的是（　　　　）。
  A. 终点离起点必须≥0.1mm   B. 中间点离起点必须≥0.1mm
  C. 中间点、终点夹角必须≥1° D. 圆弧夹角必须≤180°

14. 以下对子程序调用插补指令理解正确的是（　　　　）。
  A. 可用于关节、直线、圆弧插补 B. 可用\V 规定移动速度
  C. 可在起点调用子程序   D. 可在终点调用子程序

15. 以下对 RAPID 程序偏移指令 "PDispOn" 理解正确的是（　　　　）。
  A. 可用于机器人位置的偏移   B. 可用于外部轴位置的偏移
  C. 可添加工具姿态偏移功能   D. 可多次使用、叠加偏移量

16. 以下可用来撤销 "PDispOn" 指令偏移的是（　　　　）。
  A. PDispOff B. EOffsOff   C. PDispSet   D. ORobT

17. 以下对 RAPID 程序偏移指令 PDispSet 理解正确的是（　　　　）。
  A. 可用于机器人位置的偏移   B. 可直接定义偏移量
  C. 可添加工具姿态偏移功能   D. 可多次使用、叠加偏移量

18. 以下对 RAPID 程序偏移量清除函数命令 ORobT 理解正确的是（　　　　）。
  A. 可清除所有程序点偏移   B. 可清除指定程序点偏移
  C. 可保留外部轴偏移   D. 可保留机器人偏移

19. 以下对 RAPID 位置偏置函数命令 Offs 理解正确的是（　　　　）。
  A. 对所有程序点有效   B. 对指定程序点有效
  C. 用来改变 x、y、z 坐标数据 D. 用来改变工具姿态

20. 以下对 RAPID 工具偏置函数命令 RelTool 理解正确的是（　　　　）。

A. 对所有程序点有效 　　　　　　　B. 对指定程序点有效

C. 可改变 TCP 位置 　　　　　　　D. 可改变工具姿态

21. 以下对 RAPID 镜像函数命令 MirPos 理解正确的是（　　　）。

A. 可进行 x 对称变换 　　　　　　B. 可进行 y 轴对称变换

C. 可进行 z 轴对称变换 　　　　　　D. 一般用于工件坐标系

22. 以下对 RAPID 移动数据读入函数命令 CPos 理解正确的是（　　　）。

A. 读取 TCP 的 x、y、z 位置 　　　B. 读取 TCP 位置的全部数据

C. 必须添加工具数据 　　　　　　D. 必须添加工件数据

23. 以下对 RAPID 移动数据读取函数命令 CRobT 理解正确的是（　　　）。

A. 读取关节坐标系位置 　　　　　　B. 读取 TCP 的 x、y、z 位置

C. 读取 TCP 位置的全部数据 　　　D. 到位区间应小于 inpos50

24. 以下对 RAPID 移动数据读取函数命令 CJointT 理解正确的是（　　　）。

A. 读取关节坐标系位置 　　　　　　B. 读取 TCP 的 x、y、z 位置

C. 读取 TCP 位置的全部数据 　　　D. 到位区间应小于 inpos50

25. 以下对 RAPID 移动数据转换函数命令 CalcJointT 理解正确的是（　　　）。

A. 转换结果为 TCP 位置 　　　　　B. 转换结果为关节绝对位置

C. 不受姿态控制指令影响 　　　　　D. 奇点转换时 j4 轴规定为 0°

二、编程练习题

1. 利用 RAPID 程序偏移指令，编制机器人进行图 4.1-11 所示双工位作业的移动程序。

2. 按照以下要求，编制机器人进行图 4.1-12 所示运动的程序段，工具数据使用 tool1。

p0→p1：绝对定位，速度 800mm/s、定位区间 z50；

p1→p2：关节插补，速度 500mm/s、定位区间 z30；

p2→p3：直线插补，速度 300mm/s、定位区间 fine；

p3→p4：直线插补，移动时间 10s、定位区间 z10；

p4→p5：直线插补，速度 125mm/s、定位区间 fine、停止点检测 inpos20；

p5→p6：直线插补，速度 300 mm/s、定位区间 z30；

p6→p1：关节插补，速度 500mm/s、定位区间 fine。

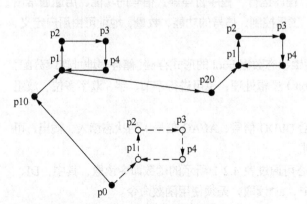

图4.1-11　双工位作业运动

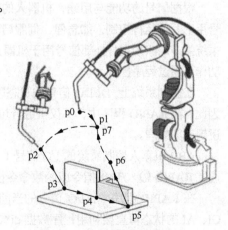

图4.1-12　机器人运动轨迹

••• 任务 2　输入/输出指令编程 •••

知识目标

1. 掌握状态读入指令的编程方法。
2. 掌握输出控制指令的编程方法。
3. 熟悉输入/输出等待指令的编程格式与要求。
4. 熟悉目标位置输出、轨迹控制点输出指令。
5. 了解线性模拟量输出、速度模拟量输出指令。

能力目标

1. 能熟练编制机器人状态读入、输出控制程序。
2. 能熟练编制输入/输出等待程序。
3. 能编制目标位置输出、轨迹控制点输出指令。
4. 知道线性模拟量输出、速度模拟量输出指令的作用。

基础学习

一、状态读入指令与编程

1. 指令与功能

机器人的输入/输出（I/O）指令通常用来控制机器人辅助部件动作，如搬运机器人抓手的夹紧/松开；点焊机器人的焊钳开/合、电极加压、焊接电流通/断及焊接电流、电压调节等。辅助控制信号一般有开关量输入/输出（DI/DO）、模拟量输入/输出（AI/AO）两类。

DI/DO 信号多用于开关状态检测、电磁元件通/断控制，其状态可用逻辑状态数据 bool 或二进制数字描述。AI/AO 信号一般用于连续变化参数的检测与调节，其状态需要以十进制数值描述。

根据信号的功能与用途，机器人的辅助控制信号又可分系统信号和外部信号两类。系统信号用于系统运行控制，如急停、伺服启动、程序运行、程序暂停等，信号的功能、用途通常由系统生产厂家规定；外部信号用于机器人、工具控制，信号的功能、数量、地址可由用户定义，动作可通过程序控制。

在控制系统上，DI/DO 信号的状态以逻辑状态数据 bool 的形式存储，储存器地址连续分配；因此，在 RAPID 程序中，不仅可进行位（bit）逻辑处理，也可进行字节、字、双字多位、成组逻辑运算处理。

ABB 机器人控制系统的 I/O 信号（包括 DI/DO 信号、AI/AO 信号）的状态读入、输出，可通过 RAPID 输入/输出指令或函数命令控制。

在 RAPID 程序中，I/O 信号的当前状态可通过表 4.2-1 所示的函数命令读取，其中，DI、GI、AI 的状态可直接利用程序数据 di*、gi*、ai* 读取，无须使用函数命令。

表 4.2-1　I/O 状态读入函数命令说明表

名　称	编程格式与示例		
DO 状态读入	DOutput	命令参数	Signal：信号名称
	编程示例	flag1:= DOutput(do1) ;	
AO 数值读入	AOutput	命令参数	Signal：信号名称
	编程示例	reg1:= AOutput(current) ;	
32 点 DI 状态成组读入	GInputDnum	命令参数	Signal：信号名称
	编程示例	reg1:= GInputDnum (gi1) ;	
16 点 DO 状态成组读入	GOutput	命令参数	Signal：信号名称
	编程示例	reg1:= GOutput (go1) ;	
32 点 DO 状态成组读入	GOutputDnum	命令参数	Signal：信号名称
	编程示例	reg1:= GOutputDnum (go1) ;	
DI 状态检测	TestDI	命令参数	Signal：信号名称
	编程示例	IF TestDI (di2) SetDO do1, 1 ;	

2. 编程示例

I/O 状态读入函数命令的编程要求和示例如下。

① DI/DO 状态读入。DI/DO 状态读入函数命令用来读入参数指定的 DI/DO 信号状态，命令的执行结果为 DIO 数值数据（dionum）（0 或 1）；其中，DI 信号的状态可直接利用程序数据 di*读取。编程示例如下。

```
flag1:= di1 ;                        // 读入信号 di1 状态
flag2:= DOutput(do1) ;               // 读入信号 do1 状态
IF di2 = 1 THEN                      // di2 状态用作 IF 指令条件
……
```

② AI/AO 数值读入。AI/AO 数值读入函数命令用来读入指定 AI/AO 通道的模拟量输入/输出值，命令的执行结果为数值数据（num）；其中，AI 信号的状态可直接利用程序数据 ai*读取。编程示例如下。

```
reg1:= ai1 ;                         // 读入 ai1 值
reg2:= AOutput(ao1) ;                // 读入 ao1 值
deviation1 := 3 * ai2 + 10 ;         // ai2 值参与运算
IF ai2 = 5.12 THEN                   // ai2 值用作 IF 指令条件
……
```

③ DI/DO 状态成组读入。DI/DO 状态成组读入函数命令用来一次性读入 8~32 点 DI/DO 信号状态，命令执行结果为数值数据（num）或双精度数值数据（dnum）。编程示例如下。

```
reg1:= gi1 ;                         // 读入 gi1 组 16 点 DI 状态
reg2:= GOutput(go1) ;                // 读入 go1 组 16 点 DO 状态
reg3:= GInputDnum (gi1) ;            // 读入 gi1 组 32 点 DI 状态
reg4:= GOutputDnum (go1) ;           // 读入 go1 组 32 点 DO 状态
IF gi2 = 5 THEN                      // DI 组状态用作 IF 指令条件
IF GInputDnum(gi2) = 25 THEN         // 32 点 DI 组状态用作 IF 指令条件
……
```

④ DI 状态检测。DI 状态检测函数命令用来检测指定的 DI 信号状态，命令执行结果为逻辑状态"TRUE"或"FALSE"，命令多用于 IF 指令的条件判断。编程示例如下。

```
IF TestDI (di2) SetDO do1, 1 ;                    // di2=1 时 do1 输出 1
IF NOT TestDI (di2) SetDO do2, 1 ;                // di2=0 时 do2 输出 1
IF TestDI (di1) AND TestDI(di2) SetDO do3, 1 ;    // di1、di2 同时为 1 时 do3 输出 1
......
```

二、输出控制指令与编程

1. 指令与功能

在 RAPID 程序中，DO、AO 的输出状态可通过 DO/AO 输出指令控制；DO 信号可成组输出，也可用状态取反、脉冲、延时等方式输出。

作业程序常用的 DO/AO 输出指令名称、编程格式与示例见表 4.2-2。

表 4.2-2 DO/AO 输出控制指令编程说明表

名称			编程格式与示例	
输出控制	DO 信号 ON	Set	程序数据	Signal：信号名称
	DO 信号 OFF	Reset	程序数据	Signal：信号名称
	DO 信号取反	InvertDO	程序数据	Signal：信号名称
脉冲输出		PulseDO	程序数据	Signal：信号名称
			指令添加项	\High, \PLength
输出设置	DO 状态设置	SetDO	程序数据	Signal, Value
			指令添加项	\SDelay, \Sync
	DO 组状态设置	SetGO	程序数据	Signal, Value | Dvalue
			指令添加项	\SDelay
	AO 值设置	SetAO	程序数据	Signal, Value

表中的输出控制指令可用来定义指定 DO 点的状态，或将现行状态取反后输出。编程示例如下。

```
Set do2 ;                    // do2 输出 ON
Reset do15 ;                 // do15 输出 OFF
InvertDO do10 ;              // do10 输出状态取反
......
```

2. 脉冲输出

脉冲输出指令 PulseDO 可在指定的 DO 点上输出图 4.2-1 所示的脉冲信号，输出脉冲宽度、输出形式可通过指令添加项\High、\PLength 定义。

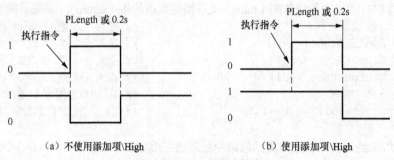

（a）不使用添加项\High   （b）使用添加项\High

图4.2-1 DO点脉冲输出

指令在未使用添加项\High 时，PulseDO 指令的输出如图 4.2-1（a）所示，脉冲的形状与指令执行前的 DO 信号状态有关：如指令执行前 DO 信号状态为"0"，则产生一个正脉冲；如指令执行前 DO 信号状态为"1"，则产生一个负脉冲。脉冲宽度可通过添加项\PLength 指定，未使用添加项\PLength 时，系统默认的脉冲宽度为 0.2s。

指令使用添加项\High 时，输出脉冲只能为"1"状态，其实际输出有图 4.2-1（b）所示的两种情况：如指令执行前 DO 信号状态为"0"，则产生一个\PLength 指定宽度的正脉冲；如指令执行前 DO 信号状态为"1"，则"1"状态将保持\PLength 指定的时间。未使用添加项\PLength 时，系统默认的脉冲宽度为 0.2s。

脉冲输出指令的编程示例如下。

```
PulseDO do15 ;                  // do15 输出宽度 0.2s 的脉冲
PulseDO \PLength :=1.0, do2 ;   // do2 输出宽度 1s 的脉冲
PulseDO \High, do3 ;            // do3 输出宽度 0.2s 的脉冲,或保持 1 状态 0.2s
......
```

3. 输出设置

输出设置指令可用来控制 DO、AO 的输出状态，可用于 DO 信号的成组输出（GO 输出），还可通过添加项定义延时、同步等控制参数。

指令中的程序数据（Value）或双精度数据（Dvalue）用来定义输出值，DO 设定值可为 0 或 1；AO、GO 指令可为数值数据（num）或双精度数值数据（dnum）。

指令添加项\SDelay 用来定义输出延时，单位为 s，允许范围为 0.001～2000。系统在输出延时阶段，可继续执行后续的其他指令，延时到达后改变输出信号状态。如果在输出延时期间，再次出现了同一输出信号的设置指令，则前一指令被自动取消，系统直接执行最后一条输出设置指令。

指令添加项\Sync 用于同步控制，使用添加项\Sync 时，系统执行输出设置指令时，需要确认实际输出状态，只有实际输出状态改变后，才能继续执行下一指令；如不使用添加项\Sync，则系统不等待 DO 信号的实际输出状态改变。

输出设置指令的编程示例如下。

```
SetDO do1, 1 ;                      // 输出 do1 设定为 1
SetDO \SDelay := 0.5, do3, 1 ;      // 延时 0.5s 后，将 do3 设定为 1
SetDO \Sync ,do4, 0 ;               // 输出 do4 设定为 0，并确认实际状态
SetAO ao1, 5.5 ;                    // ao1 模拟量输出值设定为 5.5
SetGO go1, 12 ;                     // 输出组 go1 设定为 0…0 1100
SetGO\SDelay := 0.5, go2, 10 ;      // 延时 0.5s 后，输出组 go2 设定为 0…0 1010
......
```

三、I/O 等待指令与编程

1. 指令与功能

在 RAPID 程序中，DI/DO、AI/AO 或 GI/GO 组信号的状态可用来控制程序的执行过程，使程序只有在指定的条件满足后，才能继续执行下一指令；否则，进入暂停状态。I/O 等待指令名称、编程格式与示例见表 4.2-3。

2. DI/DO 等待

DI/DO 等待指令可通过系统对指定 DI/DO 点的状态检查，来决定程序是否继续执行。该指令还可通过添加项\MaxTime、\TimeFlag 来规定最长等待时间、生成超时标记。

表 4.2-3 I/O 等待指令编程说明表

名称	编程格式与示例		
DI 读入 等待	WaitDI	程序数据	Signal, Value
		数据添加项	\MaxTime, \TimeFlag
DO 输出 等待	WaitDO	程序数据	Signal, Value
		数据添加项	\MaxTime, \TimeFlag
AI 读入 等待	WaitAI	程序数据	Signal, Value
		数据添加项	\LT | \GT, \MaxTime, \ValueAtTimeout
AO 输出 等待	WaitAO	程序数据	Signal, Value
		数据添加项	\LT | \GT, \MaxTime, \ValueAtTimeout
GI 读入 等待	WaitGI	程序数据	Signal, Value | Dvalue
		数据添加项	\NOTEQ | \LT | \GT, \MaxTime, \TimeFlag
GO 输出 等待	WaitGO	程序数据	Signal, Value | Dvalue
		数据添加项	\NOTEQ | \LT | \GT, \MaxTime, \ValueAtTimeout | \DvalueAtTimeout

添加项\MaxTime 用来定义最长等待时间, 单位为 s; 添加项\TimeFlag 用来规定等待超时标记。不使用添加项\MaxTime 时, 系统必须等待 DI/DO 条件满足, 才能继续执行后续指令。使用添加项\MaxTime 时, 如在\MaxTime 规定的时间内未满足条件, 则: 如不使用添加项\TimeFlag, 系统发出等待超时报警（ERR_WAIT_MAXTIME）并停止; 如使用添加项\TimeFlag, 则将\TimeFlag 指定的等待超时标记置为"TRUE", 系统继续执行后续指令。

DI/DO 等待指令的编程示例如下。

```
WaitDI di4, 1 ;                        // 等待 di4=1
WaitDI di4, 1\MaxTime:=2 ;             // 等待 di4=1, 2s 后报警停止
WaitDI di4, 1\MaxTime:=2\TimeFlag:= flag1 ;
                            // 等待 di4=1, 2s 后 flag1 为 TRUE, 并执行下一指令
```

3. AI/AO 等待

AI/AO 等待指令可通过系统对 AI/AO 的数值检查, 来决定程序是否继续执行。如需要, 该指令还可通过添加项来增加判断条件、规定最长等待时间、保存超时瞬间当前值等。

指令添加项\LT 或\GT（小于或大于）用来规定判断条件, 不使用添加项时, 直接以等于判别值作为判断条件。添加项\MaxTime 用来规定最长等待时间, 含义同 DI/DO 等待指令。添加项\ValueAtTimeout 用来规定当前值存储功能, 当 AI/AO 在\MaxTime 规定时间内未满足条件时, 超时瞬间的 AI/AO 当前值保存在\ValueAtTimeout 指定的程序数据中。

AI/AO 等待指令的编程示例如下。

```
WaitAI ai1, 5 ;                        // 等待 ai1=5
WaitAI ai1, \GT, 5 ;                   // 等待 ai1>5
WaitAI ai1, \LT, 5\MaxTime:=4 ;        // 等待 ai1<5, 4s 后报警停止
WaitAI ai1, \LT, 5\MaxTime:=4\ValueAtTimeout:= reg1 ;
                            // 等待 ai1<5, 4s 后报警停止, 当前值保存至 reg1
```

4. GI/GO 等待

GI/GO 等待指令可通过系统对成组 DI/DO 信号 GI/GO 的状态检查, 来决定程序是否继续执行, 如需要, 该指令还可通过程序数据添加项来规定判断条件、规定最长等待时间、保存超时

瞬间当前值等。

添加项\NOTEQ、\LT、\GT（不等于、小于、大于）用来规定判断条件，不使用添加项时，以等于判别值作为判断条件。添加项\MaxTime 用来规定最长等待时间，含义同 DI/DO 等待指令；添加项\ValueAtTimeout 或\DvalueAtTimeout 用来存储当前值，当 GI/GO 信号在\MaxTime 规定时间内未满足条件时，超时瞬间的 GI/GO 信号状态将保存到添加项\ValueAtTimeout 或\DvalueAtTimeout 指令的程序数据中。

GI/GO 等待指令的编程示例如下。

```
WaitGI gi1, 5 ;                                    // 等待 gi1=0…0 0101
WaitGI gi1, \NOTEQ, 0 ;                            // 等待 gi1 不为 0
WaitGI gi1, 5\MaxTime := 2 ;                       // 等待 gi1=0…0 0101,2s 后报警停止
WaitGI gi1, \GT, 0\MaxTime := 2 ;                  // 等待 gi1 大于 0,2s 后报警停止
WaitGO gi1, \GT, 0\MaxTime := 2\ValueAtTimeout := reg1 ;
                                                   // 等待 gi1 大于 0,2s 后报警停止,当前值保存至 reg1
```

实践指导

一、目标位置输出指令编程

为了减少程序指令、简化编程，RAPID 程序的 I/O 信号状态检测与输出不仅可通过独立的 I/O 读写指令控制，还可与机器人关节、直线、圆弧插补移动指令合并，实现机器人移动和 I/O 控制的同步。这一功能可用于点焊机器人的焊钳开合、电极加压、焊接启动、多点连续焊接，以及弧焊机器人的引弧、熄弧等诸多控制场合。

机器人关节、直线、圆弧插补轨迹上需要进行 I/O 控制的位置，称为 I/O 控制点或触发点（Trigger Point），简称控制点。在 RAPID 程序中，控制点不但可以是关节、直线、圆弧插补的目标位置，而且可以是插补轨迹上的指定位置。为了区分，一般将以目标位置为控制点的指令称为目标位置输出指令，它可用于 DO、GO、AO 的输出控制；将以插补轨迹指定位置作为控制点的指令称为轨迹控制点指令，它可用于 DO、GO、AO 信号输出及 DI/DO、AI/AO、GI/GO 的状态检查。

以关节插补、直线插补、圆弧插补目标位置作为 I/O 控制点时，DO、AO、GO 组信号将在移动指令执行完成、机器人到达插补目标位置时输出。对于图 4.2-2 所示的 p1→p2→p3 连续移动轨迹，当 p1→p2 采用连续移动、目标点输出指令编程时，其 DO、AO、GO 信号将在拐角抛物线的中间点输出。

目标位置输出指令的名称、编程格式与示例见表 4.2-4。

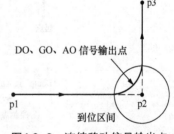

图4.2-2 连续移动信号输出点

表 4.2-4 目标位置输出指令编程说明表

名称		编程格式与示例	
关节插补	MoveJDO MoveJAO MoveJGO	基本程序数据	ToPoint, Speed, Zone, Tool
		附加程序数据	Signal, Value（用于 MoveJDO、MoveJAO 指令）
		基本数据添加项	\ID、\T、\WObj、\TLoad
		附加数据添加项	\Value | \Dvalue（用于 MoveJGO 指令）

续表

名称		编程格式与示例	
直线插补	MoveLDO MoveLAO MoveLGO	基本程序数据	ToPoint, Speed, Zone, Tool
		附加程序数据	Signal, Value（用于 MoveLDO、MoveLAO 指令）
		基本数据添加项	\ID, \T, \WObj, \TLoad
		附加数据添加项	\Value | \Dvalue（用于 MoveLGO 指令）
圆弧插补	MoveCDO MoveCAO MoveCGO	基本程序数据	CirPoint, ToPoint, Speed, Zone, Tool
		附加程序数据	Signal, Value（用于 MoveCDO、MoveCAO 指令）
		基本数据添加项	\ID, \T, \WObj, \TLoad
		附加数据添加项	\Value | \Dvalue（用于 MoveCGO 指令）

移动目标点输出指令的编程示例如下。

```
MoveJDO p1, v1000, fine, tool2, do1, 1 ;          // 在终点 p1 输出 do1=1
MoveLAO p2, v1000, z30, tool2, ao1, 5.2 ;         // 在 p2 拐角中间点输出 ao1=5.2
MoveC p3, p4, v500, fine, tool2 ao1, 6;           // 在 p4 拐角中间点输出 ao1=6
MoveLAO p5, v1000, z30, tool2 ;                   // 连续移动指令
MoveJGO p6, v1000, z30, tool2, go1 \Value:=6 ;    // 输出组 go1= 0…0 0110
……
```

二、轨迹控制点输出指令

1. 轨迹控制点设定

机器人关节、直线、圆弧插补轨迹上用来输出 DO、AO 或 GO 组信号的位置称为轨迹控制点，它们需要通过 RAPID 控制点设定指令，在程序中定义。轨迹控制点有固定控制点和浮动控制点两类，其区别如图 4.2-3 所示。

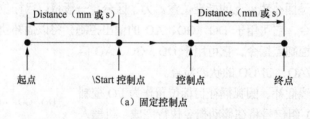

（a）固定控制点

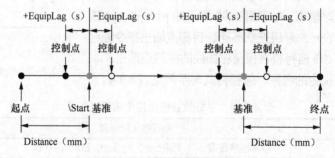

（b）浮动控制点

图4.2-3 轨迹控制点的定义

固定控制点是以图 4.2-3（a）所示的、移动指令终点或起点（\Start）为基准，通过移动距离或时间定义的控制点；浮动控制点是以图 4.2-3（b）所示的、轨迹上的指定位置为基准，可

通过机器人移动时间（EquipLag）偏移的控制点。由于轨迹位置只能通过理论计算得到，因此，这样的控制点存在一定的不确定性。

轨迹控制点设定指令的格式及添加项、程序数据含义如下。

```
TriggIO   TriggData, Distance [ \Start ] | [ \Time ] [ \DOp] | [\GOp] | [ \AOp ],
          SetValue | SetDvalue [ \DODelay ] ;
TriggEquip TriggData, Distance [ \Start ], EquipLag [ \DOp] | [\GOp] | [ \AOp ],
          SetValue | SetDvalue ;
```

TriggData：控制点名称。

Distance：以绝对距离（mm）或移动时间（s）形式定义的固定控制点位置或浮动控制点的基准位置。

\Start 或**\Time**：基准位置添加项。不使用添加项\Start 时，移动指令的终点为计算 Distance 的基准；使用添加项\Start 时，移动指令的起点为计算 Distance 的基准。添加项\Time 只能用于固定控制点设定指令，使用添加项时，Distance 以机器人移动时间的形式定义。

\DOp 或**\GOp** 或**\AOp**：需要输出的 DO 或 GO 或 AO 信号名称。使用添加项后，可以在控制点上输出对应的信号。

SetValue 或**SetDvalue**：DO、AO、GO 信号输出值。

\DODelay：DO、AO、GO 信号输出延时，单位为 s。

EquipLag：仅用于浮动控制点设定，控制点到基准点的机器人实际移动时间（s）。设定值为正时，控制点位于基准位置之前；为负时，控制点位于基准位置之后。

轨迹控制点设定指令的编程示例如下，程序功能如图 4.2-4 所示。程序中的 TriggL 为轨迹控制点输出指令，其编程示例如下。

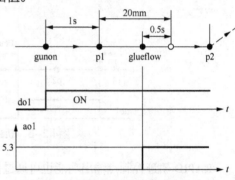

图4.2-4　轨迹控制点输出功能（一）

```
TriggIO gunon, 1\Time\DOp:=do1, 1 ;                    // 设定固定控制点 gunon
TriggEquip glueflow, 20\Start, 0.5\AOp:=ao1, 5.3 ;     // 设定浮动控制点 glueflow
……
TriggL p1, v500, gunon, fine, gun1 ;                   // gunon 控制点输出 do1=1
TriggL p2, v500, glueflow, z50, tool1 ;                // glueflow 控制点输出 ao1=5.3
……
```

2. 轨迹控制点输出指令

需要在 TriggIO、TriggEquip 指令定义的轨迹控制点上，输出指定的 DO、AO 或 GO 信号时，机器人的关节、直线、圆弧插补应使用指令 TriggJ、TriggL、TriggC。指令常用的编程格式及程序数据要求如下。

```
TriggJ[\Conc]  ToPoint [\ID], Speed [\T], Trigg_1 [\T2] [\T3] [\T4] [\T5]
               [\T6] [\T7] [\T8], Zone [\Inpos], Tool [\WObj] [\TLoad] ;
TriggL[\Conc]  ToPoint [\ID], Speed [\T], Trigg_1 [\T2] [\T3] [\T4] [\T5]
               [\T6] [\T7] [\T8], Zone [\Inpos], Tool[\WObj] [\Corr] [\TLoad] ;
TriggC[\Conc]  CirPoint, ToPoint [\ID], Speed [\T], Trigg_1 [\T2] [\T3] [\T4]
               [\T5] [\T6] [\T7][\T8], Zone[\Inpos], Tool [\WObj] [ \Corr ]
               [\TLoad] ;
```

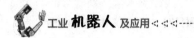
指令中的 ToPoint [\ID]、CirPoint、Speed [\T]、Zone [\Inpos]、Tool [\WObj] [\TLoad]等为关节、直线、圆弧插补指令的基本程序数据与添加项，其含义及要求与指令 MoveJ、MoveL、MoveC 相同，有关内容可参见项目三。其他添加项的作用与要求如下。

Trigg_1：指令 TriggIO、TriggEquip 设定的第 1 轨迹控制点名称。

\T2 ~ \T8：第 2 ~ 8 轨迹控制点名称。当轨迹控制点以名称形式指定时，每一 TriggJ、TriggL、TriggC 指令的移动轨迹上，允许有最大 8 个控制点，第 2 ~ 8 轨迹控制点名称需要通过添加项\T2 ~ \T8 指定。

TriggJ、TriggL、TriggC 指令的编程示例如下，程序功能如图 4.2-5 所示。

```
TriggIO gunon, 5\Start\DOp:=do1, 1 ;          // 设定轨迹控制点
TriggIO gunoff, 10\DOp:= do1, 0 ;
......
MoveJ p1, v500, z50, gun1 ;
TriggL p2, v500, gunon, fine, gun1 ;          // 控制点 gunon 输出 do1=1
TriggL p3, v500, gunoff, fine, gun1 ;         // 控制点 gunoff 输出 do1=0
MoveJ p4, v500, z50, gun1 ;
TriggL p5, v500, gunon\T2:= gunoff, fine, gun1 ;  // 控制点 gunon、gunoff 同时有效
......
```

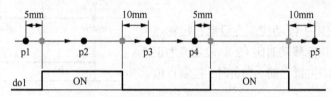

图4.2-5　轨迹控制点输出功能（二）

RAPID 轨迹控制点输出功能也可通过指令 TriggJIOs、TriggLIOs 实现，此时，控制点需要通过程序数据定义。

拓展提高

一、线性变化模拟量输出指令

1. 指令与功能

线性变化模拟量输出可在机器人关节、直线、圆弧插补轨迹的同时，在指定的移动区域上输出线性增减的模拟量。这一功能常用于弧焊机器人，以提高焊接质量。例如，对于薄板类零件的"渐变焊接"，可使焊接过程中的焊接电流、焊接电压逐步减小，以防止由于零件本身温度大幅度上升，在焊接结束阶段可能出现的工件烧穿、断裂等现象。

线性变化模拟量输出的功能、输出点及变化区位置，需要用特殊模拟量输出设定指令 TriggRampAO 定义，控制点设定数据同样以控制点数据 TriggData 的形式保存；这一控制点如果被 I/O 控制插补指令 TriggJ、TriggL、TriggC 所引用，系统便可在机器人关节、直线、圆弧插补轨迹的同时，在指定的移动区域上输出线性增、减的模拟量。

TriggRampAO 指令的编程格式与程序数据要求如下。

```
TriggRampAO TriggData, Distance[\Start], EquipLag, AOutput, SetValue, RampLength
            [\Time] ;
```

程序数据 TriggData、Distance、EquipLag 及添加项\Start，用来设定线性变化模拟量输出控制点的位置，其含义与输出控制点设定指令相同；其他程序数据及添加项的含义如图 4.2-6 所示，编程要求如下。

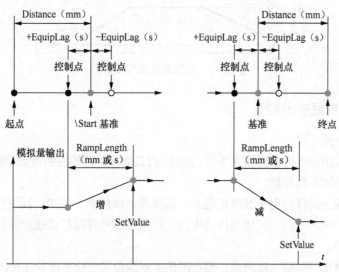

图4.2-6 线性变化模拟量输出指令程序数据

AOutput：模拟量输出信号名称，数据类型为 signalao。

SetValue：模拟量输出信号线性增减的目标值，数据类型为 num。

RampLength：模拟量输出信号的线性变化区域，数据类型为 num。未使用添加项\Time 时，设定值为线性变化区域的插补轨迹长度，单位为 mm；使用添加项\Time 时，设定值为线性变化区域的机器人移动时间，单位为 s。

\Time：线性变化区域的机器人移动时间定义有效，数据类型为 switch。使用添加项时，RampLength 设定值为机器人移动时间。

2. 编程示例

线性变化模拟量输出可通过 I/O 控制插补指令 TriggJ、TriggL、TriggC 实现，但指令中的控制点需要改为线性变化模拟量输出控制点。线性变化模拟量输出的编程示例如下，程序所对应的 ao1 模拟量输出如图 4.2-7 所示。

```
VAR triggdata upao ;                        // 控制点定义
VAR triggdata dnao ;
……
TriggRampAO upao, 10\Start, 0.1, ao1, 8, 12 ;  // 线性变化模拟量输出设定
TriggRampAO dnao, 8, 0.1, ao1, 2, 10 ;
……
MoveL p1, v200, z10, gun1 ;                  // 线性变化模拟量输出指令
TriggL p2, v200, upao, z10, gun1 ;
TriggL p3, v200, dnao, z10, gun1 ;
……
```

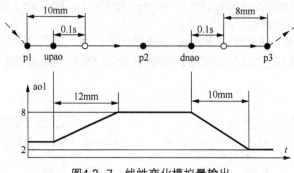

图4.2-7　线性变化模拟量输出

二、速度模拟量输出指令

1. 指令与功能

速度模拟量输出指令可在机器人关节、直线、圆弧插补轨迹的控制点上, 输出与机器人 TCP 实际移动速度成正比的模拟量。

速度模拟量输出同样可用于弧焊机器人, 以提高焊接质量。例如, 利用移动速度模拟量输出控制焊接电流、焊接电压, 可使得焊接电流、焊接电压随焊接移动速度的变化而变化, 从而得到均匀的焊缝等。

速度模拟量输出的功能、输出点, 需要用速度模拟量输出设定指令 TriggSpeed 定义, 控制点设定数据同样以控制点数据 TriggData 的形式保存; 这一控制点如果被 I/O 控制插补指令 TriggJ、TriggL、TriggC 所引用, 系统便可在机器人关节、直线、圆弧插补轨迹的同时, 在指定的点上输出机器人 TCP 移动速度模拟量。

TriggSpeed 指令的编程格式及程序数据要求如下。

```
TriggSpeed  TriggData, Distance[\Start], ScaleLag, AOp, ScaleValue[\DipLag]
            [\ErrDO][\Inhib]
```

程序数据 TriggData、Distance 及添加项\Start, 用来设定 TCP 移动速度模拟量输出控制点位置, 其含义与输出控制点设定指令相同; 其他程序数据及添加项的含义、编程要求如下。

ScaleLag: 外设动作延时补偿, 数据类型为 num, 单位为 s。以机器人实际移动时间的形式补偿外设动作延时, 含义与输出控制点设定指令的 EquipLag 相同。设定值为正时, 模拟量输出控制点将超前于 Distance 位置; 为负时, 控制点将滞后于 Distance 位置。

AOp: AO 信号名称, 数据类型为 signalao。指定的 AO 信号用于 TCP 移动速度模拟量输出。

ScaleValue: 模拟量输出倍率, 数据类型为 num。该设定值以倍率的形式调整实际模拟量输出值。

\DipLag: 机器人减速补偿, 数据类型为 num, 设定值为正, 单位为 s。增加本添加项后, 可在机器人进行终点减速前, 提前\DipLag 时间输出减速的速度模拟量, 以补偿模拟量输出滞后。\DipLag 为模态参数, 添加项一经设定, 对后续的所有 TriggSpeed 指令均有效。

\ErrDO: 模拟量出错时的 DO 输出信号名称, 数据类型为 signaldo。如果机器人移动期间, AOp 所指定的信号的逻辑模拟输出值溢出, 该 DO 信号将输出 1。\ErrDO 为模态参数, 添加项一经设定, 对后续的所有 TriggSpeed 指令均有效。

\Inhib: 模拟量输出禁止, 数据类型为 bool。添加项定义为 TRUE 时, 禁止 AOp 所指定的信号的模拟量输出(输出为 0)。\Inhib 为模态参数, 添加项一经设定, 对后续的所有 TriggSpeed

指令均有效。

2. 编程示例

速度模拟量输出指令可通过 I/O 控制插补指令 TriggJ、TriggL、TriggC 实现，但指令中的控制点需要改为速度模拟量输出控制点。

速度模拟量输出的编程示例如下，程序所对应的 ao1 模拟量输出如图 4.2-8 所示。

```
VAR triggdata flow ;                        // 控制点定义
TriggSpeed flow, 10\Start, 1, ao1, 0.8\DipLag:=0.5 ;  // 速度模拟量输出定义
TriggL p1, v500, flow, z10, tool1 ;         // 速度模拟量输出
……
TriggSpeed flow, 8, 1, ao1, 1 ;             // 改变速度模拟量输出
TriggL p2, v500, flow, z10, tool1 ;         // 速度模拟量输出
……
```

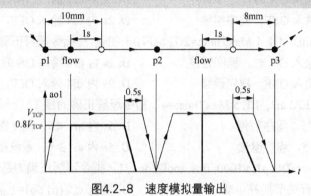

图4.2-8　速度模拟量输出

技能训练

结合本任务的内容，完成以下练习。

一、不定项选择题

1. 以下对机器人输入/输出指令功能理解正确的是（　　）。

　　A. 控制机器人运动　　　　　　　　　　B. 控制外部轴运动

　　C. 控制辅助部件动作　　　　　　　　　D. 控制工具定向运动

2. 以下对机器人 DI/DO 信号理解正确的是（　　）。

　　A. 开关量输入/输出信号　　　　　　　B. 模拟量输入/输出信号

　　C. 状态可成组读入/输出　　　　　　　D. 以逻辑状态数据存储

3. 以下对 RAPID 状态读入编程概念理解正确的是（　　）。

　　A. 需要用函数命令编程　　　　　　　B. 可以读取 DI/DO 信号状态

　　C. 可以读取 AI/AO 信号状态　　　　 D. DI/DO 信号状态可成组读取

4. 以下对 RAPID 开关量输出指令理解正确的是（　　）。

　　A. 只能输出 ON/OFF 信号　　　　　　B. 可以输出脉冲信号

　　C. 可以进行输出取反操作　　　　　　D. 可定义输出延时

5. 以下对 "PulseDO \PLength :=1.0, do2" 指令理解正确的是（　　）。

　　A. 脉冲输出指令　　　　　　　　　　B. 脉冲宽度 1s

　　C. 脉冲输出区的状态肯定为 1　　　　 D. 脉冲输出区的状态肯定为 0

6. 以下对"PulseDO \High, do2"指令理解正确的是（　　　）。

    A. 脉冲输出指令　　　　　　　　　　　　B. 脉冲宽度 0.2s

    C. 脉冲输出区的状态肯定为 1　　　　　　D. 脉冲输出区的状态肯定为 0

7. 如果要使得 do1 的输出状态为 ON，可使用的指令是（　　　）。

    A. Set do2　　　　　B. SetDO do1, 1　　　　　C. Reset do2　　　　　D. SetDO do1, 0

8. 以下能在原来 OFF 的 do1 上，输出一个宽度为 0.2s 的正脉冲的指令是（　　　）。

    A. PulseDO, do1　　　　　　　　　　　　B. SetDO do1, 1

    C. PulseDO\PLength :=0.2, do1　　　　　D. SetDO\SDelay := 0.2, do1, 1

9. 以下对"WaitDI di4, 1\MaxTime:=2"指令理解正确的是（　　　）。

    A. 2s 内 di4 输入 ON 时，程序暂停　　　　B. 2s 内 di4 输入 ON 时，程序继续

    C. 2s 内 di4 输入 OFF，程序继续　　　　　D. 2s 内 di4 输入 OFF，系统报警

10. 以下对"WaitDI di4, 1\MaxTime:=2\TimeFlag:= flag1"指令理解正确的是（　　　）。

    A. 2s 内 di4 输入 ON 时，程序暂停　　　　B. 2s 内 di4 输入 ON 时，程序继续

    C. 2s 内 di4 输入 OFF，程序继续　　　　　D. 2s 内 di4 输入 OFF，系统报警

11. 以下对"WaitAI ai1, \LT, 5\MaxTime:=4"指令理解正确的是（　　　）。

    A. 5s 内 ai1＜5，程序暂停　　　　　　　B. 5s 内 ai1＜5，程序继续

    C. 5s 内 ai1≥5，程序继续　　　　　　　D. 5s 内 ai1≥5，系统报警

12. 以下对"MoveJDO p1, v1000, fine, tool2, do1, 1"指令理解正确的是（　　　）。

    A. 机器人进行关节插补运动　　　　　　　B. 在起点输出 do1=1 信号

    C. 在起点输出 do1=0 信号　　　　　　　D. 在终点输出 do1=1 信号

13. 以下对 DO 信号输出控制点设定理解正确的是（　　　）。

    A. 只能是移动指令的终点　　　　　　　　B. 可在任意位置设定

    C. 控制点必须在移动轨迹上　　　　　　　D. 每一指令只能有一个控制点

14. 以下对"TriggIO gunon, 10\Time\DOp:=do1, 1"指令理解正确的是（　　　）。

    A. 固定控制点设定指令　　　　　　　　　B. 浮动控制点设定指令

    C. 控制点距离终点 10mm　　　　　　　　D. 控制点到终点移动时间为 10s

15. 以下对"TriggEquip glueflow, 20\Start, 0.5\AOp:=ao1, 5.3"指令理解正确的是（　　　）。

    A. 固定控制点设定指令　　　　　　　　　B. 浮动控制点设定指令

    C. 控制点离终点 20mm 以内　　　　　　　D. 控制点离起点 20mm 以上

二、编程练习题

假设搬运机器人在工件抓取点 p2、安放点 p4 的抓手松开信号 do1 控制要求如图 4.2-9 所示，试设定输出控制点，并利用控制点输出指令，编制实现图示动作的机器人直线插补移动程序段。

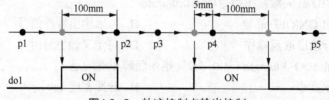

图4.2-9　轨迹控制点输出控制

任务3 程序控制指令编程

知识目标

1. 掌握 RAPID 程序等待指令的编程方法。
2. 掌握 RAPID 程序停止指令的编程方法。
3. 掌握 RAPID 程序转移指令的编程方法。
4. 熟悉 RAPID 中断监控、I/O 中断设定指令的编程格式与要求。
5. 了解定时中断、控制点中断指令及错误处理程序的编程要求。

能力目标

1. 能熟练运用程序等待指令、程序停止指令编程。
2. 能熟练编制跳转程序。
3. 能编制 I/O 中断程序。
4. 知道定时中断、控制点中断指令及错误处理程序的作用。

基础学习

一、程序等待指令编程

1. 指令与功能

在通常情况下，当工业机器人选择程序自动运行模式时，控制系统将自动、连续执行程序指令。但是，为了协调机器人系统各部分的动作，程序中某些指令可能需要一定的执行条件，这时，就需要通过程序等待指令暂停程序的执行过程，以等待条件满足后，继续执行后续指令。

RAPID 程序等待的方式较多，本项目任务 2 的 I/O 等待指令，就是其中之一。此外，通过延时、到位检测、逻辑状态检测等方式来暂停程序运行，也是作业程序常用的程序等待方式，其指令名称、编程格式与示例见表 4.3-1。

表 4.3-1 程序等待指令编程说明表

名称	编程格式与示例		
定时等待	WaitTime	程序数据	Time
		指令添加项	\InPos
	编程示例	WaitTime \InPos, 0 ;	
移动到位等待	WaitRob	程序数据	
		指令添加项	\InPos | \ZeroSpeed
	编程示例	WaitRob \ZeroSpeed ;	
逻辑状态等待	WaitUntil	程序数据	Cond
		指令添加项	\InPos
		数据添加项	\MaxTime, \TimeFlag, \PollRate
	编程示例	WaitUntil di4 = 1 \MaxTime:=5.5 ;	

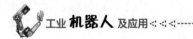
2. 定时等待

定时等待指令 WaitTime 是直接规定暂停时间、暂停程序执行的常用指令。在暂停时间内，系统将停止程序的执行，暂停时间到达，程序继续执行后续指令。

指令 WaitTime 的暂停计时可通过两种方式启动：不使用添加项\InPos 时，只要执行指令就立即启动计时器，开始暂停计时；使用添加项\InPos 时，系统需要确认机器人、外部轴的到位检测条件，确认运动到位后才启动计时器，进行暂停计时。例如：

```
SetDO do1, 1 ;
WaitTime 1 ;                          // 暂停 1s
MoveJ p1, v1000, z30, tool1 ;
WaitTime \InPos, 0.5;                 // 确认机器人到位后，暂停 0.5s
......
```

3. 移动到位等待

移动到位等待指令 WaitRob 用于机器人、外部轴移动指令的准确到位控制，它可通过控制系统对机器人、外部轴的到位检测，来保证机器人、外部轴准确到达移动目标位置。

指令添加项\InPos 或\ZeroSpeed 为到位检测条件，两者只能选择其一。使用添加项\InPos 时，系统直接以机器人、外部轴的移动到位检测条件，作为程序暂停的结束条件；使用\ZeroSpeed 时，控制系统将以机器人、外部轴移动速度为 0 的点，作为程序暂停的结束条件。例如：

```
MoveJ p1, v1000, fine\Inpos:=inpos20, tool1 ;
WaitRob \InPos ;                      // 等待 MoveJ 的目标位置到位
MoveJ p2, v1000, fine, tool1 ;
WaitRob \ZeroSpeed ;                  // 等待移动速度为 0
......
```

4. 逻辑状态等待

逻辑状态等待指令 WaitUntil 可通过程序指定的逻辑条件，来控制程序的执行过程，其性质与 I/O 等待指令类似，但指令中的判断条件 Cond 为逻辑表达式。指令的添加项\InPos，用作附加移动到位检测条件。

指令添加项\MaxTime、\TimeFlag，用来规定程序暂停的最大时间及超时处理方式。\MaxTime、\TimeFlag 同时指定时，如逻辑条件在\MaxTime 规定的时间内未满足，控制系统可将\TimeFlag 指定的等待超时标志置为"TRUE"状态，然后，继续执行后续指令；如仅指定添加项\MaxTime，如逻辑条件在\MaxTime 规定的时间内未满足，系统将发生等待超时报警（ERR_WAIT_MAXTIME），并停止程序运行。添加项\PollRate 用来规定逻辑判断条件的检查周期（单位为 s）。不使用添加项时，系统默认的检查周期为 0.1 s。例如：

```
WaitUntil \Inpos, di4 = 1 ;            // 等待到位检测及 di4 信号 ON
WaitUntil di1=1 AND di2=1 \MaxTime:=5 ; // 等待 di1、di2 信号 ON, 5s 后报警
WaitUntil di1=1 \MaxTime:= 5 \TimeFlag:= tmout ;
                // 等待 di1 信号 ON, 5s 后 tmout 为 TRUE, 并执行下一指令
```

二、程序停止指令编程

1. 指令与功能

RAPID 程序停止指令可用来停止程序的自动运行，指令包括程序停止、退出、移动停止等，常用指令的名称、编程格式与示例见表 4.3-2。程序一旦停止，系统就不能再进行程序数据的处理，因此，程序停止指令均无程序数据，但部分指令可通过添加项指定附加控制条件。

表 4.3-2　程序停止指令编程说明表

类别与名称		编程格式与示例		
停止	程序终止	Break	指令添加项	
		编程示例		Break ;
	程序停止	Stop	指令添加项	\NoRegain | \AllMoveTasks
		编程示例		Stop \NoRegain ;
退出	退出程序	EXIT	指令添加项	
		编程示例		EXIT ;
	退出循环	ExitCycle	指令添加项	
		编程示例		ExitCycle ;
移动停止	移动暂停	StopMove	指令添加项	\Quick, \AllMotionTasks
		编程示例		StopMove ;
	恢复移动	StartMove	指令添加项	\AllMotionTasks
		编程示例		StartMove ;
	移动结束	StopMoveReset	指令添加项	\AllMotionTasks
		编程示例		StopMoveReset ;

2. 程序停止

程序停止的作用与程序等待类似，它同样可保留所有执行信息，并继续执行后续指令；但是，程序停止不能像程序等待那样由系统自动启动，它必须通过操作者操作"程序启动"按钮，才能重新启动、继续后续指令。

RAPID 程序停止可选择终止（Break）、停止（Stop）两种方式。执行程序终止指令 Break，将立即停止机器人、外部轴移动，结束程序的自动运行；执行程序停止指令 Stop，则需要完成当前的移动指令，待机器人、外部轴完全停止后，才能结束程序的自动运行。

程序停止自动运行后，如需要，操作者也可对机器人、外部轴进行手动操作与调整。在这种情况下，为了防止机器人因手动操作引起停止位置偏移、导致程序重新起动时的干涉与碰撞，系统在重启程序时，需要检查与确认机器人、外部轴的停止位置。如机器人、外部轴已偏离了程序停止时的位置，系统将暂停程序启动、并显示操作信息，由操作者决定是否直接重启，或者，需要将机器人、外部轴手动移动到程序停止位置后重启。

指令 Stop 可通过添加项\NoRegain，撤销程序重启时的机器人、外部轴停止点检查功能。指定添加项\NoRegain 时，控制系统将不再检查机器人、外部轴的重启位置，直接执行后续的指令。

程序终止指令 Break、停止指令 Stop 的编程示例如下。

```
MoveJ p0, v1000, z30, tool1 ;
Break ;                        // 程序终止，机器人立即停止
MoveJ p1, v1000, fine, tool1 ;
Stop ;                         // 定位完成停止，程序重启时检查停止位置
......
```

3. 程序退出

程序退出不但可结束作业程序的自动运行，而且还将退出程序的循环执行模式。程序一旦退出，机器人、外部轴的移动立即停止，并清除所有程序执行信息，操作者无法再通过"程序启动"按钮，重启程序、继续后续指令。

RAPID 程序退出可选择程序退出（Exit）、循环退出（ExitCycle）两种方式。利用指令 Exit 退出程序时，系统将不但退出作业程序，而且还将退出主程序；程序重启时，必须重新选择主程序，并从主程序的起始位置重新开始。利用指令 ExitCycle 退出程序时，系统可退出作业程序，但不退出主程序，因此，程序变量、永久数据、运动设置、程序文件、中断设定等主程序的数据不受影响，操作者可通过"程序启动"按钮，重启主程序。

程序退出指令 Exit、退出循环指令 ExitCycle 的编程示例如下。

```
IF di0 = 0 THEN
    Exit ;                                    // 退出程序
ELSE
    ExitCycle ;                               // 退出循环
```

4. 移动停止

移动停止指令仅用于机器人、外部轴运动的停止，后续的非移动指令可继续执行，直至出现下一移动指令。

RAPID 移动停止可选择移动暂停、移动结束两种方式。利用移动暂停指令 StopMove，可暂停机器人、外部轴的当前运动，继续执行后续非移动指令；当前运动所剩余的行程，可通过移动恢复指令 StartMove 重新启动、继续执行。指令添加项\Quick 用于停止方式选择，使用添加项时，机器人、外部轴将以动力制动的方式迅速停止；否则，以正常的减速停止方式停止。利用移动结束指令 StopMoveReset，不仅可暂停机器人、外部轴的当前运动，而且，还将清除当前运动所剩余的行程；移动恢复后，系统将直接执行下一移动指令。

移动暂停指令 StopMove、移动结束指令 StopMoveReset 的编程示例如下。

```
IF di0 = 1 THEN
    StopMove ;                                // 移动暂停
    WaitDI di1, 1 ;
    StartMove ;                               // 移动恢复
ELSE
    StopMoveReset ;                           // 移动结束
ENDIF
......
```

三、程序转移指令编程

1. 指令与功能

程序转移指令可用来实现程序的跳转功能，指令包括程序内部跳转、条件跳转和跨程序跳转（子程序调用）两类。子程序调用、返回基本指令的编程格式与要求，可参见项目三；作业程序内部跳转及特殊的子程序变量调用指令名称、编程格式与示例见表 4.3-3。

表 4.3-3　程序转移指令编程说明表

名称	编程格式与示例		
程序跳转	GOTO	程序数据	Label
	编程示例	GOTO ready ;	
条件跳转	IF—GOTO	程序数据	Condition、Label
	编程示例	IF reg1 > 5 GOTO next ;	
子程序的变量调用	CallByVar	程序数据	Name、Number
	编程示例	CallByVar "proc", reg1 ;	

2. 程序跳转

跳转指令 GOTO 可直接将程序执行指针转移至目标位置、继续执行程序。在 RAPID 程序中，跳转目标 Label 以"字符串:"的形式表示，并需要单独占一指令行。跳转目标既可位于 GOTO 指令之后（向下跳转），也可位于 GOTO 指令之前（向上跳转）。如果需要，GOTO 指令还可结合 IF、TEST、FOR、WHILE 等条件判断指令一起使用，以实现程序的条件跳转及分支等功能。

利用指令 GOTO 及 IF 实现程序跳转、重复执行、分支转移的编程示例如下。

```
GOTO next1 ;                                    // 跳转至 next1 处继续（向下）
……                                            // 被跳过的指令
next1:                                          // 跳转目标
……
! *****************************************
reg1 := 1 ;
next2:                                          // 跳转目标
……                                            // 重复执行 4 次
reg1 := reg1 + 1 ;
IF reg1<5 GOTO next2 ;                          // 条件跳转，至 next2 处重复
! *****************************************
IF reg1>100 THEN
    GOTO next3 ;                                // 如 reg1>100 跳转至 next3 分支
ELSE
    GOTO next4 ;                                // 如 reg1≤100 跳转至 next4 分支
ENDIF
next3:
    ……                                        // next3 分支，reg1>100 时执行
    GOTO ready ;                                // 分支结束
next4:
    ……                                        // next4 分支，reg1≤100 时执行
ready:                                          // 分支合并
    ……
```

3. 子程序的变量调用

变量调用指令 CallByVar 可用于名称为"字符串 + 数字"的无程序参数普通子程序（PROC）调用，指令可用变量替代数字，以达到调用不同子程序的目的。例如，对于名称为 proc1、proc2、proc3 的普通子程序，程序名由字符串 proc 及数字 1～3 组成，此时，可用数值数据（num）变量替代数字 1～3，这样，便可通过改变变量值，有选择地调用 proc1、proc2、proc3。

指令 CallByVar 的编程格式及程序数据要求如下。

```
CallByVar Name, Number ;
```

Name：子程序名称的字符串部分，数据类型为 string。

Number：子程序名称的数字部分，数据类型为 num，正整数。

利用变量调用指令 CallByVar 调用普通子程序的程序示例如下，当 reg1 值为 1、2 或 3 时，指令"CallByVar "proc", reg1"，可分别调用子程序 proc1、proc2、proc3。

```
VAR num cont_1:=0 ;                             // 变量定义
……
reg1:=cont_1+1
CallByVar "proc", reg1 ;                        // 子程序变量调用
……
```

一、中断监控指令编程

1. 指令与功能

中断是系统对异常情况的处理，中断功能一旦使能（启用），只要中断条件满足，系统可立即终止现行程序的执行，直接转入中断程序（TRAP），而无须进行其他编程。

RAPID 中断指令总体可分为中断监控和中断设定两类。中断监控指令包括中断连接、使能/禁止、删除、启用/停用等；中断设定指令用来定义中断条件。

中断监控指令是程序中断的前提条件，它们通常在一次性执行的主程序、初始化子程序中编程。RAPID 中断监控指令的名称、编程格式与示例见表 4.3-4。

表 4.3-4　中断监控指令编程说明表

名称	编程格式与示例		
中断连接	CONNECT—WITH	程序数据	Interrupt、Trap_routine
中断删除	IDelete	程序数据	Interrupt
中断使能	IEnable	程序数据	
中断禁止	IDisable	程序数据	
中断停用	ISleep	程序数据	Interrupt
中断启用	IWatch	程序数据	Interrupt

2. 中断的连接与删除

中断连接指令（CONNECT—WITH），用来建立中断条件（名称）（Interrupt）和中断程序（Trap_routine）的连接。每一个中断条件只能连接一个中断程序，但不同的中断条件允许连接同一中断程序。指令 IDelete 可删除中断连接。编程示例如下。

```
PROC main ()                             // 主程序
  ……
  CONNECT P_WorkStop WITH WorkStop ;      // 中断连接
  ISignalDI di0, 0, P_WorkStop ;         // 中断设定
  ……
  IDelete P_WorkStop ;                   // 中断删除
ENDPROC
```

3. 中断禁止与使能

中断连接一旦建立，中断功能将自动生效，此时，只要中断条件满足，系统便立即终止现行程序，而转入中断程序的处理。因此，对于某些不允许中断的指令，就需要通过中断禁止指令，来暂时禁止中断。

指令 IDisable 用于中断禁止，指令 IEnable 用于中断的重新使能。中断禁止、使能指令对所有中断均有效，如只需要禁止特定的中断，则应使用下述的中断停用/启用指令。

中断禁止、使能指令的编程示例如下。

```
……
IDisable ;                               // 禁止中断
FOR i FROM 1 TO 100 DO                    // 不允许中断的指令
  character[i]:=ReadBin(sensor) ;
```

```
ENDFOR
IEnable ;                                        // 使能中断
……
```

4. 中断停用与启用

中断停用指令 ISleep 可用来禁止特定的中断，而不影响其他中断；被停用的中断，可通过中断启用指令 IWatch，重新启用。编程示例如下。

```
……
ISleep sig1int ;                                 // 停用中断 sig1int
weldpart1 ;                                      // 调用子程序 weldpart1,中断无效
IWatch sig1int ;                                 // 启用中断 sig1int
weldpart2 ;                                      // 调用子程序 weldpart2,中断有效
……
```

二、I/O中断指令编程

1. 指令与功能

所谓 I/O 中断是以控制系统的 DI/DO、AI/AO、GI/GO 的状态作为中断条件，控制程序中断的功能，它在作业程序中使用最广。

作业程序的 I/O 中断包括任意位置中断和 I/O 控制点中断两类。任意位置中断与程序指令无关，只要 I/O 信号的状态满足中断条件，控制系统便可立即终止现行程序，而转入中断程序的处理；I/O 控制点中断需要结合 I/O 控制插补指令 TriggJ、TriggL、TriggC 使用，它只能在机器人关节、直线、圆弧插补轨迹的控制点实现中断。

任意位置中断的中断设定指令名称、编程格式与示例见表 4.3-5。

表 4.3-5　任意位置中断设定指令编程说明表

名称		编程格式与示例	
DI/DO 中断设定	ISignalDI ISignalDO	程序数据	Signal、TriggValue、Interrupt
		指令添加项	\Single、|\SingleSafe,
		数据添加项	
	编程示例	ISignalDI di1, 1, sig1int ; ISignalDO\Single, do1, 1, sig1int ;	
GI/GO 中断设定	ISignalGI ISignalGO	程序数据	Signal、Interrupt
		指令添加项	\Single、|\SingleSafe,
		数据添加项	
	编程示例	ISignalGI gi1, sig1int ; ISignalGO go1, sig1int ;	
AI/AO 中断设定	ISignalAI/ ISignalAO	程序数据	Signal、Condition、HighValue、LowValue、DeltaValue、Interrupt
		指令添加项	\Single, |\SingleSafe,
		数据添加项	\Dpos |\DNeg
	编程示例	ISignalAI ai1, AIO_OUTSIDE, 1.5, 0.5, 0.1, sig1int ; ISignalAO ao1, AIO_OUTSIDE, 1.5, 0.5, 0.1, sig1int ;	

2. DI/DO、GI/GO 中断

DI/DO 中断可在 DI/DO 信号满足指定条件时，终止现行程序的执行，直接转入中断程序。

其指令的编程格式、添加项及程序数据含义如下。

```
ISignalDI [ \Single,] | [ \SingleSafe,] Signal, TriggValue, Interrupt ;
ISignalDO [ \Single, ] | [ \SingleSafe, ] Signal, TriggValue, Interrupt ;
```

\Single 或\SingleSafe：一次性中断或一次性安全中断选择。指定添加项\Single 为一次性中断，系统仅在 DI 信号第一次满足条件时启动中断；指定添加项\SingleSafe 为一次性安全中断，它同样只在 DI 信号第一次满足条件时启动中断，而且，如系统处于程序暂停状态，中断将进入"列队等候"，只有在程序再次启动时，才执行中断功能。不使用添加项时，只要 DI 信号满足指定条件，便立即启动中断。

Signal：中断信号名称。

TriggValue：信号检测条件。0 或 low 为下降沿中断；1 或 high 为上升沿中断；2 或 edge 为边沿中断，上升/下降沿同时有效；状态固定为 0 或 1 的信号，不能产生中断。

Interrupt：中断条件（名称）。

DI/DO 中断设定指令的编程示例如下。

```
CONNECT siglint WITH iroutine1 ;          // 中断连接
ISignalDI di1, 0, di_int ;                // 中断设定,di1的下降沿启动中断di_int
……
```

使用 GI/GO 中断时，只要 GI/GO 组中的任一 DI/DO 信号发生改变，便可启动中断。其指令的编程格式如下，添加项及程序数据含义、编程方法与 DI/DO 中断相同。

```
ISignalGI [ \Single,] | [ \SingleSafe,] Signal, Interrupt ;
ISignalGO [ \Single, ] | [ \SingleSafe, ] Signal, Interrupt ;
```

3. AI/AO 中断

AI/AO 中断可在 AI/AO 信号满足指定检测条件时启动中断。其指令的编程格式、添加项及程序数据含义如下。

```
IsignalAI  [\Single,] | [\SingleSafe,] Signal, Condition, HighValue,
LowValue, DeltaValue [\DPos] | [\DNeg], Interrupt ;
ISignalAO [\Single,] | [\SingleSafe,] Signal, Condition, HighValue, LowValue,
DeltaValue [\DPos] | [\DNeg], Interrupt ;
```

\Single 或\SingleSafe：一次性中断或一次性安全中断选择，含义同 DI/DO 中断。

Signal：中断信号名称。

Condition：以字符串形式定义的中断检测条件设定值及含义见表 4.3-6。

表 4.3-6　中断检测条件设定值及含义

设定值	含义
AIO_ABOVE_HIGH	AI/AO 实际值＞HighValue 时中断
AIO_BELOW_HIGH	AI/AO 实际值＜HighValue 时中断
AIO_ABOVE_LOW	AI/AO 实际值＞LowValue 时中断
AIO_BELOW_LOW	AI/AO 实际值＜LowValue 时中断
AIO_BETWEEN	HighValue≥AI/AO 实际值≥LowValue 时中断
AIO_OUTSIDE	AI/AO 实际值＜LowValue 及 AI/AO 实际值＞HighValue 时中断
AIO_ALWAYS	只要存在 AI/AO 即中断

HighValue、LowValue：AI/AO 中断检测范围（上、下限），设定值 HighValue 必须大于 LowValue，模拟量不在检测范围时，AI/AO 中断无效。

DeltaValue：AI/AO 最小变化量，只能为 0 或正值。与上次发生中断的实际值（基准值）比较，AI/AO 变化量必须大于本设定值，才能更新测试值并产生新的中断。

\DPos 或\DNeg：AI/AO 极性选择。指定\DPos 时，仅 AI/AO 值增加时产生中断，指定\DNeg 时，仅 AI/AO 值减少时产生中断；如不指定\DPos 及\DNeg，则无论 AI/AO 值增、减均可以产生中断。

Interrupt：中断条件（名称）。

例如，当模拟量 ai1 实际值变化、检测点设定如图 4.3-1 所示时，对于中断设定指令"ISignalAI ai1, AIO_BETWEEN, 6.1, 2.2, 1.2, siglin t"，可产生的 AI 中断见表 4.3-7。

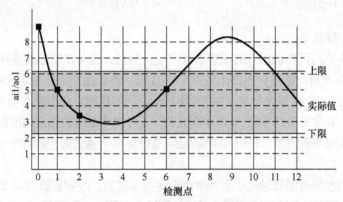

图4.3-1 模拟量ai1实际值变化

表 4.3-7 AI 中断检测条件判断及中断产生情况

检测点	实际值	基准值	AI 变化量	AI 中断
1	6.1≥ai1≥2.2	测试点 0	>1.2	产生
2	6.1≥ai1≥2.2	测试点 1	>1.2	产生
3~5	6.1≥ai1≥2.2	测试点 2	<1.2	不产生
6	6.1≥ai1≥2.2	测试点 2	>1.2	产生
7~10	ai1≥6.1，不在范围			中断无效
11	6.1≥ai1≥2.2	测试点 6	<1.2	不产生

拓展提高

一、其他中断指令编程

1. 定时中断

定时中断可在指定的时间点上启动中断程序，因此，它可用来定时启动诸如控制系统 I/O 信号状态检测等程序，以定时监控外部设备的运行状态。定时中断设定指令的编程格式及要求如下。

```
ITimer [ \Single,] | [ \SingleSafe,] Time, Interrupt ;
```

\Single 或\SingleSafe：一次性中断或一次性安全中断选择，数据类型为 switch。添加项的含义与 DI/DO 中断设定指令（ISignalDI/IsignalDO）相同。

Time：定时值，数据类型为 num，单位为 s。不使用添加项\Single、\SingleSafe 时，控制系统将以设定的时间间隔，周期性地重复执行中断程序，可设定的最小定时值为 0.1s；使用添加项\Single 或\SingleSafe 时，控制系统仅在指定延时到达时，执行一次中断程序，可设定的最小定时值为 0.01s。

Interrupt：中断名称（中断条件），数据类型为 intnum。

定时中断设定指令的编程示例如下。

```
PROC main ()                              // 主程序
......
CONNECT timeint WITH iroutine1 ;          // 连接中断
ITimer \Single, 60, timeint ;             // 60s 后启动中断程序 1 次
......
IDelete timeint ;                         // 删除中断
......
```

2. 控制点中断指令

作业程序中断不但可在机器人的任意位置实现，而且，也可在机器人插补轨迹的控制点上实现。使用控制点中断功能时，机器人的关节、直线、圆弧插补需要采用 I/O 控制插补指令 TriggJ、TriggL、TriggC 编程，有关 I/O 控制插补指令的编程要求可参见本项目任务 2。

控制点中断方式有无条件中断、I/O 中断两种。无条件中断可在指定的控制点上，无条件停止机器人运动、结束当前程序，并转入中断程序；I/O 中断可通过对控制点的 I/O 状态判别，决定是否中断。

控制点中断的控制点需要通过中断控制点设定指令定义，控制点数据以 triggdata 数据的形式保存。控制点中断的中断连接、使能、禁止、删除、启用、停用等指令，均与其他中断相同。

控制点中断的优先级高于控制点输出，如控制点同时被定义成中断点与输出控制点，控制系统将优先执行中断功能。

控制点中断设定指令的名称、编程格式与示例见表 4.3-8。

表 4.3-8 控制点中断指令编程说明表

名称		编程格式与示例	
控制点中断设定	TriggInt	程序数据	TriggData、Distance、Interrupt
		指令添加项	
		数据添加项	\Start	\Time
	编程示例	TriggInt trigg1, 5, intno1;	
控制点 I/O 中断设定	TriggCheckIO	程序数据	TriggData、Distance、Signal、Relation、CheckValue | CheckDvalue、Interrupt
		指令添加项	
		数据添加项	\Start | \Time、\StopMove
	编程示例	TriggCheckIO checkgrip, 100, airok, EQ, 1, intno1;	

① 控制点中断设定指令。控制点中断设定指令（TriggInt），用于机器人插补轨迹控制点的无条件中断功能设定。控制点中断一旦被设定与连接，机器人执行 I/O 控制插补指令 TriggJ、TriggL、TriggC 时，只要到达控制点，控制系统便可无条件终止现行程序而转入中断程序。

控制点中断设定指令 TriggInt 的编程格式及要求如下。

```
TriggInt TriggData, Distance [\Start] | [\Time], Interrupt ;
```

程序数据 TriggData、Distance 及添加项\Start 或\Time，用来设定控制点的位置，其含义与

输出控制点设定指令 TriggIO、TriggEquip 相同，有关内容可参见本项目任务 2。程序数据 Interrupt 用来定义中断条件（名称），其数据类型为 intnum；在中断连接指令中，它用来连接中断程序。

控制点中断设定指令 TriggInt 的编程示例如下。

```
PROC main()
……
CONNECT intno_1 WITH trap_1 ;              // 中断程序连接
TriggInt trigg_1, 5, intno_1 ;             // 中断设定
……
TriggJ p1, v500, trigg_1, z50, gun1 ;      // 控制点中断
MoveL p2, v500 , z50, gun1 ;
TriggL p3, v500, trigg_1, z50, gun1 ;      // 控制点中断
……
IDelete intno1 ;                           // 删除中断
```

以上程序所定义的控制点中断条件（名称）为 intno_1，控制点数据名为 trigg_1，中断程序名为 TRAP trap_1；TriggInt 指令所设定的控制点为距离终点 5mm 的位置。因此，执行后续移动指令可实现的中断控制功能如图 4.3-2 所示。

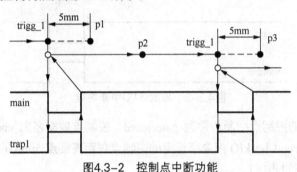

图4.3-2　控制点中断功能

② 控制点 I/O 中断设定指令。控制点 I/O 中断可在插补轨迹的控制点上，通过对指定 I/O 信号的状态检查和判别，决定是否中断。控制点的位置需要通过指令 TriggCheckIO 定义。控制点 I/O 中断一旦被设定与连接，机器人执行 I/O 控制插补指令 TriggJ、TriggL、TriggC 到达控制点时，如 I/O 中断条件满足，便可终止现行程序并转入中断程序。

控制点 I/O 中断设定指令 TriggCheckIO 的编程格式及要求如下。

```
TriggCheckIO TriggData, Distance [\Start] | [\Time], Signal, Relation,
CheckValue |CheckDvalue [\StopMove], Interrupt ;
```

程序数据 TriggData、Distance 及添加项\Start 或\Time，用来设定控制点的位置，其含义与输出控制点设定指令 TriggIO、TriggEquip 相同，有关内容可参见本项目任务 2。指令中的其他程序数据及添加项的含义、编程要求如下。

Signal：I/O 中断信号名称，DI/DO、AI/AO、GI/GO 所对应的数据类型分别为 signaldi/signaldo、signalai/signalao、signalgi/signalgo 或 string。

Relation：文字型比较符，数据类型为 opnum；符号及含义见项目三。

CheckValue 或 CheckDvalue：比较基准值，数据类型为 num 或 dnum。

\StopMove：运动停止选项，数据类型为 switch。增加本选项，可在调用中断程序前立即停

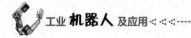

止机器人运动。

Interrupt：中断条件（名称），数据类型为 intnum。

控制点 I/O 中断设定指令的编程示例如下，程序的中断功能如图 4.3-3 所示。

```
PROC main()
……
CONNECT gateclosed WITH waitgate ;                         // 中断程序连接
TriggCheckIO checkgate, 5, di1, EQ, 1\StopMove, gateclosed ; //I/O 中断设定
……
TriggJ p1, v600, checkgate, z50, grip1 ;                   // 中断控制
TriggL p2, v500, checkgate, z50, grip1 ;                   // 中断控制
……
IDelete gateclosed ;                                      // 删除中断
……
```

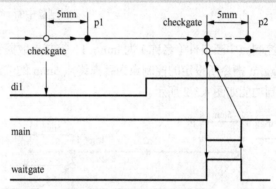

图4.3-3　控制点I/O中断功能

以上程序所定义的控制点中断条件为 gateclosed，控制点数据名为 checkgate，中断程序名为 TRAP waitgate；TriggCheckIO 指令所设定的控制点在距离终点 5mm 的位置，监控的 I/O 信号名为 di1，监控状态为 di1=1。

二、错误处理程序编制

1. 指令与功能

控制系统的出错可根据严重程度，分为系统错误（Error）、系统警示（Warning）、操作提示（Information）3 类。系统错误大多由控制系统的软硬件故障引起，原则上需要通过维修解决；系统警示大多属于用户操作、设定、编程错误，一般可通过系统重启、复位、中断等方式恢复；操作提示属于控制系统的状态显示信息，通常不影响系统正常工作。

当机器人程序自动运行时，如果控制系统出现了系统警示、操作提示等可恢复错误，就需要中断程序的自动执行，并进行必要的处理。系统出错时的作业程序处理方式有程序中断和使用控制系统错误处理器处理两种。

利用程序中断处理错误时，同样需要编制中断连接指令（CONNECT）、中断设定指令（Ierro）及中断程序（TRAP），程序的编制方法与通常的中断程序编制相同。

错误处理器通常用于控制系统可恢复的轻微错误处理，如表达式运算出错、程序数据格式出错等。使用错误处理器处理错误时，系统不中断现行程序，也无须编制中断程序；而是以程序跳转的方式，跳转至错误处理程序块 ERROR 处理错误；程序块 ERROR 执行完成后，可通

过故障重试、继续执行、重启移动等方式，返回至被停止的指令继续执行。

利用错误处理器处理错误时，需要利用 RAPID 错误处理器设定指令，对错误编号、程序跳转位置、处理方式等进行设定，常用指令的名称、编程格式与示例见表 4.3-9。

表 4.3-9　错误处理器设定指令编程说明表

名称	编程格式与示例		
错误编号定义	BookErrNo	编程格式	BookErrNo ErrorName ;
		程序数据	ErrorName：错误编号名称，数据类型为 errnum
	功能说明	定义错误编号	
	编程示例	BookErrNo ERR_GLUEFLOW ;	
错误处理程序调用	RAISE	编程格式	RAISE [Error no.] ;
		程序数据	Error no：错误编号名称，数据类型为 errnum
	功能说明	调用指定的错误处理程序	
	编程示例	RAISE ERR_MY_ERR ;	

2. 错误编号及定义

在控制系统内部中，错误用编号（ERRNO）区分；在程序中，错误编号所对应的错误名称（ErrorName），可通过 errnum 型程序数据、以字符串文本的形式编程。errnum 数据可使用控制系统预定义的数据（字符串文本），也可通过错误编号定义指令（BookErrNo）定义。

控制系统预定义的 errnum 数据，包含了运算出错、程序数据出错、指令出错等常见错误。例如，"ERR_DIVZERO"为程序中发生除数为 0 的表达式出错；"ERR_AO_LIM"为模拟量输出（AO）值溢出。

对于控制系统未定义的用户特殊出错，错误编号可通过指令 BookErrNo 定义，对应的错误处理程序块可通过指令 RAISE 调用。为了使系统能自动分配错误编号，errnum 数据的初始值应设定为-1。

例如，通过以下程序，可将控制系统 DI 信号 di1 为"0"的状态，定义为用户特殊出错"ERR_GLUEFLOW"。这一出错可通过 RAPID 错误处理程序调用指令 RAISE，调用错误处理程序块 ERROR、执行 Set do1 指令。

```
VAR errnum ERR_GLUEFLOW := -1 ;        // errnum 数据定义
BookErrNo ERR_GLUEFLOW ;               // 错误编号定义
……
IF di1 = 0 THEN
RAISE ERR_GLUEFLOW ;                   // 调用错误处理程序
ENDIF
……
ERROR                                  // 错误处理程序开始
IF ERRNO = ERR_GLUEFLOW THEN
Set do1 ;
ENDIF                                  // 错误处理程序结束
……
```

3. 错误处理程序调用

错误处理程序是以 ERROR 作为起始标记的程序块。错误处理程序块执行完成后，可返回指令断点、继续执行。

任何类型的程序都可编制一个错误处理程序块。用来处理错误的指令，既可直接编制在当前程序的程序块 ERROR 中，也可通过 RAISE 指令，调用其他程序（如主程序）的程序块 ERROR 进行处理。如程序没有编制 ERROR 程序块，或者程序块 ERROR 中无相应的错误处理指令，系统将自动调用系统错误处理程序处理。

例如，通过程序块 ERROR 中的指令，处理系统预定义错误"ERR_PATH_STOP"（轨迹停止出错）的程序如下。

```
PROC routine1()
MoveL p1\ID:=50, v1000, z30, tool1 \WObj :=stn1 ;
……
ERROR                                        // 错误处理程序开始
IF ERRNO = ERR_PATH_STOP THEN
StorePath ;
p_err := CRobT(\Tool:= tool1 \WObj:=wobj0) ;
MoveL p_err, v100, fine, tool1 ;
RestoPath ;
StartMoveRetry ;
ENDIF                                        // 错误处理程序结束
ENDPROC
……
```

以上程序中，由于轨迹停止出错 "ERR_PATH_STOP"的错误编号已由控制系统预定义，故程序中无须编制错误编号定义指令 BookErrNo。同时，由于处理错误的程序指令直接编制在当前程序的程序块 ERROR 中，故无须编制调用指令 RAISE。

技能训练

结合本任务的内容，完成以下练习。

一、不定项选择题

1. 以下对 WaitTime 指令功能理解正确的是（　　　）。
   A. 可直接指定暂停时间　　　　　　　　B. 可增加到位检测条件
   C. 可增加速度检测条件　　　　　　　　D. 必须为独立的指令行

2. 以下对 WaitRob 指令理解正确的是（　　　）。
   A. 可规定最大等待时间　　　　　　　　B. 可增加到位检测条件
   C. 可增加速度检测条件　　　　　　　　D. 可同时指定到位、速度检测条件

3. 以下对 WaitUntil 指令理解正确的是（　　　）。
   A. 可使用逻辑表达式　　　　　　　　　B. 可增加到位检测条件
   C. 可规定最大等待时间　　　　　　　　D. 等待超时系统必然报警

4. 以下对 Break 指令理解正确的是（　　　）。
   A. 机器人运动立即停止　　　　　　　　B. 程序执行信息可保留
   C. 机器人剩余行程保留　　　　　　　　D. 重启位置检查功能可撤销

5. 以下对 Stop 指令理解正确的是（　　　）。
   A. 机器人运动立即停止　　　　　　　　B. 程序执行信息可保留
   C. 机器人剩余行程保留　　　　　　　　D. 重启位置检查功能可撤销

6. 以下对 Exit 指令理解正确的是（　　　　）。

    A. 机器人运动立即停止 　　　　　　　　B. 程序执行信息可保留

    C. 直接退出主程序 　　　　　　　　　　D. 可以重启主程序

7. 以下对 ExitCycle 指令理解正确的是（　　　　）。

    A. 机器人运动立即停止 　　　　　　　　B. 程序执行信息可保留

    C. 直接退出主程序 　　　　　　　　　　D. 可以重启主程序

8. 执行 ExitCycle 指令后，系统可以保留的信息是（　　　　）。

    A. 剩余行程 　　　　B. VAR 　　　　　　C. PERS 　　　　D. 中断设定

9. 以下对 StopMove 指令理解正确的是（　　　　）。

    A. 机器人移动暂停 　　　　　　　　　　B. 停止执行全部程序指令

    C. 剩余行程自动清除 　　　　　　　　　D. 可通过指令 StartMove 恢复移动

10. 以下对 StopMoveReset 指令理解正确的是（　　　　）。

    A. 机器人移动暂停 　　　　　　　　　　B. 停止执行全部程序指令

    C. 剩余行程自动清除 　　　　　　　　　D. 可通过指令 StartMove 恢复移动

11. 以下对 GOTO 指令的跳转目标理解正确的是（　　　　）。

    A. 可位于 GOTO 指令之后 　　　　　　　B. 可位于 GOTO 指令之前

    C. 在程序中可重复使用 　　　　　　　　D. 必须占独立的指令行

12. 以下对 CallByVar 指令功能及编程要求理解正确的是（　　　　）。

    A. 普通子程序调用指令 　　　　　　　　B. 功能子程序调用指令

    C. 程序名中的字符可为变量 　　　　　　D. 程序名中的数字可为变量

13. 以下对中断连接指令理解正确的是（　　　　）。

    A. 同一中断条件可连接多个中断程序 　　B. 同一中断程序可连接多个中断条件

    C. 可以通过指令禁止、删除中断 　　　　D. 被删除的中断可以重新恢复

14. 以下对中断停用、启用指令理解正确的是（　　　　）。

    A. 一条指令可停用全部中断 　　　　　　B. 一条指令只能停用一个中断

    C. 被停用的中断可重新启用 　　　　　　D. 被停用的中断将被删除

15. 以下对 I/O 中断理解正确的是（　　　　）。

    A. 可在程序的任意位置中断 　　　　　　B. 可在插补轨迹的控制点中断

    C. 插补指令必须为 TriggJ/TriggL/TriggC 　D. 中断信号必须是 DI 信号

16. 以下对 DI/DO、GI/GO 中断理解正确的是（　　　　）。

    A. 中断仅可以启动一次 　　　　　　　　B. 中断可以多次启动

    C. 中断可以列队等候 　　　　　　　　　D. GI/GO 中断必须所有 DI/DO 都变化

17. 以下可以作为 DI/DO、GI/GO 中断检测条件的是（　　　　）。

    A. 状态固定为 0 的信号 　　　　　　　　B. 状态固定为 1 的信号

    C. 具有上升沿的信号 　　　　　　　　　D. 具有下降沿的信号

18. 以下对 AI/AO 中断理解正确的是（　　　　）。

    A. 中断仅可以启动一次 　　　　　　　　B. 中断可以多次启动

    C. 中断可以列队等候 　　　　　　　　　D. 中断条件用字符串表示

19. 以下可以作为 AI/AO 中断检测条件的是（　　　　）。

A. 实际值大于规定值   B. 实际值小于规定值

C. 某一范围内的 AI/AO 值   D. 某一范围外的 AI/AO 值

20. 以下可以作为 AI/AO 中断检测限制条件的是（   ）。

A. AI/AO 的上下限   B. AI/AO 的最小变化量

C. AI/AO 变化极性   D. 特定的 AI/AO 数值

二、编程练习题

1. 假设双工位作业的弧焊机器人的控制要求为：如工位检测信号 di0=1，调用子程序 rWeldingA；如工位检测信号 di1=1 时，调用子程序 rWeldingB；否则，直接退出循环（ExitCycle）。试编制实现以上要求的程序运行控制指令。

2. 子程序的变量调用功能也可通过 Test 指令实现，试用 Test 指令编制当程序数据 reg1 为 1、2 或 3 时，可分别调用子程序 proc1、proc2、proc3 的程序段。

3. 假设某机器人要求在急停按钮（DI 输入 di0）按下时，立即中断现行程序、调用中断程序 TRAP Emg_Stop，试编制对应的中断连接指令。

4. 假设模拟量 ai1 的实际值变化、检测点设定如图 4.3-1 所示，如中断设定指令为"ISignalAI ai1, AIO_BETWEEN, 5.5, 3.0, 1.0, siglint"，试列出 AI 中断表。

••• 任务 4 RAPID 应用程序实例 •••

知识目标

1. 熟悉 RAPID 程序的设计过程。

2. 掌握 RAPID 程序的设计方法。

3. 了解机器人弧焊系统及 RAPID 弧焊作业指令。

能力目标

1. 能根据作业要求定义 RAPID 程序数据。

2. 能根据设计要求规划 RAPID 程序结构。

3. 能设计完整的 RAPID 应用程序。

基础学习

一、程序设计要求

1. 机器人动作要求

弧焊机器人的焊接运动要求如图 4.4-1 所示，焊接机器人能按图示的轨迹移动，完成工件 p3 点至 p5 点的直线焊缝焊接作业。

工件焊接完成后，需要输出工件变位器回转信号，并通过变位器的 180° 回转，进行工位 A、B 的工件交换。此时，机器人可继续进行新工件的焊接作业，而操作者则可在工位 B 进行工件的装卸作业，从而实现机器人的连续焊接作业。

如焊接完成后，工位 B 完成工件的装卸尚未完成，则需要中断程序执行、输出工件安装指示灯，提示操作者装卸工件；操作者完成工件装卸后，可通过应答按钮输入安装完成信号，程序继续。

如自动循环开始时工件变位器不在工作位置，或者，工位 A、B 的工件交换信号输出后，变位器在 30s 内尚未回转到位，则利用错误处理程序，在示教器上显示相应的系统出错信息，并退出程序循环。

焊接系统对机器人及辅助部件的动作要求见表 4.4-1。

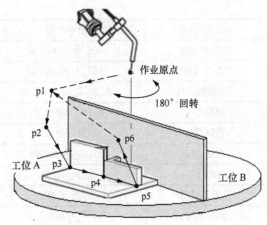

图4.4-1 弧焊作业要求

表 4.4-1 焊接作业动作表

工步	名称	动作要求	运动速度	DI/DO 信号
0	作业初始状态	机器人位于作业原点		
		加速度及倍率限制 50%，速度限制 600mm/s		
		工件变位器回转阀关闭		工位 A、B 回转信号为 0
		焊接电源、送丝、气体关闭		电源、送丝、气体信号为 0
1	作业区上方定位	机器人高速运动到 p1 点	高速	同上
2	作业起始点定位	机器人高速运动到 p2 点	高速	同上
3	焊接开始点定位	机器人移动到 p3 点	500mm/s	焊接电源、送丝、气体信号为 1；焊接电流、电压输出（系统自动控制）
4	p3 点附近引弧	自动引弧	焊接参数设定	
5	焊缝 1 焊接	机器人移动到 p4 点	200mm/s	
6	焊缝 2 摆焊	机器人移动到 p5 点	100mm/s	
7	p5 点附近熄弧	自动熄弧	焊接参数设定	焊接电源、送丝、气体信号为 0；焊接电流、电压关闭（系统自动控制）
8	焊接退出点定位	机器人移动到 p6 点	500mm/s	
9	作业区上方定位	机器人高速运动到 p1 点	高速	同上
10	返回作业原点	机器人移动到作业原点	高速	同上
11	变位器回转	工位 A、B 自动交换		工位 A 或 B 回转信号为 1
12	结束回转	撤销工位 A、B 回转信号		工位 A、B 回转信号为 0

2. DI/DO 信号定义

以上焊接机器人系统的基本外部 DI/DO 信号名称、功能见表 4.4-2。

表 4.4-2 外部 DI/DO 信号名称、功能表

DI/DO 信号	信号名称	功能
引弧检测	di01_ArcEst	1：正常引弧；0：熄弧
送丝检测	di02_WirefeedOK	1：正常送丝；0：送丝关闭
保护气体检测	di03_GasOK	1：保护气体正常；0：保护气体关闭

DI/DO 信号	信号名称	功能
工位 A 到位	di06_inStationA	1：工位 A 在作业区；0：工位 A 不在作业区
工位 B 到位	di07_inStationB	1：工位 B 在作业区；0：工位 B 不在作业区
工件装卸完成	di08_TLoadingOK	1：工件装卸完成应答；0：未应答
焊接 ON	do01_WeldON	1：接通焊接电源；0：关闭焊接电源
气体 ON	do02_GasON	1：打开保护气体；0：关闭保护气体
送丝 ON	do03_FeedON	1：启动送丝；0：停止送丝
交换工位 A	do04_CellA	1：工位 A 回转到作业区；0：工位 A 锁紧
交换工位 B	do05_CellB	1：工位 B 回转到作业区；0：工位 B 锁紧
回转出错	do07_SwingErr	1：变位器回转超时；0：回转正常
等待工件装卸	do08_WaitLoad	1：等待工件装卸；0：工件装卸完成

二、弧焊指令简介

弧焊系统需要有引弧、熄弧、送丝、退丝、剪丝等基本动作，并对焊接电流、电压等模拟量进行控制，因此，控制系统通常需要配套专门的弧焊控制模块，并使用表 4.4-3 所示的 RAPID弧焊控制专用指令。

表 4.4-3　RAPID 弧焊控制指令与程序数据及编程格式与示例表

名称			编程格式与示例	
直线引弧	ArcLStart	编程格式	ArcLStart ToPoint, Speed[\V], seam, weld [\Weave], Zone[\Z]\Inpos], Tool[\WObj] [\TLoad] ;	
		程序数据	seam：引弧、熄弧参数 seamdata； weld：焊接参数 welddata； \Weave：摆焊参数 weavedata； 其他：同 MoveL 指令	
	功能说明		TCP 直线插补运动，在目标点附近自动引弧	
	编程示例		ArcLStart p1, v500, Seam1, Weld1, fine, tWeld \wobj := wobjStation ;	
直线焊接	ArcL	编程格式	ArcL ToPoint, Speed[\V], seam, weld [\Weave], Zone[\Z]\Inpos], Tool[\WObj] [\TLoad] ;	
		程序数据	seam：引弧、熄弧参数 seamdata； weld：焊接参数 welddata； \Weave：摆焊参数 weavedata； 其他：同 MoveL 指令	
	功能说明		TCP 直线插补自动焊接运动	
	编程示例		ArcL p2, v200, Seam1, Weld1, fine, tWeld \wobj := wobjStation ;	
直线熄弧	ArcLEnd	编程格式	ArcLEnd ToPoint, Speed[\V], seam, weld [\Weave], Zone[\Z][\Inpos], Tool[\WObj] [\TLoad] ;	
		程序数据	seam：引弧、熄弧参数 seamdata； weld：焊接参数 welddata； \Weave：摆焊参数 weavedata； 其他：同 MoveL 指令	

续表

名称	编程格式与示例		
	功能说明	TCP 直线插补运动，在目标点附近自动熄弧	
	编程示例	ArcLStart p1, v500, Seam1, Weld1, fine, tWeld \wobj := wobjStation ;	
圆弧引弧	ArcCStart	编程格式	ArcCStart CirPoint, ToPoint, Speed[\V], seam, weld [\Weave], Zone[\Z][\Inpos], Tool[\WObj] [\TLoad] ;
		程序数据	同 MoveC、ArcLStart 指令
	功能说明	TCP 直线插补自动焊接运动，在目标点附近自动引弧	
	编程示例	ArcCStart p1, p2, v500, Seam1, Weld1, fine, tWeld \wobj := wobjStation ;	
圆弧焊接	ArcC	编程格式	ArcC CirPoint, ToPoint, Speed[\V], seam, weld [\Weave], Zone[\Z][\Inpos], Tool[\WObj] [\TLoad] ;
		程序数据	同 MoveC、ArcLStart 指令
	功能说明	TCP 圆弧插补自动焊接运动	
	编程示例	ArcC p1, p2, v500, Seam1, Weld1, fine, tWeld \wobj := wobjStation ;	
圆弧熄弧	ArcCEnd	编程格式	ArcCEnd CirPoint, ToPoint, Speed[\V], seam, weld [\Weave], Zone[\Z][\Inpos], Tool[\WObj] [\TLoad] ;
		程序数据	同 MoveC、ArcLStart 指令
	功能说明	TCP 圆弧插补自动焊接运动，在目标点附近自动熄弧	
	编程示例	ArcCEnd p1, p2, v500, Seam1, Weld1, fine, tWeld \wobj := wobjStation ;	

以上指令中的 seamdata、welddata 为弧焊机器人专用的基本程序数据，在焊接指令中必须予以定义。seamdata 用来设定引弧/熄弧的清枪时间（Purge_time）、焊接开始的提前送气时间（Preflow_time）、焊接结束时的保护气体关闭延时（Postflow_time）等工艺参数；welddata 用来设定焊接速度（Weld_speed）、焊接电压（Voltaga）、焊接电流（Current）等工艺参数。

指令中的 weavedata 为弧焊机器人专用的程序数据添加项，用于特殊的摆焊作业控制，可以根据实际需要选择。weavedata 可用来设定摆动形状（Weave_shape）、摆动类型（Weave_type）、行进距离（Weave_Length），以及 L 形摆和三角摆的摆动宽度（Weave_Width）、摆动高度（Weave_Height）等参数。

实践指导

一、程序设计思路

1. 程序数据定义

RAPID 程序设计前，首先需要根据控制要求，将机器人工具的形状、姿态、载荷，以及工件位置、机器人定位点、运动速度等全部控制参数，定义成 RAPID 程序设计所需要的程序数据。

根据上述弧焊作业要求，所定义的基本程序数据见表 4.4-4，不同程序数据的设定要求和方法，可参见前述的相关章节。

以上程序数据为弧焊作业基本数据，且多为常量（CONST）、永久数据（PERS），故需要在主模块上进行定义。对于子程序数据运算、状态判断所需要的其他程序变量（VAR），可在相应的子程序中，根据需要进行个别定义；具体参见后述的程序设计示例。

表 4.4-4　基本程序数据定义表

程序数据			含义	设定方法
性质	类型	名称		
CONST	robtarget	pHome	机器人作业原点	指令定义或示教设定
CONST	robtarget	Weld_p1	作业区预定位点	指令定义或示教设定
CONST	robtarget	Weld_p2	作业起始点	指令定义或示教设定
CONST	robtarget	Weld_p3	焊接开始点	指令定义或示教设定
CONST	robtarget	Weld_p4	摆焊起始点	指令定义或示教设定
CONST	robtarget	Weld_p5	焊接结束点	指令定义或示教设定
CONST	robtarget	Weld_p6	作业退出点	指令定义或示教设定
PERS	tooldata	tMigWeld	工具数据	手动计算或自动测定
PERS	wobjdata	wobjStation	工件坐标系	手动计算或自动测定
PERS	seamdata	MIG_Seam	引弧、熄弧数据	指令定义或手动设置
PERS	welddata	MIG_Weld	焊接数据	指令定义或手动设置
VAR	intnum	intno1	中断名称	指令定义

2. 程序结构设计

为了使读者熟悉 RAPID 中断、错误处理指令的编程方法，在以下程序示例中使用了中断、错误处理指令编程，并根据控制要求，将以上焊接作业分解为作业初始化、工位 A 焊接、工位 B 焊接、焊接作业、中断处理 5 个相对独立的动作。

① 作业初始化。作业初始化用来设置循环焊接作业的初始状态、设定并启用系统中断监控功能等。

循环焊接作业的初始化包括机器人作业原点检查与定位、系统 DO 信号初始状态设置等，它只需要在首次焊接时进行，机器人循环焊接开始后，其状态可通过 RAPID 程序保证。因此，作业初始化可用一次性执行子程序的形式，由主程序进行调用；作业初始化程序包括机器人作业原点检查与定位、程序中间变量的初始状态设置等。

作业原点 pHome 是机器人搬运动作的起始点和结束点，进行第一次焊接时，必须保证机器人从作业原点向工件运动时无干涉和碰撞；机器人完成焊接后，可直接将该点定义为动作结束点，以便实现循环焊接动作。如作业开始时机器人不在作业原点，出于安全上的考虑，一般应先进行 z 轴提升运动，然后再进行 x、y 轴定位。

作业原点是 TCP 位置数据（robtarget），它需要同时保证 x、y、z 位置和工具姿态正确，因此，程序需要进行 TCP 的（x, y, z）坐标和工具姿态四元数（$q1$、$q2$、$q3$、$q4$）的比较与判别，由于其运算指令较多，故可用单独的功能程序形式进行编制。只要能够保证机器人在首次运动时不产生碰撞，机器人的作业开始位置和作业原点实际上允许有一定的偏差，因此，在判别程序中，可将 x、y、z 位置和工具姿态四元数 $q1 \sim q4$ 偏差不超过某一值（如±20mm、±0.05）的点，视作作业原点。

作为参考，本例的作业初始化程序的功能可设计为：进行程序中间变量的初始状态设置；调用作业原点检查与定位子程序，检查作业起始位置、完成作业原点定位。其中，作业原点的检查和判别，通过调用功能程序完成；作业原点的定位运动在子程序中实现。

中断设定指令用来定义中断条件、连接中断程序、启动中断监控。由于系统的中断功能一旦生效，中断监控功能将始终保持有效状态，中断程序就可随时调用，因此，它同样可在一次性执行的初始化程序中编制。

② 工位 A 焊接。调用焊接作业程序，完成焊接；焊接完成后启动中断、等待工件装卸完成；输出工位 B 回转信号、启动变位器回转；回转时间超过时，调用主程序错误处理程序，输出回转出错指示。

③ 工位 B 焊接。调用焊接作业程序，完成焊接；焊接完成后启动中断、等待工件装卸完成；输出工位 A 回转信号、启动变位器回转；回转时间超过时，调用主程序错误处理程序，输出回转出错指示。

④ 焊接作业。沿图 4.4-1 所示的轨迹，完成表 4.4-1 中的焊接作业。

⑤ 中断处理。等待操作者工件安装完成应答信号、关闭工件安装指示灯。

根据以上设计思路，应用程序的主模块及主程序、子程序结构，以及程序实现的功能可规划为表 4.4-5。

表 4.4-5　RAPID 应用程序结构与功能

名称	类型	程序功能
mainmodu	MODULE	主模块，定义基本程序数据
mainprg	PROC	主程序，进行如下子程序调用与管理： 1. 一次性调用初始化子程序 rInitialize，完成机器人作业原点检查与定位、DO 信号初始状态设置、设定并启用系统中断监控功能； 2. 根据工位检测信号，循环调用子程序 rCellA_Welding() 或 rCellB_Welding()，完成焊接作业； 3. 通过错误处理程序（ERROR），处理回转超时出错
rInitialize	PROC	一次性调用 1 级子程序，完成以下动作： 1. 调用 2 级子程序 rCheckHomePos，进行机器人作业原点检查与定位； 2. 设置 DO 信号初始状态； 3. 设定并启用系统中断监控功能
rCheckHomePos	PROC	rInitialize 一次性调用的 2 级子程序，完成以下动作： 1. 调用功能程序（InHomePos），判别机器人是否处于作业原点；机器人不在原点时进行如下处理： 2. z 轴直线提升至原点位置； 3. x、y 轴移动到原点定位
InHomePos	FUNC	rCheckHomePos 一次性调用的 3 级功能子程序，完成机器人原点判别： 1. $x/y/z$ 位置误差不超过±20mm； 2. 工具姿态四元数 $q1 \sim q4$ 误差不超过±0.05mm
rCellA_Welding()	PROC	循环调用 1 级子程序，完成以下动作： 1. 调用焊接作业程序 rWeldingProg()，完成焊接； 2. 启动中断程序 tWaitLoading、等待工件装卸完成； 3. 输出工位 B 回转信号、启动变位器回转； 4. 回转时间超过时，调用主程序错误处理程序，输出回转出错指示
rCellB_Welding()	PROC	循环调用 1 级子程序，完成以下动作： 1. 调用焊接作业程序 rWeldingProg()，完成焊接； 2. 启动中断程序 tWaitLoading、等待工件装卸完成；

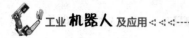

续表

名称	类型	程序功能
rCellB_Welding()	PROC	3. 输出工位 A 回转信号、启动变位器回转； 4. 回转时间超过时，调用主程序错误处理程序，输出回转出错指示
tWaitLoading	TRAP	子程序 rCellA_Welding()、rCellB_Welding()循环调用的中断程序，完成以下动作： 1. 等待操作者工件安装完成应答信号； 2. 关闭工件安装指示灯
rWeldingProg()	PROC	子程序 rCellA_Welding()、rCellB_Welding()循环调用的 2 级子程序，完成以下动作： 沿图 4.4-1 所示的轨迹，完成表 4.4-1 中的焊接作业

二、程序设计示例

根据以上设计要求与思路，设计的参考 RAPID 应用程序如下。

```
!****************************************************************
MODULE mainmodu (SYSMODULE)                    // 主模块 mainmodu 及属性
  ! Module name : Mainmodule for MIG welding   // 注释
  ! Robot type : IRB 2600
  ! Software : RobotWare 6.01
  ! Created : 2019-06-18
!********************************************** // 定义程序数据（根据实际情况设定）
  CONST robtarget pHome:=[……] ;               // 作业原点
  CONST robtarget Weld_p1:=[……] ;             // 作业点 p1
  ……
  CONST robtarget Weld_p6:=[……] ;             // 作业点 p6
  ……
  PERS tooldata tMigWeld:= [……] ;             // 作业工具
  PERS wobjdata wobjStation:= [……] ;          // 工件坐标系
  PERS seamdata MIG_Seam:=[……] ;              // 引弧、熄弧参数
  PERS welddata MIG_Weld:=[……] ;              // 焊接参数
  VAR intnum intno1 ;                          // 中断名称
!****************************************************************
PROC mainprg ()                                // 主程序
   rInitialize ;                               // 调用初始化程序
  WHILE TRUE DO                                // 无限循环
  IF di06_inStationA=1 THEN
    rCellA_Welding ;                           // 调用工位 A 作业程序
  ELSEIF di07_inStationB=1 THEN
    rCellB_Welding ;                           // 调用工位 B 作业程序
  ELSE
    TPErase ;                                  // 示教器清屏
    TPWrite ''The Station positon is Error'' ; // 显示出错信息
    ExitCycle ;                                // 退出循环
  ENDIF
    Waittime 0.5 ;                             // 暂停 0.5s
  ENDWHILE                                     // 循环结束
  ERROR                                        // 错误处理程序
   IF ERRNO = ERR_WAIT_MAXTIME THEN            // 变位器回转超时
```

```
   TPErase ;                                    // 示教器清屏
   TPWrite ''The Station swing is Error'' ;     // 显示出错信息
   Set do07_SwingErr ;                          // 输出回转出错指示
   ExitCycle ;                                  // 退出循环
ENDPROC                                         // 主程序结束
!**************************************************************
PROC rInitialize ()                             // 初始化程序
   AccSet 50, 50 ;                              // 加速度设定
   VelSet 100, 600 ;                            // 速度设定
   rCheckHomePos ;                              // 调用作业原点检查程序
   Reset do01_WeldON                            // 焊接关闭
   Reset do02_GasON                             // 保护气体关闭
   Reset do03_FeedON                            // 送丝关闭
   Reset do04_CellA                             // 工位A回转关闭
   Reset do05_CellB                             // 工位B回转关闭
   Reset do07_SwingErr                          // 回转出错灯关闭
   Reset do08_WaitLoad                          // 工件装卸灯关闭
   IDelete intno1 ;                             // 中断复位
   CONNECT intno1 WITH tWaitLoading ;           // 定义中断程序
   ISignalDO do08_WaitLoad, 1, intno1 ;         // 定义中断、启动中断监控
ENDPROC                                         // 初始化程序结束
!**************************************************************
PROC CheckHomePos ()                            // 作业原点检查程序
   VAR robtarget pActualPos ;                   // 程序数据定义
   IF NOT InHomePos( pHome, tMigWeld) THEN
                                 // 利用功能程序判别作业原点,非作业原点时进行如下处理
   pActualPos:=CRobT(\Tool:= tMigWeld \ wobj :=wobj0) ; // 读取当前位置
   pActualPos.trans.z:= pHome.trans.z ;         // 改变z坐标值
   MoveL pActualPos, v100, z20, tMigWeld ;      // z轴退至 pHome
   MoveL pHome, v200, fine, tMigWeld ;          // x、y轴定位到 pHome
   ENDIF
ENDPROC                                         //作业原点检查程序结束
!**************************************************************
FUNC bool InHomePos (robtarget ComparePos, INOUT tooldata CompareTool)
                                                //原点判别程序

   VAR num Comp_Count:=0 ;
   VAR robtarget Curr_Pos ;
   Curr_Pos:= CRobT(\Tool:= CompareTool \ wobj :=wobj0) ; // 读取当前位置
   IF Curr_Pos.trans.x>ComparePos.trans.x—20 AND
   Curr_Pos.trans.x<ComparePos.trans.x+20 Comp_Count:= Comp_Count+1 ;
   IF Curr_Pos.trans.y>ComparePos.trans.y—20 AND
   Curr_Pos.trans.y<ComparePos.trans.y+20 Comp_Count:= Comp_Count+1 ;
   IF Curr_Pos.trans.z>ComparePos.trans.z—20 AND
   Curr_Pos.trans.z<ComparePos.trans.z+20 Comp_Count:= Comp_Count+1 ;
   IF Curr_Pos.rot.q1>ComparePos.rot.q1—0.05 AND
   Curr_Pos.rot.q1<ComparePos.rot.q1+0.05 Comp_Count:= Comp_Count+1 ;
   IF Curr_Pos.rot.q2>ComparePos.rot.q2—0.05 AND
   Curr_Pos.rot.q2<ComparePos.rot.q2+0.05 Comp_Count:= Comp_Count+1 ;
   IF Curr_Pos.rot.q3>ComparePos.rot.q3—0.05 AND
   Curr_Pos.rot.q3<ComparePos.rot.q3+0.05 Comp_Count:= Comp_Count+1 ;
   IF Curr_Pos.rot.q4>ComparePos.rot.q4—0.05 AND
```

```
        Curr_Pos.rot.q4<ComparePos.rot.q4+0.05 Comp_Count:= Comp_Count+1 ;
     RETUN Comp_Count=7 ;                          // 返回 Comp_Count=7 的逻辑状态
   ENDFUNC                                         //作业原点判别程序结束
   !*********************************************************************
   PROC rCellA_Welding()                           // 工位 A 焊接程序
      rWeldingProg ;                               // 调用焊接程序
      Set do08_WaitLoad ;                          // 输出工件安装指示,启动中断
      Set do05_ CellB ;                            // 回转到工位 B
      WaitDI di07_inStationB, 1\MaxTime:=30 ;      // 等待回转到位 30s
      Reset do05_ CellB ;                          // 撤销回转输出
      ERROR
      RAISE ;                                      // 调用主程序错误处理程序
   ENDPROC                                         // 工位 A 焊接程序结束
   !*********************************************************************
   PROC rCellB_Welding()                           // 工位 B 焊接程序
      rWeldingProg ;                               // 调用焊接程序
      Set do08_WaitLoad ;                          // 输出工件安装指示,启动中断
      Set do04_ CellA ;                            // 回转到工位 A
      WaitDI di06_inStationA, 1\MaxTime:=30 ;      // 等待回转到位 30s
      Reset do04_ CellA ;                          // 撤销回转输出
      ERROR
   RAISE ;                                         // 调用主程序错误处理程序
   ENDPROC                                         // 工位 B 焊接程序结束
   !*********************************************************************
   TRAP tWaitLoading                               // 中断程序
      WaitDI di08_bLoadingOK ;                     // 等待安装完成应答
      Reset do08_WaitLoad ;                        // 关闭工件安装指示
   ENDTRAP                                         // 中断程序结束
   !*********************************************************************
   PROC rWeldingProg()                             // 焊接程序
      MoveJ Weld_p1, vmax, z20, tMigWeld \wobj := wobjStation ; // 移动到 p1
      MoveL Weld_p2, vmax, z20, tMigWeld \wobj := wobjStation ; // 移动到 p2
      ArcLStart Weld_p3, v500, MIG_Seam, MIG_Weld, fine, tMigWeld \wobj := wobjStation ;
                                                   // 直线移动到 p3 并引弧
      ArcL Weld_p4, v200, MIG_Seam, MIG_Weld, fine, tMigWeld \wobj := wobjStation ;
                                                   // 直线焊接到 p4
      ArcLEnd Weld_p5, v100, MIG_Seam, MIG_Weld\Weave:= Weave1, fine, tMigWeld
            \wobj := wobjStation ;                 // 直线焊接(摆焊)到 p5 并熄弧
      MoveL Weld_p6, v500, z20, tMigWeld \wobj := wobjStation ; // 移动到 p6
      MoveJ Weld_p1, vmax, z20, tMigWeld \wobj := wobjStation ; // 移动到 p1
      MoveJ pHome, vmax, fine, tMigWeld \wobj := wobj0 ;    // 作业原点定位
   ENDPROC                                         // 焊接程序结束
   !*********************************************************************
   ENDMODULE                                       // 主模块结束
   !*********************************************************************
```

拓展提高

机器人弧焊系统

1. 气体保护焊

电弧熔化焊接（Arc Welding，弧焊）是目前金属熔焊中使用最普遍的方法之一，它属于熔

焊的范畴。弧焊的方法有 TIG 焊（Tungsten Inert Gas Welding，钨极惰性气体保护电弧焊）、MIG 焊（Metal Inert Gas Welding，惰性气体保护电弧焊）、MAG 焊（Metal Active Gas Welding，活性气体保护电弧焊）、CO_2 焊（二氧化碳气体保护电弧焊）等多种。

熔焊是通过加热，使工件（Parent Metal，又称母材）、焊件（Weld Metal）以及焊丝、焊条等熔填物局部熔化、形成熔池（Weld Pool），冷却凝固后接合为一体的焊接方法。

无论采用何种方法加热，熔焊加工都需要形成高温熔池。由于大气存在氧、氮、水蒸气，高温熔池如果与大气直接接触，金属或合金元素就会被氧化或产生气孔、夹渣、裂纹等缺陷。因此，通常需要用图 4.4-2 所示的方法，通过焊枪的导电嘴将氩气、氦气、CO_2 或其混合气体连续喷到焊接区，来隔绝大气、保护熔池，这种焊接方式称为气体保护电弧焊。

弧焊需要通过电极和焊接件间的电弧来产生高温、熔化金属，如弧焊使用焊丝、焊条等熔填物，熔填物既可如图 4.4-2（a）所示直接作为电极熔化，也

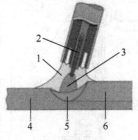
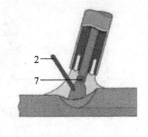

（a）熔化极焊接　　　（b）不熔化极焊接

1—保护气体；2—焊丝；3—电弧；4—工件；5—熔池；

6—焊件；7—钨极

图4.4-2　气体保护电弧焊原理

可如图 4.4-2（b）所示由熔点极高的电极（一般为钨）加热后，随同工件、焊接件一起熔化。

熔填物作为电极熔化的焊接，称为"熔化极气体保护电弧焊"，它主要有 MIG 焊、MAG 焊、CO_2 焊 3 种；电极不熔化的焊接称为"不熔化极气体保护电弧焊"，它主要有 TIG 焊、原子氢焊、等离子弧焊等，以 TIG 焊为常用。两种焊接方式的电极极性正好相反。

MIG 焊所使用的保护气体为氩气（Ar）、氦气（He）等惰性气体。使用氩气（Ar）的 MIG 焊又称"氩弧焊"。MIG 焊几乎可用于所有金属的焊接，对铝及合金、铜及合金、不锈钢等材料尤为适合。

MAG 焊所使用的保护气体为惰性气体和氧化性气体的混合物，如在氩气（Ar）中加入氧气（O_2）、二氧化碳（CO_2）或两者的混合物（O_2+CO_2），我国常用的活性气体为 80% Ar+20% CO_2。由于混合气体中氩气的比例较大，故又称"富氩混合气体保护电弧焊"。MAG 焊主要适用于碳钢、合金钢和不锈钢等黑色金属的焊接，特别在不锈钢焊接中应用十分广泛。

CO_2 焊所使用的保护气体为二氧化碳（CO_2）或二氧化碳（CO_2）和氩气（Ar）的混合气体。由于二氧化碳气体的价格低廉、焊缝的成形良好，如使用含脱氧剂的焊丝，还可获得无内部缺陷的高质量焊接效果，因此，它是目前碳钢、合金钢等黑色金属材料最主要的焊接方法之一。

TIG 焊属于不熔化极气体保护电弧焊。TIG 焊可利用钨电极与工件、焊件间产生的电弧热，熔化工件、焊件和焊丝，实现金属熔合、冷凝后形成焊缝的焊接方法。TIG 焊所使用的保护气体一般为惰性气体氩气（Ar）、氦气（He）或氩氦混合气体，在特殊应用场合，也可添加少量的氢气（H_2）。用氩气（Ar）作为保护气体的 TIG 焊称为"钨极氩弧焊"，用氦气（He）作为保护气体的 TIG 焊称为"钨极氦弧焊"。由于氦气的价格昂贵，目前工业上以钨极氩弧焊为主。钨极氩弧焊可用于大多数金属和合金的焊接，但对铅、锡、锌等低熔点、易蒸发金属的焊接较困难。由于钨极氩弧焊的成本较高，故多用于铝、镁、钛、铜等有色金属及不锈钢、耐热钢等材料的薄板焊接。

2. 机器人弧焊系统

用于电弧熔焊作业的机器人简称弧焊机器人，弧焊机器人系统的组成如图4.4-3所示，它由机器人基本部件、焊枪（工具）和焊接设备、系统附件等组成。在自动化程度较高的系统上，有时还需要配备焊枪清洗装置、焊枪自动交换装置等系统附件，以及防护罩、警示灯等其他安全保护装置，以构成安全运行的弧焊工作站。

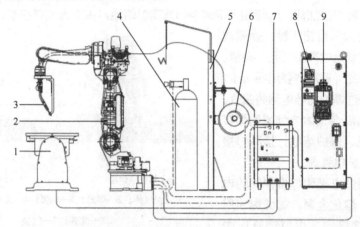

1—变位器；2—机器人本体；3—焊枪；4—保护气体；5—焊丝架；6—焊丝盘；7—焊机；8—控制柜；9—示教器

图4.4-3　弧焊机器人系统组成

① 机器人。弧焊机器人本体一般采用6轴或7轴垂直串联结构，弧焊作业的工具为焊枪，其体积、重量均较小，对机器人的承载能力要求不高，因此，通常以承载能力3~20kg、作业半径1~2m的中小规格机器人为主。

弧焊机器人需要进行焊缝的连续焊接作业，机器人需要具备直线、圆弧等连续轨迹的控制能力，对控制系统的插补性能、速度平稳性和定位精度的要求均较高；此外，还需要进行特殊的引弧、熄弧、送丝、退丝、剪丝等控制和焊接电流、电压等模拟量的自动调节，因此，控制系统通常需要配套专门的弧焊控制模块。

② 焊枪和焊接设备。弧焊机器人的作业工具通常为图4.4-4所示的焊枪。如果焊枪及气管、电缆、焊丝通过支架安装在机器人的手腕上，气管、电缆、焊丝从手腕、手臂外部引入，这种焊枪称为外置焊枪，如图4.4-4（a）所示；如果焊枪直接安装在手腕上，气管、电缆、焊丝从机器人手腕、手臂内部引入，这种焊枪称为内置焊枪，如图4.4-4（b）所示。外置焊枪、内置焊枪的质量均较轻，因此，弧焊对机器人的承载能力的要求并不高，绝大多数中小规格的机器人都可满足弧焊机器人的承载要求。

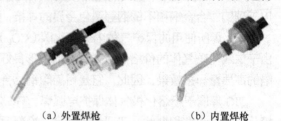

（a）外置焊枪　　　　　　（b）内置焊枪

图4.4-4　弧焊机器人的焊枪

焊接设备是焊接作业的基本部件，它主要有焊机、保护气体、送丝机构等。焊机是用于焊接电压、焊接电流、焊接时间等焊接工艺参数自动控制与调整的电源设备；以焊丝作为填充料的弧焊，在焊接过程中焊丝将不断被熔化、填充到熔池中，因此，需要有焊丝盘、送丝机构来保证焊丝的连续输送；此外，还需要通过气瓶、气管，向导电嘴连续提供保护气体。

③ 系统附件。弧焊系统常用的附件有变位器、焊枪清洗装置、焊枪自动交换装置等。

变位器可用来安装工件，实现工件的移动、回转、摆动或自动交换功能，提高系统的作业效率和自动化程度。

焊枪清洗装置和焊枪自动交换装置是高效、自动化弧焊作业生产线或工作站常用的配套附件。焊枪经过长时间焊接，必然会导致电极磨损、导电嘴焊渣残留等问题，从而影响焊接质量和作业效率。因此，在自动化焊接工作站或生产线上，一般都需要通过焊枪自动清洗装置，对焊枪定期进行导电嘴清洗、防溅喷涂、剪丝等调整，以保证气体畅通、减少残渣附着、保证焊丝干伸长度不变。焊枪自动交换装置可用来实现焊枪的自动更换，以改变焊接工艺、提高机器人作业柔性和作业效率。

技能训练

根据实验条件，编制一个完整的 RAPID 应用程序。